科学出版社“十三五”普通高等教育本科规划教材

机械优化设计
（第二版）

张　翔　陈建能　施火结　编著

科学出版社
北　京

内 容 简 介

本书介绍了机械优化设计的基本理论、常用方法和机械优化设计实例。内容包括引论、优化设计的理论基础、一维优化方法、多维无约束优化方法、约束优化方法、多目标优化设计、优化设计的若干应用问题、现代优化计算方法与优化工具软件应用概述、优化设计实例。重点章设有“本章导读”，引导不同学习需求的读者取舍学习内容；每一章都配有习题；附录提供了混合罚函数调用 Powell 法求优参考程序和 MATLAB 优化工具使用示例，供初学者参考。本书第 6 章介绍了多目标优化设计的求解理论与方法，特别适合对多目标优化设计有实际应用需求的读者。

本书可作为工程类专业的大学生和研究生的教材，也可供相关的师生和工程技术人员参考。

图书在版编目(CIP)数据

机械优化设计 / 张翔，陈建能，施火结编著. —2 版. —北京：科学出版社，2019.12

科学出版社“十三五”普通高等教育本科规划教材

ISBN 978-7-03-063999-8

Ⅰ. ①机… Ⅱ. ①张… ②陈… ③施… Ⅲ. ①机械设计-最优设计-高等学校-教材 Ⅳ. ①TH122

中国版本图书馆 CIP 数据核字(2019)第 294261 号

责任编辑：邓 静 张丽花 / 责任校对：郭瑞芝

责任印制：张 伟 / 封面设计：迷底书装

科 学 出 版 社 出版

北京东黄城根北街 16 号

邮政编码：100717

http://www.sciencep.com

北京中科印刷有限公司印刷

科学出版社发行 各地新华书店经销

*

2012 年 3 月第 一 版 开本：787×1092 1/16

2019 年 12 月第 二 版 印张：13 3/4

2023 年 8 月第十次印刷 字数：326 000

定价：59.00 元

(如有印装质量问题，我社负责调换)

第二版前言

本书相对于第一版做了以下几个方面的修订。

(1)针对一些疏漏错误进行了更正，表述更加完善和准确。

(2)8.2 节重新调整了内容顺序，对例题的计算结果逐一核对并做相应的更正。

(3)对一些重要的基础内容或具有迭代计算背景的重要内容，提供了数字化教学资源，并以“二维码”形式进行链接。

(4)鉴于许多院校的机械类本科生学习的是 C 程序语言，本书的数字化教学资源结合 N-S 流程图对进退法、黄金分割法、坐标轮换法、鲍威尔法给出 C 程序语言编程提示。4 个编程提示循序渐进，涉及程序组成结构、功能函数程序的结构及关键程序段编写的示例或提示。

参加本次修订的人员及分工为：张翔(第 1、2、4、6 章)，陈建能(第 7、9 章)，施火结(第 5 章、第 8 章部分内容及附录)，陈金兰(第 3 章、第 8 章部分内容)。普通高等学校机械基础课程教学指导分委会委员、福州大学姚立纲教授详细审阅了本书，并提出了宝贵的意见。另外，使用过本书的兄弟院校老师和同学都曾经提出过许多意见及建议，出版社的编辑为本书的出版投入了大量的劳动。在此一并致以衷心的感谢。

限于编著者对优化设计理论和方法的把握水平和经验，书中难免还有不妥和疏漏之处，恳请读者批评指正。

编著者

2019 年 9 月

第一版前言

优化设计是将最优化技术和计算技术应用于设计领域，为工程设计提供一种基于定量分析择优的设计方法。应用优化设计方法能从众多的可行设计方案中，准确迅速地找到尽可能完善或最适宜(最优)的设计方案，从而大大提高设计质量和设计效率。优化思想几乎可渗透到人类的一切活动中，因此优化设计是现代设计方法中最活跃的分支之一。

本书是根据作者多年讲授本科生课程“优化设计方法”和硕士生课程“优化设计理论与方法”的教学经验和体会，并结合科研应用的成果编写而成的。在编著中尝试传授知识与培养能力并重，本书具有如下几个特点。

(1) 注重实用性，兼顾理论性。从工程实用性出发，精选实用、好用的若干优化方法。为使学习者能用好、用活这些方法，兼顾不同需求的学习者，对一些重要优化方法涉及的相关理论，本书做了相应的介绍和公式推导。

(2) 力求深入浅出。对于一些较为抽象、难以理解的内容，一方面从编排上尽量循序渐进；另一方面尽可能地给出几何图形，从几何意义上予以解释。

(3) 兼顾各学习层次，便于自学。本书一些重点章，设有“本章导读”，方便不同要求的学习者取舍学习内容。

(4) 注重能力培养。基于：①多年教学实践证明，编写优化方法的计算机程序是掌握、熟悉优化方法的一个十分有效的途径；②编写优化方法程序，可使学习者得到较为完整的编写、调试中小规模程序的训练，从而明显地提高学习者应用计算机解决问题的能力，达到掌握知识与能力培养并重的目的。对重要的优化方法，安排了编程要点的说明与提示。

(5) 较为系统和深入地介绍多目标优化设计的求解理论。多目标优化设计是一个相当普遍的工程设计问题，但因具有多解性(最优解不唯一)，相应的求解理论和方法与单目标优化相比，远未成熟。而目前多数优化设计教材在这方面的内容，以简单罗列方法为主，难以帮助学习者在实施多目标优化设计中，掌控好求解过程，把握好求解结果。所以，在第 6 章的多目标优化设计中，较为系统地介绍了多目标优化设计的求解理论和实用方法。同时结合作者的观点，在第 6 章分析了多目标优化设计求解存在的问题与研究方向，与此相对应，在第 9 章的应用实例中，收入了作者科研课题中的两个多目标优化设计的应用实例。

(6) 加强优化迭代算法的可读性。为提高优化方法的迭代计算的可读性，与算法的结构化编程相对应，本书用 N-S 流程图取代传统的程序计算框图，介绍优化方法的计算流程。

本书是在张翔 2001 年编著出版的《优化设计方法及编程》的基础上修订而成的。参加本次编写的人员及分工如下：张翔(第 1～4、6 章及第 5 章部分内容)，陈建能(第 7 章部分内容及第 9 章)，林伟青(第 8 章部分内容及附录 2)，施火结(第 5 章部分内容)，陈金兰(第 8 章部分内容)，方志和(第 7 章部分内容及附录 1)。电子教案及习题解答由林伟青、施火结两位老师完成，可提供给任课教师，供教学参考。

本书承蒙清华大学吴宗泽教授、浙江理工大学赵匀教授主审。他们对本书提出了宝贵的意见，并给予了大力的支持和帮助，在此深表感谢。任金波老师为本书绘制了所有插图，本书的电子文稿由林海坤排版编辑，特此致谢。

限于作者对优化设计理论和方法的把握水平和经验，书中难免存在不妥和疏漏之处，恳请读者批评指正。

作　者

2011年10月

目录

第 1 章　引　论

人们在做任何一项带有决策性的工作时，总是希望尽可能从一切可行的方案中，选择出一个最好或最佳的方案，这就是最优化问题。而对于设计工作，这样的问题即为优化设计问题。优化设计是数学规划理论应用于设计领域的一个分支，它先将工程设计问题转化为最优化数学模型，然后选择适当的求解方法——优化方法，以计算机为计算工具，求取最优的参数方案。

优化设计的方法在结构设计、化工系统设计、电气传动设计、制造工艺设计等方面都有广泛的应用，而且取得了不少成果。例如，在机械设计中，对于机构、零件、部件、工艺设备的参数确定，以及一个分系统的设计，都有许多运用优化设计取得良好经济效果的实例。实践证明，在机械设计中采用优化设计，不仅可以减轻机械设备自重、降低材料消耗与制造成本，而且可以提高产品的质量与工作性能。因此，优化设计已成为现代机械设计理论和方法中的一个重要领域，并且越来越受到从事机械设计的科学工作者和工程技术人员的重视。

本章主要介绍有关优化设计的基本概念和术语。

1.1　术语及概念

1.1.1　优化或最优化的概念

引例　某一元函数 $f(x)$ 的几何图形如图 1.1 所示。根据数学分析的知识可知，在 x_1、x_2、x_4 三点处，$f(x)$ 分别有三个极小值，$f(x_4)$ 为 $f(x)$ 的最小值。若加入 $x \leqslant x_3$ 限制条件，则 $f(x)$ 的最小值为 $f(x_2)$。从数学规划或优化设计的角度，将 $f(x_2)$ 称为函数 $f(x)$ 在 $x \leqslant x_3$ 条件下的最优值。由此例可引出以下几个概念。

何谓优化或最优化？用数学语言来说，就是找出给定的函数在某些限制条件下的最小值或最大值。将该最小值(或最大值)称为最优值，相应的解即变量的一组取值(变量值)称为最优点，两者统称最优解。求解的方法称为优化方法(或最优化方法)，求解的过程称为优化过程。那么，为什么将求最小值(或最大值)这种在数学上属于极值问题的有关概念，用优化或最优化来表示呢？

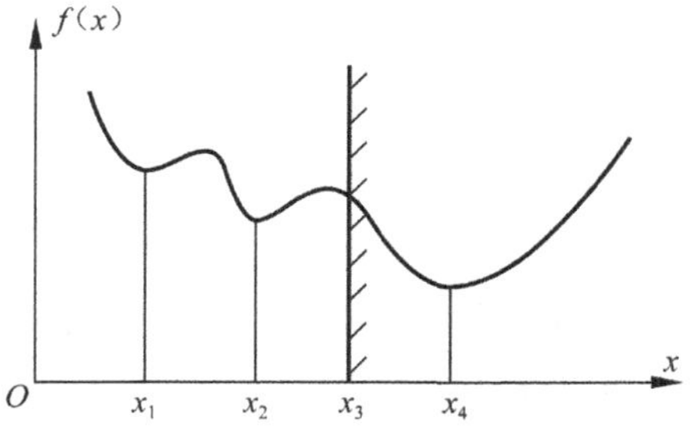

图 1.1　一元函数的优化问题

(1) 由于多变量函数较复杂，往往很难精确得到其绝对极值。因此，求解的结果都是在一定的精度前提条件下获得的。

(2)在许多情况下，对寻找的最小值(或最大值)还附加一些对变量取值的限制条件，此时所得到的最小值(或最大值)只是在一定的限制条件为前提下的最好，即最优的结果，而并不是函数原本的最小值(或最大值)。

所以，虽然从数学角度上看，追求的目标是函数值最小或最大，但由于结果具有相对性，因此，用优化或最优化来表达有关概念，以此描述与刻画有关问题更为准确。

1.1.2　优化设计的概念

将优化方法应用到工程设计，在一切可行的设计方案中选择一个最好的方案，这样的设计称为优化设计。以下通过一个例子来加深理解优化设计的问题，同时介绍一些概念。

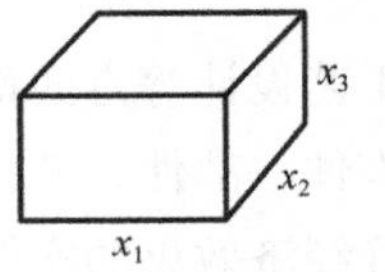

图 1.2　立方体装物箱子

【例 1.1】　有一个金属板制成的立方体装物箱子(图 1.2)，体积为 1m^3，长度(x_1)大于等于 1.5m，要求合理地选择长(x_1)、宽(x_2)、高(x_3)使制造时耗用的金属板最少。

解　(1)问题分析。依题意设计问题为：在满足长度 x_1 大于等于 1.5m、体积等于 1m^3 的前提下，合理选择 x_1、x_2、x_3 使箱子的表面积最小。即从无穷种 x_1、x_2、x_3 组合的尺寸方案——设计方案中，选择出既满足设计的限制条件，又能使箱子的表面积达到最小的设计方案。

(2)问题的数学表达。若表面积是 x_1、x_2、x_3 的函数，用代号 $f(x_1, x_2, x_3)$ 表示，则

$$f(x_1,x_2,x_3)=2(x_1x_2+x_2x_3+x_3x_1)$$

$f(x_1, x_2, x_3)$ 称为优化设计的目标函数。

要求 $f(x_1, x_2, x_3)$ 取得最小值，即求解

$$\min f(x_1,x_2,x_3)=\min 2(x_1x_2+x_2x_3+x_3x_1) \qquad ①$$

并且要求

$$x_1 \geqslant 1.5 \quad (\text{箱子长度大于等于 } 1.5) \qquad ②$$

$$x_2 > 0 \quad (\text{箱子宽度大于 } 0) \qquad ③$$

$$x_3 > 0 \quad (\text{箱子高度大于 } 0) \qquad ④$$

$$x_1x_2x_3 = 1 \quad (\text{箱子体积等于 } 1) \qquad ⑤$$

式②～式⑤是变量取值制约条件的数学表达式，称为优化设计的约束条件或约束方程。

上述的①～⑤五个数学表达式，构成这一优化设计的数学模型。其数学意义为：在满足四个约束条件的前提下，求当 $f(x_1, x_2, x_3)$ 的值为最小时，相应变量 x_1、x_2、x_3 的数值。

(3)计算结果。选用适当的优化方法求解上述数学模型，可得当 $x_1^*=1.5$、$x_2^*=0.81649658$、$x_3^*=0.81649658$ 时，函数 $f(x_1^*,x_2^*,x_3^*)=6.232313$ 为本设计的最小值，即最优值。

1.1.3　优化设计的工作内容

分析例 1.1 的求解过程可知，优化设计的工作内容，大致可分为以下两大部分。

(1)分析设计问题，建立优化设计的数学模型。

这一部分的工作，就是用数学语言来表达设计的问题，把设计问题转换成数学问题。可分为以下 3 方面的工作。

①将设计追求的指标，用函数的形式表示，称为目标函数。

②把影响指标变化的参数(因素)作为函数的变量，称为设计变量。

③为确保设计质量，而对参数取值提出的限制条件，称为约束条件。将其用方程(等式或不等式方程)来表达，又称为约束方程。

(2)选择适当的优化方法，求解数学模型。

1.2　优化设计的数学模型

分析上述内容可知，设计变量、目标函数、约束方程是建立优化设计数学模型的 3 个基本要素，这也是优化设计中常用的术语，本节对这 3 个要素及相关的术语作进一步介绍。

1.2.1　设计变量与设计空间

由例 1.1 可知，优化设计的结果是用一组设计参数的最优组合来表示的。这些设计参数通常可概括地划分为两类：一类是可以根据客观规律、具体条件或已有数据等预先给定的参数，称为设计常量，如计算质量时材料的密度；另一类是在优化过程中不断变化，最后使设计指标(目标)达到最优的独立的设计参数，称为设计变量。优化设计的目的，就是寻找这些设计变量值的某种组合，使某个或多个设计指标达到最优。

为了表达方便，用 $x_i(i=1,2,\cdots,n)$ 顺序表示 n 个设计变量。

例如，标准直齿圆柱齿轮的设计，共有 3 个独立可变的待确定参数，即齿数(Z_1)、齿宽系数(ψ_d)和模数(m)。在按齿轮质量最小的优化设计中，这 3 个独立参数即为设计变量，若改用 $x_i(i=1,2,3)$ 来表示，这 3 个设计变量可表示为

$$\begin{bmatrix} x_1 \\ x_2 \\ x_3 \end{bmatrix} = \begin{bmatrix} \text{齿数} Z_1 \\ \text{齿宽系数} \psi_d \\ \text{模数} m \end{bmatrix}$$

优化设计的设计变量数目用 n 表示。若以 n 个设计变量作为 n 个坐标轴，则设计变量的取值域，就构成了一个 n 维实空间(n 维欧氏空间)，将其称为 n 维设计空间。这样，设计变量 $x_i(i=1,2,\cdots,n)$ 的每一组取值，都对应于设计空间上的一个坐标点，称为设计点。

由向量的概念可知，对于 n 维空间的任一坐标点 $(x_1',x_2',\cdots,x_n')$，都可表示为以原点为起点、该坐标点为终点的 n 维向量，即

$$\boldsymbol{X}_1' = [x_1' \quad x_2' \quad \cdots \quad x_n']^{\mathrm{T}}$$

当 $n=2$、3 时，如图 1.3 所示。所以，在 n 维设计空间中，可简便用一个 n 维向量 $\boldsymbol{X}$ 来表示一个设计点，也就是将 n 个设计变量看成是一个 n 维向量的 n 个分量，即设计变量

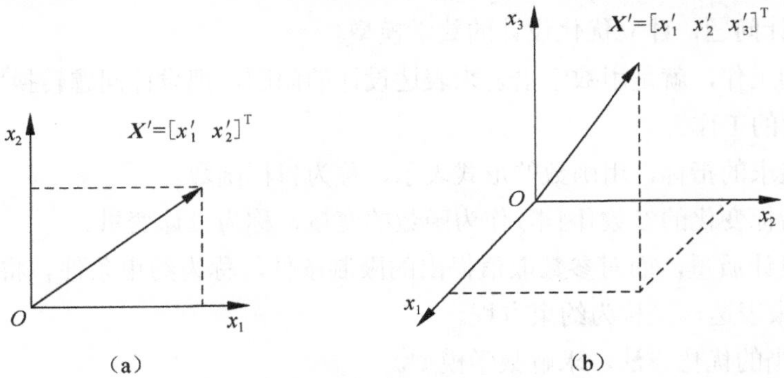

图 1.3 设计变量所组成的设计空间

$$\boldsymbol{X}=\begin{bmatrix} x_1 \\ x_2 \\ \vdots \\ x_i \\ \vdots \\ x_n \end{bmatrix}=[x_1 \quad x_2 \quad \cdots \quad x_i \quad \cdots \quad x_n]^{\mathrm{T}}$$

简记为

$$\boldsymbol{X}\in\mathbf{R}^n \text{（}\mathbf{R}^n\text{ 为 } n \text{ 维欧氏空间）}$$

根据设计空间的概念，设计空间的维数是与优化设计的变量数目相对应的，所以又把设计变量的数目称为优化设计的维数。由于空间的维数表示向量的自由度，即设计的自由度，所以优化设计的维数越多即设计变量越多，则设计的自由度越大、可供选择的方案越多、设计越灵活，相应的难度也越大、求解越复杂。一般地，可按优化设计的维数，来划分优化设计问题的规模等级。当设计变量数目为 2～10 时，为小型优化问题；当设计变量数目为 10～50 时，为中型优化问题；当设计变量数目大于 50 时，为大型优化问题。

1.2.2 目标函数

在设计中，设计者总是希望所设计的产品或工程设施具有最好的设计方案，而这往往是基于对某个或多个性能指标的评价与对比。在优化设计中，可将所追求的性能指标用设计变量的函数形式表达出来，而后通过对比函数值的大小，来实现设计方案的评价与对比。如行走机械的变速箱设计，要求最小的质量或最紧凑的体积；平面四杆机构设计，有些场合要求最小传动角越大越好，有些场合则要求实际轨迹与设计要求的理论轨迹吻合度最高等。在优化设计中，需针对这些指标建立相应可进行度量的关于设计变量的函数，如例 1.1 中的 $f(x_1, x_2, x_3)$。这种用于度量设计指标优劣程度的关于设计变量的函数，称为优化设计的目标函数，简称目标函数。对于目标函数需着重把握下述 3 个概念。

概念 1 目标函数是设计变量的函数，用代号表示为 $f(\boldsymbol{X})$。

概念 2 目标函数是用于度量设计所追求指标的优劣程度。度量的方法是比较函数值的大小，所以指标的优劣程度可描述为 $\min f(\boldsymbol{X})$ 或 $\max f(\boldsymbol{X})$，$\boldsymbol{X}\in\mathbf{R}^n$，相应的数值为最优值。

概念 3 由于 $\max f(\boldsymbol{X})$ 等价于 $\min(-f(\boldsymbol{X}))$，所以统一用最小值表示优化设计的最优值，用求最小来描述优化设计问题，即优化设计问题的数学描述为

$$\min f(\boldsymbol{X}),\quad \boldsymbol{X}\in\mathbf{R}^n$$

根据设计追求指标的数目(目标函数数目)，优化设计可分为单目标优化设计与多目标优化设计。只有一个目标函数的优化设计问题，称为单目标优化；有多个目标函数的优化设计问题，称为多目标优化。

例如，要求结构紧凑问题。这是要求空间三维尺寸同时最小的设计问题，共有 3 个设计指标，为多目标优化问题。

指标 1 长度尽量小，用 $f_1(\boldsymbol{X})$ 表示长度为设计变量 $\boldsymbol{X}$ 的函数。

指标 2 宽度尽量小，用 $f_2(\boldsymbol{X})$ 表示宽度为设计变量 $\boldsymbol{X}$ 的函数。

指标 3 高度尽量小，用 $f_3(\boldsymbol{X})$ 表示高度为设计变量 $\boldsymbol{X}$ 的函数。

该多目标优化问题可表示为

$$\begin{cases}\min f_1(\boldsymbol{X})\\ \min f_2(\boldsymbol{X})\\ \min f_3(\boldsymbol{X})\end{cases}$$

这样，原设计问题就转换为求 3 个函数最小值的数学问题。一般来说，对于工程设计，目标函数越多，设计的综合效果越好。

对于实际的多目标优化问题，往往当其中的某一个目标函数趋向最小值时，其他几个目标函数并不会同时趋向各自的最小值，有些甚至趋向最大值。因此，从求解数学模型的角度来看，多目标优化最优解的数学意义，与单目标优化相比有很大差别。相应的求解理论与方法，多目标优化要比单目标优化复杂得多。本书将在第 6 章较系统地介绍多目标优化设计的求解理论与方法。

1.2.3 约束条件

如上所述，设计空间内所有点的坐标都是设计方案，但并不是最好的方案，而且也并不都是可行的方案。其中有些方案明显不合理，例如，某一尺寸出现负值，面积出现负值等。有些从设计目标的角度看是最好的，但它所对应设计变量的值可能明显不合理，或违背设计提出的条件。例如，连杆机构中的杆长小于零、等于零或不适当的过长；有些方案可能违背机械的某种工作性能，如按一组设计变量组成的机构其传动角过小，使力的传递效果变坏；某些结构尺寸不能满足强度要求等。

为了能得到满足实际应用要求的最优方案，在优化设计中必须提出一些必要的条件，以便对设计变量的取值范围加以限制。这些根据设计要求而对设计变量的取值进行限制的条件，就是优化设计的约束条件(或称为设计约束)。

根据是否有约束条件，把优化问题分为约束优化(带有约束条件的优化问题)和无约束优化(没有约束条件的优化问题)。

由例 1.1 可知，在数学模型中，约束条件用数学方程来表达，称为约束方程。按其数学方程的表达形式，约束条件可分为不等式约束和等式约束，分别表示为

$$g_u(\boldsymbol{X}) = g_u(x_1, x_2, \cdots, x_n) \leqslant 0, \quad u = 1, 2, \cdots, q$$

$$h_v(\boldsymbol{X}) = h_v(x_1, x_2, \cdots, x_n) = 0, \quad v = 1, 2, \cdots, p$$

式中，$g_u(\boldsymbol{X})$和 $h_v(\boldsymbol{X})$都是设计变量的函数；q 和 p 分别表示不等式约束方程和等式约束方程的个数。不等式约束也可表示为 $g_u(\boldsymbol{X}) \geqslant 0$，但其等效为$-g_u(\boldsymbol{X}) \leqslant 0$，所以本书约定，统一用 $g_u(\boldsymbol{X}) \leqslant 0$ 的表示方法。对于等式约束，当约束方程的数目与设计变量的数目相等，即 $p = n$，且 p 个等式约束方程线性无关时，设计问题只有唯一解，无优化可言，所以，对于优化设计的数学模型，要求 $p<n$。

按约束条件的意义或性质，约束条件又可分为边界约束和性能约束两种。边界约束是对设计变量取值上、下界的约束，如给出齿轮的齿数、模数的上、下界值；性能约束是根据设计的性能(质量)要求，对设计变量作取值的限制，如机械结构的刚度要求、机械零件的强度要求、平面四杆机构设计的最小传动角等。

下面结合一个例子，一方面进一步理解约束条件的几何意义；另一方面引入一些新概念。

【例 1.2】 某优化问题的约束条件为 $g_1(\boldsymbol{X}) = 0.5 - x_1 \leqslant 0$，$g_2(\boldsymbol{X}) = 0.5 - x_2 \leqslant 0$，$g_3(\boldsymbol{X}) = x_1^2 - x_2 + 0.25 \leqslant 0$，$g_4(\boldsymbol{X}) = x_1^2 + x_2 - 4 \leqslant 0$。

分析 因为变量数目为 2，所以设计空间为二维平面。

根据不等式约束方程可知，当约束方程值等于零时，设计变量处于满足或违反约束条件的临界点，相应的约束函数曲线是设计变量取值的边界线。方程为

例 1.2

$$g_u(\boldsymbol{X}) = 0, \quad u = 1, 2, 3, 4$$

以上式为边界曲线作图如图 1.4 所示。

在图 1.4 中的由 $g_1(\boldsymbol{X}) = 0$、$g_3(\boldsymbol{X}) = 0$、$g_4(\boldsymbol{X}) = 0$ 围成的小区域内，任取设计点，均可满足各约束条件。由此可以进一步理解，对于约束优化问题，设计空间 $\mathbf{R}^n$ 被分成两部分。一部分是满足各设计约束的设计点的集合 $\mathscr{D}$，称为可行设计区域，或称可行域；其余部分则为非可行域。可行域内的设计点称为可行设计点，或称可行点。另外，由图 1.4 可以看出，约束条件 $g_2(\boldsymbol{X}) = 1-x_2 \leqslant 0$ 对设计变量的取值起不到约束作用，称为冗余约束或多余约束。

若再加入 $h(\boldsymbol{X}) = x_1 - x_2 + 1 = 0$ 约束，则可行区域缩小到一条短线段上，如图 1.5 所示 AB 线段。

由图 1.5 可以看出，加入了等式约束后，加大了选取可行点的难度，即加大了优化问题的求解难度，等式约束的数目越多，求解难度越大。

不过在有些情况下，利用等式约束方程对数学模型进行改造后，能够降低优化问题的求解难度。如本例，由 $h(\boldsymbol{X}) = x_1 - x_2 + 1 = 0$ 可得

$$x_2 = x_1 + 1$$

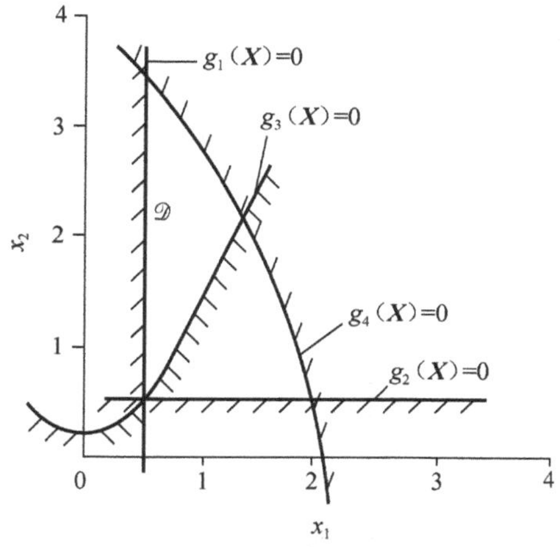

图 1.4　只有不等式约束时的可行域

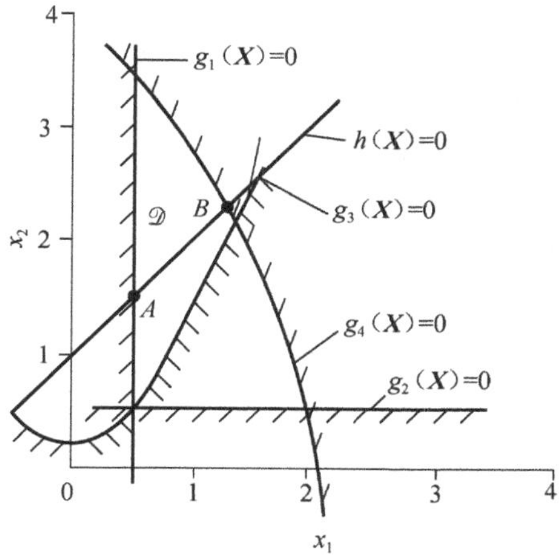

图 1.5　同时有等式和不等式约束的可行域

将 $x_2 = x_1 + 1$ 这一关系式回代各约束条件方程及目标函数，显然原先的二维优化问题变为关于 x_1 的一维优化问题，反而更容易求解。所以，在条件许可时，应尽量利用等式约束，消去优化问题中的某些设计变量，使优化设计的维数降低。这样既减少了约束条件，又降低了优化难度，对优化的求解是十分有利的。

1.2.4　优化设计的数学模型

根据前述优化设计数学模型三个组成部分的表示方法，可得优化设计的数学模型表示形式。

无约束优化问题的数学模型的一般形式为

$$\min f(\boldsymbol{X}), \quad \boldsymbol{X} \in \mathbf{R}^n$$

约束优化问题的数学模型的一般形式为

$$\begin{aligned} \min \quad & f(\boldsymbol{X}), \quad \boldsymbol{X} \in \mathscr{D} \in \mathbf{R}^n \\ \text{s.t.} \quad & g_u(\boldsymbol{X}) \leqslant 0, \quad u = 1,2,\cdots,q \\ & h_v(\boldsymbol{X}) = 0, \quad v = 1,2,\cdots,p \end{aligned}$$

对上述数学模型求解，就是求取可使得目标函数值达到最小时的一组设计变量值

$$\boldsymbol{X}^* = [x_1^* \quad x_2^* \quad \cdots \quad x_n^*]^{\mathrm{T}}$$

该设计点 $\boldsymbol{X}^*$称为最优点，相应的目标函数值 $f^* = f(\boldsymbol{X}^*)$ 称为最优值，两者结合就是优化问题的最优解。

从数学规划论的角度看，当目标函数 $f(\boldsymbol{X})$ 和约束函数 $g_u(\boldsymbol{X})$、$h_v(\boldsymbol{X})$ 均为设计变量的线性函数时，称为线性规划问题，否则为非线性规划问题。机构和机械零、部件的优化设计问题，大多属于非线性规划问题。若 $\boldsymbol{X}$ 为随机值，则属于随机规划问题。

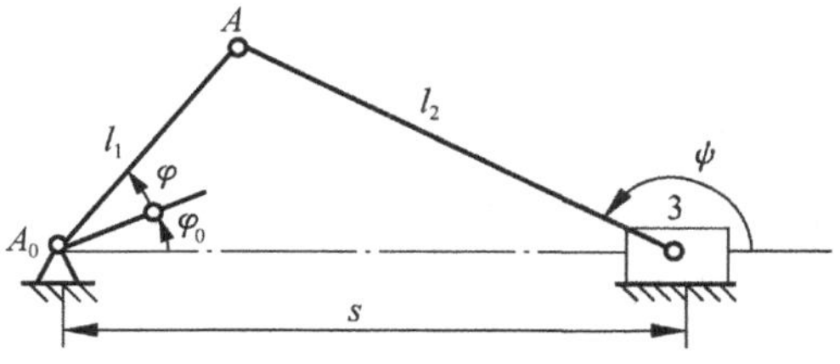

图 1.6　曲柄滑块机构

【例 1.3】　设计一曲柄滑块机构(图 1.6)，合理确定曲柄 1 杆长 l_1 和初位角 φ_0，及连杆 2

杆长 l_2，使滑块 3 相对曲柄轴心 A_0 的位移 s 在曲柄转角 $\varphi=0\sim\pi/2$ 按 $1+\cos\varphi^2$ 规律变化，且要求 $0\leqslant l_1\leqslant 10$，$0\leqslant l_2\leqslant 10$。试建立该优化问题的数学模型。

解　如图 1.6 所示，取 A_0 为坐标原点建立坐标系，可得如下投影方程式：

$$\begin{cases} l_1\cos(\varphi_0+\varphi)-l_2\cos\psi=s \\ l_1\sin(\varphi_0+\varphi)-l_2\sin\psi=0 \end{cases}$$

联立解得

$$s=l_1\cos(\varphi_0+\varphi)-l_2\sqrt{1-\left[\frac{l_1}{l_2}\sin(\varphi_0+\varphi)\right]^2}$$

取 l_1、l_2 和 φ_0 三个参数为设计变量，分别以 x_1、x_2 和 x_3 代替，则 s 就是它们的函数。

实际上，s 在 $\varphi=0\sim\pi/2$ 不可能完全按 $1+\cos^2\varphi$ 变化。因此，可将 s 与 $1+\cos^2\varphi$ 之差的平方和最小作为追求的设计目标，并以 $\min f(\boldsymbol{X})$ 表示。再考虑必要的曲柄存在条件($l_1\leqslant l_2$)及题中的杆长约束($0\leqslant l_1\leqslant 10$，$0\leqslant l_2\leqslant 10$)，考虑到杆长的实际下界不能为 0，所以取杆长下界为 0.1。列出相应的优化设计数学模型如下：

$$\min\quad f(\boldsymbol{X})=\int_0^{\frac{\pi}{2}}(1+\cos^2\varphi-s)^2\mathrm{d}\varphi$$

$$=\int_0^{\frac{\pi}{2}}\left\{1+\cos^2\varphi-x_1\cos(x_3+\varphi)+x_2\sqrt{1-\left[\frac{x_1}{x_2}\sin(x_3+\varphi)^2\right]}\right\}\mathrm{d}\varphi$$

$$\boldsymbol{X}=[x_1\quad x_2\quad x_3]^{\mathrm{T}}\in\mathbf{R}^3$$

$$\begin{aligned}\text{s.t.}\quad & g_1(\boldsymbol{X})=x_1-x_2\leqslant 0\\ & g_2(\boldsymbol{X})=0.1-x_1\leqslant 0\\ & g_3(\boldsymbol{X})=x_1-10\leqslant 0\\ & g_4(\boldsymbol{X})=0.1-x_2\leqslant 0\\ & g_5(\boldsymbol{X})=x_2-10\leqslant 0\end{aligned}$$

本例学习的要点小结如下。

(1) 建立数学模型的流程与格式。

(2) 如何将设计的要求表达为优化设计的目标函数。本例设计要求是在从动件上实现给定的运动规律，经分析将其表达为从动件的实际运动规律与给定的运动规律误差最小，即将 s 与 $1+\cos^2\varphi$ 之差的平方和最小作为目标函数，用误差最小表达了“实现给定的运动规律”。

(3) 取杆长下界为 0.1 的实际意义在于：若直接将 $0\leqslant l_1\leqslant 10$，$0\leqslant l_2\leqslant 10$ 表达成约束方程，如 $g_2(\boldsymbol{X})=-x_1\leqslant 0$，则在数值求解时，若在边界 $g_2(\boldsymbol{X})=-x_1=0$ 上取设计点，是不违反约束的，即从数值求解的角度看，边界 $g_2(\boldsymbol{X})=-x_1=0$ 上的任一点都是可行的，但 $g_2(\boldsymbol{X})=-x_1=0$ 意味着杆长为零，没有实际的应用意义。所以要综合考虑设计要求和变量具体取值的实际应用意义来确定边界条件。

(4) 如上所述，本例目标函数的抽象表达式为(目标值—实际值)^2，这一形式的数学模型具有很广的应用价值，不但可以从实现给定规律推广到实现给定的运动轨迹等，还可以应用到方程求根(目标值为0，方程值就是实际值)、方程求解、曲线拟合等数值求解。

【例1.4】 欲选4种球轴承，个数分别为x_1、x_2、x_3和x_4，单价分别为c_1、c_2、c_3和c_4。要求$x_1+x_2\geqslant 24, x_3+x_4\geqslant 32, x_1+x_2+x_3\geqslant 36$，且总价格最低。

解 根据该优化问题给定的条件与要求，取设计变量为$\boldsymbol{X}=[x_1 \quad x_2 \quad x_3 \quad x_4]^{\mathrm{T}}$，总价格为目标函数，即

$$\min f(\boldsymbol{X})=x_1c_1+x_2c_2+x_3c_3+x_4c_4$$

考虑题中的约束条件之后，该优化问题数学模型为

$$\begin{aligned}\min \quad & f(\boldsymbol{X})=x_1c_1+x_2c_2+x_3c_3+x_4c_4\\ & \boldsymbol{X}=[x_1 \quad x_2 \quad x_3 \quad x_4]^{\mathrm{T}}\in \mathbf{R}^4\\ \text{s.t.} \quad & g_1(\boldsymbol{X})=24-(x_1+x_2)\leqslant 0\\ & g_2(\boldsymbol{X})=32-(x_3+x_4)\leqslant 0\\ & g_3(\boldsymbol{X})=36-(x_1+x_2+x_3)\leqslant 0\end{aligned}$$

本例学习的要点是将$g_u(\boldsymbol{X})\geqslant 0$的要求，在建立数学模型时将其转换为$g_u(\boldsymbol{X})\leqslant 0$的形式。

在以上两个示例中，例1.3为非线性规划问题，例1.4为线性规划问题。

1.3 习 题

1.1 某厂每日(8h制)产量不低于1800件。计划聘请两种不同级别的检验员，一级检验员标准为：速度为25件/h，正确率为98%，计时工资为4元/h。二级检验员标准为：速度为15件/h，正确率为95%，计时工资3元/h。检验员每错检一件，工厂损失2元。现有可供聘请检验员人数为：一级8人和二级10人。为使总检验费用最省，该厂应聘请一级、二级检验员各多少人？

1.2 已知一拉伸弹簧受拉力F，剪切弹性模量G，材料重度r，许用剪切应力$[\tau]$，许用最大变形量$[\lambda]$。欲选择一组设计变量$\boldsymbol{X}=[x_1 \quad x_2 \quad x_3]^{\mathrm{T}}=[d \quad D_2 \quad n]^{\mathrm{T}}$使弹簧质量最小，同时满足下列限制条件：弹簧圈数$n\geqslant 3$，簧丝直径$d\geqslant 0.5$，弹簧中径$10\leqslant D_2\leqslant 50$。试建立该优化问题的数学模型。

注 弹簧的应力与变形计算公式如下：

$$\tau=k_s\frac{8FD_2}{\pi d^3},\quad k_s=\frac{4c-1}{4c-4}+\frac{0.615}{c},\quad c=\frac{D_2}{d}(\text{旋绕比}),\quad \lambda=\frac{8F_nD_2^3}{Gd^4}$$

1.3 某厂生产一个容积为8000cm^{3}的平底、无盖的圆柱形容器，要求设计此容器消耗原材料最少，试写出这一优化问题的数学模型。

1.4 要建造一个容积为1500m^{3}的长方形仓库，已知每平方米墙壁、屋顶和地面的造价

分别为 4 元、6 元和 12 元。基于美学的考虑，其宽度应为高度的两倍。现欲使其造价最低，试导出相应优化问题的数学模型。

1.5　绘出约束条件

$$x_1^2 + x_2^2 \leqslant 8,\quad -2x_1 + x_2^2 \leqslant 8,\quad x_1 x_2 \leqslant 4$$

所确定的可行域。

1.6　试在三维设计空间中，绘制下列设计变量所对应的向量。

$$\boldsymbol{X}_1 = [1\quad 3\quad 2]^{\mathrm{T}},\quad \boldsymbol{X}_2 = [2\quad 3\quad 4]^{\mathrm{T}},\quad \boldsymbol{X}_3 = [4\quad 1\quad 4]^{\mathrm{T}}$$

第 2 章　优化设计的理论基础

建立优化设计的数学模型之后，就要选择适当的优化方法，求取目标函数的最优解。为了更好地理解目标函数的求优过程、掌握优化方法的基本原理、用好优化方法，本章选择在学习优化方法过程中需要用到的一些数学理论基础、传统优化方法的基本原理，作一概要性介绍，以便于顺利地学习后续内容。

2.1　本 章 导 读

从工程实用性的角度看，本章内容可分为 3 个学习层次。对于不同基础或应用要求的学习者，可酌情选择学习。

(1) 基本概念与术语。这一部分内容对于后续的学习及掌握优化方法的使用是必不可少的。具体内容如下。

2.2 节介绍向量、矩阵的若干概念；2.3.1 节介绍目标函数的等值线(面)；2.4.1 节介绍概述——局部最优与全域最优；2.7 节介绍优化设计的数值解法及终止准则。

(2) 某些优化方法的理论基础。这些内容是掌握相应的优化方法原理，用好优化方法的必要基础。具体内容如下。

2.3.2 节介绍目标函数的最速下降方向；2.3.3 节介绍多元函数的泰勒近似式；2.6.1 节介绍约束极值的若干概念。

(3) 优化方法的理论研究基础。这一部分内容主要是为帮助学习者更为准确地理解某些优化方法的原理、特点，用好、用活优化方法，并为研究优化方法奠定一定的理论基础。为精简内容，本章只作简要介绍，主要是省略了一些推导与证明。内容如下。

2.4 节介绍函数的凸性；2.5 节介绍目标函数的无约束极值条件；2.6 节介绍优化设计的约束极值条件。

2.2　向量、矩阵的若干概念

由于在优化设计中是用 n 维向量来表示 n 个设计变量的，这样在介绍优化方法时，将频繁地应用到有关向量及向量、矩阵运算的概念，因此有必要在此简要介绍与后续内容有关的向量、矩阵概念。

2.2.1　向量的表示方法

1．坐标表示式表示方法

如图 2.1 所示，在平面坐标系 x_1Ox_2 中，平面任一点 $p(x_1, x_2)$，可对应一个以 O 点为起点，以 p 点为终点的向量 $\boldsymbol{P}$。x_1、x_2 可看作向量 $\boldsymbol{P}$ 在两坐标轴上的分量，因此向量可以用依次排列的各坐标分量为元素的列矩阵来表示，即

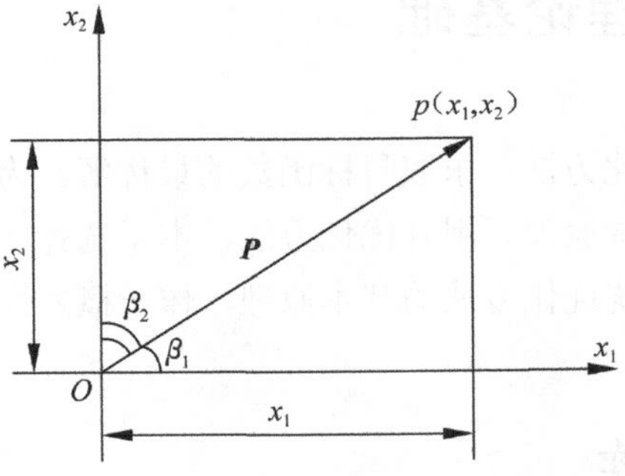

图 2.1　起点为坐标原点的向量

$$\boldsymbol{P}=\begin{bmatrix}x_1\\x_2\end{bmatrix}=[x_1\quad x_2]^{\mathrm{T}}$$

推广到 n 维，即 $\boldsymbol{P}\in\mathbf{R}^n$ 时

$$\boldsymbol{P}=\begin{bmatrix}x_1\\x_2\\\vdots\\x_n\end{bmatrix}=[x_1\quad x_2\quad\cdots\quad x_n]^{\mathrm{T}}\tag{2.2.1}$$

式(2.2.1)称为向量的坐标表示式。

结合图 2.1 与式(2.2.1)有助于掌握以下两个要点：

(1)用坐标表示式只能表示以坐标系原点 O 为起点的向量；

(2)向量坐标表示式的转置即为空间某一点的坐标表示式。

所以，设计空间中的某一设计点(坐标点)$[x_1\quad x_2\quad\cdots\quad x_n]$，可简便地用一个以坐标系原点 O 为起点的向量 $\boldsymbol{X}$ 来表示，即 $\boldsymbol{X}=[x_1\quad x_2\quad\cdots\quad x_n]^{\mathrm{T}}$

2.“单位向量——模”表示法

(1)向量的模。如图 2.1 所示，向量 $\boldsymbol{P}$ 的大小就是 Op 的长度，其数值称为向量 $\boldsymbol{P}$ 的模，记为 $\|\boldsymbol{P}\|$，则

$$\|\boldsymbol{P}\|=\sqrt{x_1^2+x_2^2}\tag{2.2.2}$$

所以，模是表示向量大小的标量。

(2)向量的方向余弦与单位向量。由图 2.1 可知

$$\left.\begin{aligned}\cos\beta_1&=x_1/Op=x_1/\|\boldsymbol{P}\|\\\cos\beta_2&=x_2/Op=x_2/\|\boldsymbol{P}\|\end{aligned}\right\}$$

当 $\cos\beta_1$、$\cos\beta_2$ 数值改变时，向量 $\boldsymbol{P}$ 的方向也随着改变，所以称

$$\cos\beta_1,\cos\beta_2(\cdots,\cos\beta_n)$$

为向量 $\boldsymbol{P}$ 的方向余弦。

设
$$\left.\begin{aligned}\boldsymbol{e}&=\frac{\boldsymbol{P}}{\alpha}\\\alpha&=\|\boldsymbol{P}\|\end{aligned}\right\}\tag{2.2.3}$$

则
$$\boldsymbol{e}=[x_1/\|\boldsymbol{P}\|\quad x_2/\|\boldsymbol{P}\|]^{\mathrm{T}}=[\cos\beta_1\quad\cos\beta_2]^{\mathrm{T}}$$

且 $\|\boldsymbol{e}\|=1$。

由此可导出下列两个概念(同样可推广到 n 维实欧氏空间 $\mathbf{R}^n$)：

①模为 1 的向量称为单位向量；

②向量的方向，可用由其方向余弦所构成的单位向量来表示。

由式(2.2.3)可得

$$\boldsymbol{P}=\alpha\boldsymbol{e} \tag{2.2.4}$$

式(2.2.4)即为向量的“单位向量—模”表示式。它表明向量可用其方向余弦所构成的单位向量 $\boldsymbol{e}$(表示方向)乘以该向量的模 α(表示大小)来表示。这样就可方便地表示起点不定的向量(称为自由向量)，如图 2.2 所示。

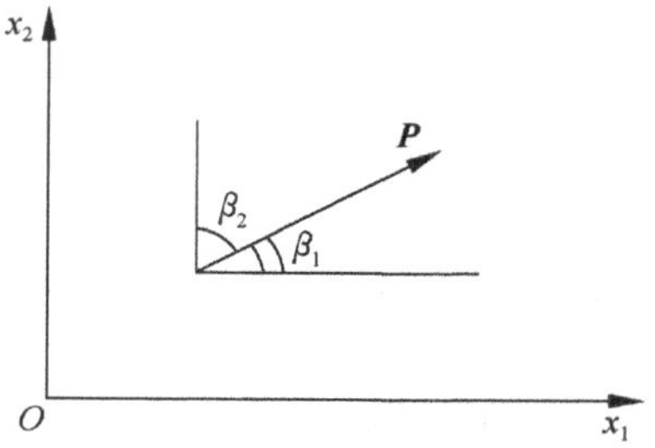

图 2.2　起点位置不定的自由向量

2.2.2　向量的运算

1. 向量的和

如图 2.3 所示的 $\boldsymbol{X}^{(1)}$、$\boldsymbol{X}^{(2)}$、$\boldsymbol{X}^{(3)}$3 个二维向量，称向量 $\boldsymbol{X}^{(3)}$为向量 $\boldsymbol{X}^{(1)}$与向量 $\boldsymbol{X}^{(2)}$的和，记为 $\boldsymbol{X}^{(3)}=\boldsymbol{X}^{(1)}+\boldsymbol{X}^{(2)}$。

向量和的基本计算方法就是对应分量相加。若 $\boldsymbol{X}^{(1)}$、$\boldsymbol{X}^{(2)}$均为起点为坐标原点的向量，即 $\boldsymbol{X}^{(1)}=[x_1^{(1)}\quad x_2^{(1)}]^{\mathrm{T}}$，$\boldsymbol{X}^{(2)}=[x_1^{(2)}\quad x_2^{(2)}]^{\mathrm{T}}$，如图 2.4 所示。则

$$\boldsymbol{X}^{(3)}=\boldsymbol{X}^{(1)}+\boldsymbol{X}^{(2)}=[x_1^{(1)}+x_1^{(2)}\quad x_2^{(1)}+x_2^{(2)}]^{\mathrm{T}} \tag{2.2.5}$$

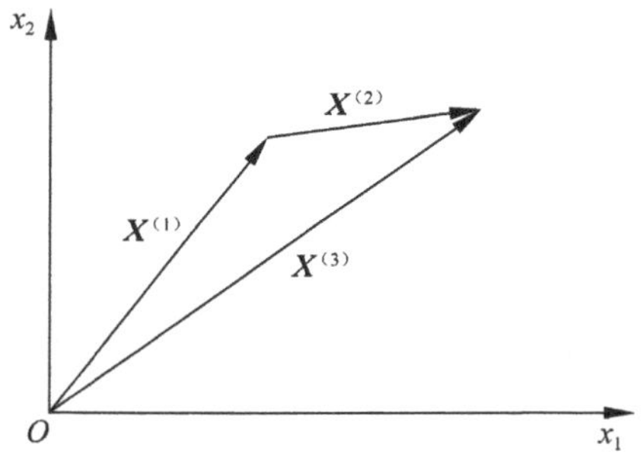

图 2.3　向量的和

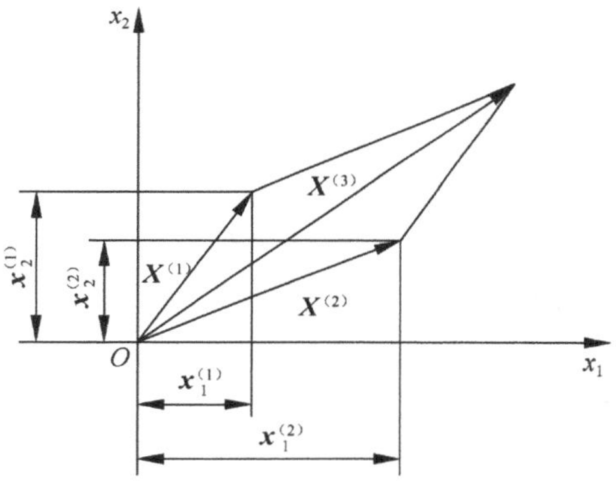

图 2.4　两起点为坐标原点的向量的和

向量的运算

若 $\boldsymbol{X}^{(2)}$为自由向量，如图 2.3 所示，且设

$$\boldsymbol{S}=\boldsymbol{X}^{(2)}/\|\boldsymbol{X}^{(2)}\|=[\cos\beta_1\quad \cos\beta_2]^{\mathrm{T}}=[s_1\quad s_2]^{\mathrm{T}},\quad \alpha=\|\boldsymbol{X}^{(2)}\|$$

则

$$\boldsymbol{X}^{(3)}=\boldsymbol{X}^{(1)}+\boldsymbol{X}^{(2)}=\boldsymbol{X}^{(1)}+\alpha\boldsymbol{S}=[x_1^{(1)}+\alpha s_1\quad x_2^{(1)}+\alpha s_2]^{\mathrm{T}}$$

2. 向量的差

由 $\boldsymbol{X}^{(3)}=\boldsymbol{X}^{(1)}+\boldsymbol{X}^{(2)}$可得，$\boldsymbol{X}^{(1)}$亦可表示为向量 $\boldsymbol{X}^{(3)}$与 $\boldsymbol{X}^{(2)}$的差，即 $\boldsymbol{X}^{(1)}=\boldsymbol{X}^{(3)}-\boldsymbol{X}^{(2)}$。

向量差的基本计算方法就是对应分量相减，即在计算时只需将上述向量和的计算中的加号变为减号即可。

3. 向量的点积

设向量 $\boldsymbol{X}=[x_1\quad x_2\quad \cdots\quad x_n]^{\mathrm{T}}$，$\boldsymbol{Y}=[y_1\quad y_2\quad \cdots\quad y_n]^{\mathrm{T}}$，$\theta$ 为两向量的夹角$(0<\theta<\pi)$，则定义

$$\boldsymbol{X}\cdot\boldsymbol{Y}=\|\boldsymbol{X}\|\|\boldsymbol{Y}\|\cos\theta=\sum_{i=1}^{n}x_iy_i \tag{2.2.6}$$

为向量 $\boldsymbol{X}$、$\boldsymbol{Y}$ 的点积。

2.2.3 向量与矩阵运算

1. 矩阵与向量

矩阵的概念：$n\times m$ 个数 $a_{ij}(i=1,2,\cdots,n;\ j=1,2,\cdots,m)$ 排成的 n 行 m 列的数表称为 n 行 m 列矩阵，可表示为

$$\boldsymbol{A}=\boldsymbol{A}_{n\times m}=\begin{bmatrix}a_{11} & a_{12} & \cdots & a_{1m}\\ a_{12} & a_{22} & \cdots & a_{2m}\\ \vdots & \vdots & & \vdots\\ a_{n1} & a_{n2} & \cdots & a_{nm}\end{bmatrix} \tag{2.2.7}$$

由线性代数可知，当矩阵 $\boldsymbol{A}$ 只有一行或一列时，称为行矩阵或列矩阵，此时式(2.2.7)与式(2.2.1)的形式完全相同。所以行矩阵或列矩阵就是向量的一种表达形式。相应有行向量(记为 $\boldsymbol{X}$)或列向量(记为 $\boldsymbol{X}^{\mathrm{T}}$)的概念，即

$$\boldsymbol{X}=\begin{bmatrix}x_1\\ x_2\\ \vdots\\ x_n\end{bmatrix},\quad \boldsymbol{X}^{\mathrm{T}}=[x_1\quad x_2\quad \cdots\quad x_n]$$

2. 矩阵、向量之间的运算

由上述可知，向量和矩阵之间的运算，就是矩阵运算。除了简单的加减法和数乘运算外，还可进行一般的乘法运算。设

$$\boldsymbol{X}=\begin{bmatrix}x_1\\ x_2\\ x_3\end{bmatrix},\quad \boldsymbol{Y}=\begin{bmatrix}y_1\\ y_2\\ y_3\end{bmatrix},\quad \boldsymbol{A}=\begin{bmatrix}a_{11} & a_{12} & a_{13}\\ a_{21} & a_{22} & a_{23}\\ a_{31} & a_{32} & a_{33}\end{bmatrix}$$

则有

$$\begin{aligned}&[x_1\quad x_2\quad x_3]\begin{bmatrix}a_{11} & a_{12} & a_{13}\\ a_{21} & a_{22} & a_{23}\\ a_{31} & a_{32} & a_{33}\end{bmatrix}\\ &=[x_1a_{11}+x_2a_{21}+x_3a_{31}\quad x_1a_{12}+x_2a_{22}+x_3a_{32}\quad x_1a_{13}+x_2a_{23}+x_3a_{33}]\end{aligned}$$

(结果为一行向量)

$$\begin{bmatrix}a_{11} & a_{12} & a_{13}\\ a_{21} & a_{22} & a_{23}\\ a_{31} & a_{32} & a_{33}\end{bmatrix}\begin{bmatrix}y_1\\ y_2\\ y_3\end{bmatrix}=\begin{bmatrix}a_{11}y_1+a_{12}y_2+a_{13}y_3\\ a_{21}y_1+a_{22}y_2+a_{23}y_3\\ a_{31}y_1+a_{32}y_2+a_{33}y_3\end{bmatrix}$$ (结果为一列向量)

$$[x_1 \quad x_2 \quad x_3]\begin{bmatrix} a_{11} & a_{12} & a_{13} \\ a_{21} & a_{22} & a_{23} \\ a_{31} & a_{32} & a_{33} \end{bmatrix}\begin{bmatrix} y_1 \\ y_2 \\ y_3 \end{bmatrix}$$
$$=(x_1a_{11}+x_2a_{21}+x_3a_{31})y_1+(x_1a_{12}+x_2a_{22}+x_3a_{32})y_2$$
$$+(x_1a_{13}+x_2a_{23}+x_3a_{33})y_3\ (\text{结果为一个数})$$

2.3　目标函数的性态分析基础

2.3.1　目标函数的等值线(面)

二维目标函数 $f(\boldsymbol{X})=f(x_1,x_2)$，其设计空间为以 x_1、x_2 为坐标轴的平面，而其函数图像可在加入纵坐标 $y=f(\boldsymbol{X})$ 后的三维空间中描述出来。在 x_1、x_2、y 三维空间中，$f(\boldsymbol{X})=(x_1,x_2)$ 的图像为一曲面，如图 2.5 所示。

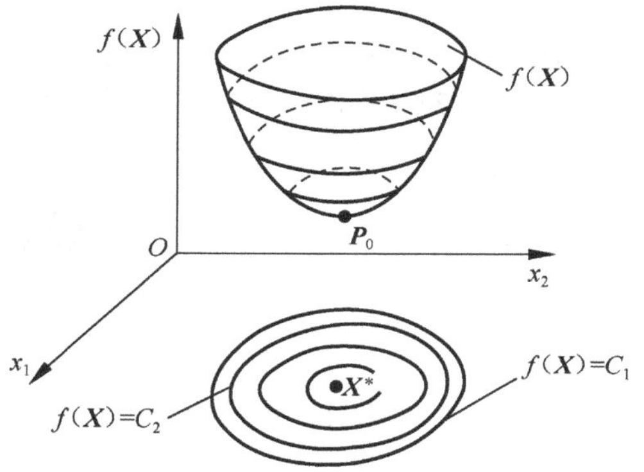

目标函数的等值线(面)

图 2.5　二元函数的等值线

如果用某一平面 $f(\boldsymbol{X})=C_1$ 来横截这一曲面(这等效为目标函数取定值 C_1)，并将二者的交线(图 2.5 曲面上的环形封闭线)投影到设计平面 x_1Ox_2 上，就可以得到一条平面曲线。其曲线方程为 $f(x_1,x_2)=C_1$。在该曲线上任取一设计点(x_1,x_2)，$f(\boldsymbol{X})$的值将保持不变，并都等于 C_1，故称这一曲线为目标函数$f(\boldsymbol{X})$的等值线。同理，若再令$f(\boldsymbol{X})=C_2,C_3,\cdots$，则在设计平面 x_1Ox_2 上可相应得到一族关于 $f(\boldsymbol{X})$ 的等值线，“等值”对应的是函数值，“线”对应的是变量取值域。

由图 2.5 可以看出，利用目标函数的等值线，可以比较直观地看出目标函数的变化规律和极值点的位置。对于等值线应着重把握以下两个概念。

概念 1　等值线就是使 $f(x_1,x_2)$保持为某一定值(如 $f(x_1,x_2)=C$)时的设计变量 $\boldsymbol{X}=[x_1\ \ x_2]^{\mathrm{T}}$ 的取值域。

概念 2　对于三维目标函数，$f(\boldsymbol{X})=C$ 为三维设计空间的曲面方程，故称为等值面，当设计变量维数 $n>3$ 时，$f(\boldsymbol{X})=C$ 为超曲面方程，称为等值超曲面。

等值线(面)具有如下几个性质。

(1)数值不相同的等值线(面)不相交。

(2)若目标函数连续，则等值线(面)不中断。

(3)常数 C_1，C_2，C_3，…的间隔相同时，等值线(面)越密，目标函数值的变化越大。

(4)对于二元二次函数

$$f(\boldsymbol{X}) = ax_1^2 + 2bx_1 \cdot x_2 + cx_2^2 + \cdots$$

当 $a>0$、$c>0$ 和 $ac-b^2>0$ 时，$f(\boldsymbol{X})$ 为椭圆抛物面，等值线为一族同心椭圆，如图 2.6 所示。

(5)数学上可以证明，对于一般二元函数 $f(\boldsymbol{X})$，在极值点附近，等值线近似为同心椭圆族，如图 2.7 所示。

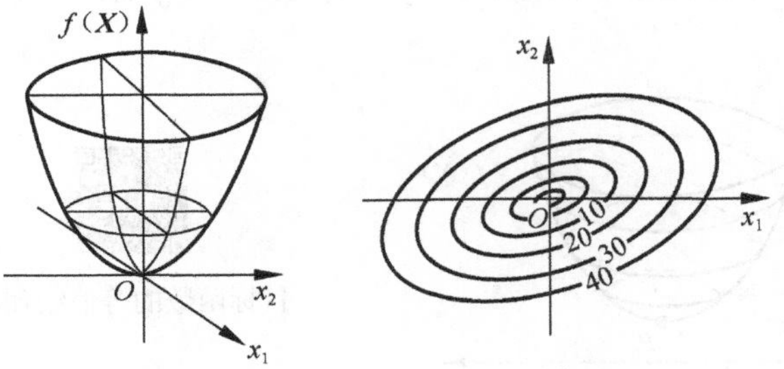

(a)　　(b)

图 2.6　椭圆抛物面与同心椭圆族等值线

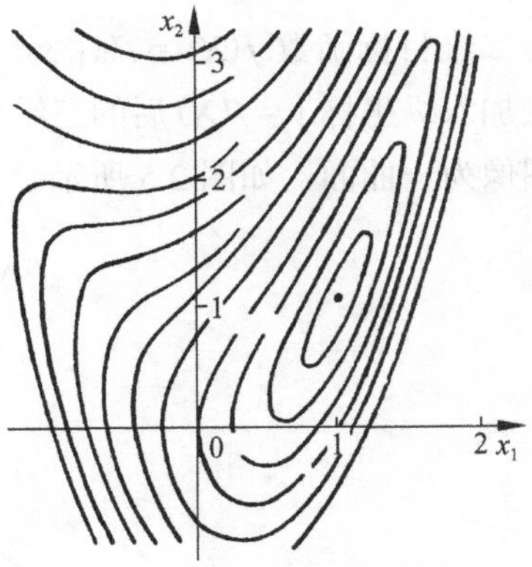

图 2.7　一般二元函数的等值线

利用等值线面的概念，可直观地对优化设计作几何上的解释。求解 n 维约束优化设计问题的解，可以想象在 n 维设计空间的可行域内，找出一个与 $n+1$ 维空间中目标函数超曲面的最小值相对应的设计点 $\boldsymbol{X}$。例如，二维问题，已知目标函数

$$f(\boldsymbol{X}) = x_1^2 + x_2^2 - 4x_1 + 4$$

受约束于

$$g_1(\boldsymbol{X}) = x_2 - x_1 - 2 \leqslant 0$$

$$g_2(\boldsymbol{X}) = x_1^2 - x_2 + 1 \leqslant 0$$

$$g_3(\boldsymbol{X}) = -x_1 \leqslant 0$$

$$g_4(\boldsymbol{X}) = -x_2 \leqslant 0$$

图 2.8(a)为在三维空间($n+1$ 维空间)中目标函数与约束函数(条件)的图形，图 2.8(b)为其二维设计平面 x_1Ox_2。由于目标函数的等值线为一同心圆，所以无约束最优解为该圆的圆心，即 $\boldsymbol{X}=[2\quad 0]^{\mathrm{T}}$。而约束最优解必须在由约束边界线 $g_1(\boldsymbol{X})=0$、$g_2(\boldsymbol{X})=0$、$g_3(\boldsymbol{X})=0$、$g_4(\boldsymbol{X})=0$ 组成的可行域 $\mathscr{D}$ (阴影线内侧)内寻找，即约束曲线 $g_2(\boldsymbol{X})=0$ 与某一等值线的切点 $\boldsymbol{X}^*=[0.58\quad 1.34]^{\mathrm{T}}$。

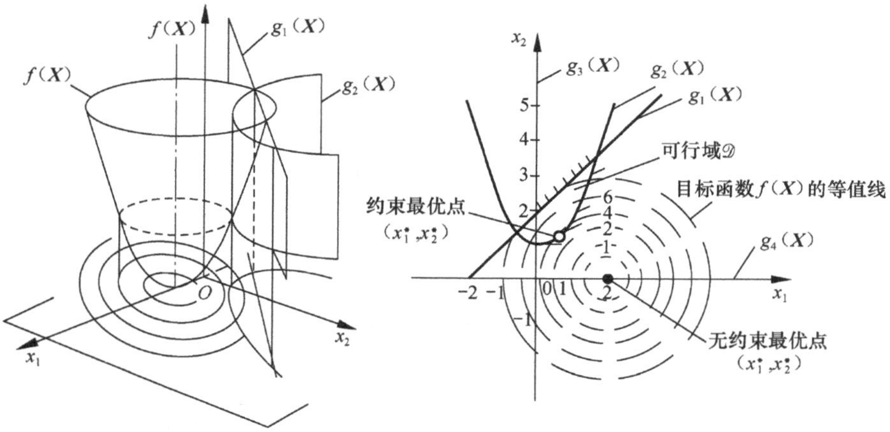

(a)　　(b)

图 2.8　二维约束优化问题的几何解释

二维约束优化问题的几何解释

在后续内容中，将利用二维目标函数的等值线来讲解、说明优化方法的原理与迭代方法。

2.3.2　目标函数的最速下降方向

目标函数的等值线只能以几何图形的方式定性地表示目标函数的变化趋势，这虽然比较直观但不能做到定量表示，并且多数只限于二维函数。为了能定量分析函数的变化性态，与一元函数的导数相似，对多元函数，需引用函数的梯度来分析目标函数在某点上的变化性态——在该点沿哪一方向函数值下降最快。

1. 目标函数的梯度

目标函数的梯度是优化设计中一个十分重要的概念，它是目标函数 $f(\boldsymbol{X})$ 对各个设计变量的偏导数所组成的列向量，并以符号“$\nabla f(\boldsymbol{X})$”表示，即

$$\nabla f(\boldsymbol{X})=\begin{bmatrix}\dfrac{\partial f(\boldsymbol{X})}{\partial x_1}\\ \dfrac{\partial f(\boldsymbol{X})}{\partial x_2}\\ \vdots\\ \dfrac{\partial f(\boldsymbol{X})}{\partial x_n}\end{bmatrix}=\begin{bmatrix}\dfrac{\partial f(\boldsymbol{X})}{\partial x_1} & \dfrac{\partial f(\boldsymbol{X})}{\partial x_2} & \cdots & \dfrac{\partial f(\boldsymbol{X})}{\partial x_n}\end{bmatrix}^{\mathrm{T}} \tag{2.3.1}$$

几种特殊向量函数的梯度计算式如下。

(1) 函数 $f(\boldsymbol{X})=\boldsymbol{B}^{\mathrm{T}}\boldsymbol{X}$ 的梯度为

$$\nabla f(\boldsymbol{X})=\boldsymbol{B} \tag{2.3.2}$$

(2) 函数 $f(\boldsymbol{X})=\boldsymbol{X}^{\mathrm{T}}\boldsymbol{X}$ 的梯度为

$$\nabla f(\boldsymbol{X})=2\boldsymbol{X} \tag{2.3.3}$$

(3) 函数 $f(\boldsymbol{X})=\boldsymbol{X}^{\mathrm{T}}\boldsymbol{A}\boldsymbol{X}$ 的梯度为

$$\nabla f(\boldsymbol{X}) = 2\boldsymbol{A}\boldsymbol{X} \tag{2.3.4}$$

式中

$$\boldsymbol{X}=\begin{bmatrix}x_1\\x_2\\\vdots\\x_n\end{bmatrix},\quad \boldsymbol{A}=\begin{bmatrix}a_{11}&a_{12}&\cdots&a_{1n}\\a_{21}&a_{22}&\cdots&a_{2n}\\\vdots&\vdots&&\vdots\\a_{n1}&a_{n2}&\cdots&a_{nn}\end{bmatrix},\quad \boldsymbol{B}=\begin{bmatrix}b_1\\b_2\\\vdots\\b_n\end{bmatrix}$$

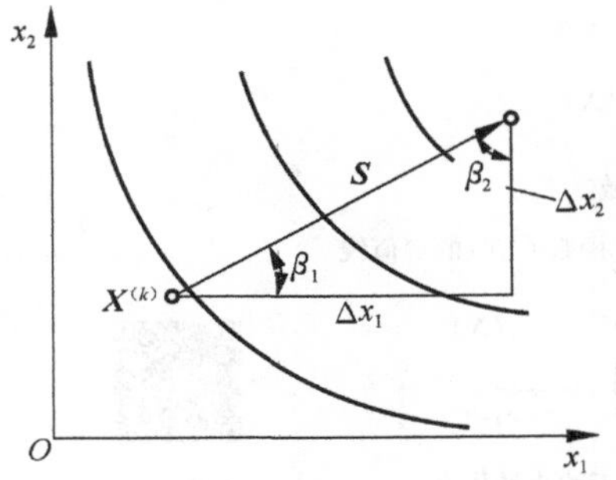

图 2.9　函数的方向导数

2．目标函数的方向导数

某一个二维函数 $f(\boldsymbol{X})$ 的等值线如图 2.9 所示，对给定的方向 $\boldsymbol{S}$($\boldsymbol{S}=[\cos\beta_1\quad\cos\beta_2]^{\mathrm{T}}$)，由多元函数的微分学可得，函数 $f(\boldsymbol{X})$ 在已知点 $\boldsymbol{X}^{(k)}$ 上沿方向 $\boldsymbol{S}$ 的导数为

$$\frac{\partial f(\boldsymbol{X}^{(k)})}{\partial \boldsymbol{S}}=\frac{\partial f(\boldsymbol{X}^{(k)})}{\partial x_1}\cos\beta_1+\frac{\partial f(\boldsymbol{X}^{(k)})}{\partial x_2}\cos\beta_2$$

推广到 n 维则有

$$\frac{\partial f(\boldsymbol{X}^{(k)})}{\partial \boldsymbol{S}}=\frac{\partial f(\boldsymbol{X}^{(k)})}{\partial x_1}\cos\beta_1+\cdots+\frac{\partial f(\boldsymbol{X}^{(k)})}{\partial x_i}\cos\beta_i+\cdots+\frac{\partial f(\boldsymbol{X}^{(k)})}{\partial x_n}\cos\beta_n \tag{2.3.5}$$

式中，β_i 为 $\boldsymbol{S}$ 与 x_i 轴的夹角。

由式(2.3.5)可计算出函数在已知点上沿某一方向的变化率。

根据矩阵相乘原理可将式(2.3.5)改写为

$$\frac{\partial f(\boldsymbol{X}^{(k)})}{\partial \boldsymbol{S}}=\left[\frac{\partial f(\boldsymbol{X}^{(k)})}{\partial x_1}\quad\cdots\quad\frac{\partial f(\boldsymbol{X}^{(k)})}{\partial x_n}\right]\cdot[\cos\beta_1\quad\cdots\quad\cos\beta_2]^{\mathrm{T}}$$

由梯度的概念可得

$$\nabla f(\boldsymbol{X}^{(k)})=\left[\frac{\partial f(\boldsymbol{X}^{(k)})}{\partial x_1}\quad\cdots\quad\frac{\partial f(\boldsymbol{X}^{(k)})}{\partial x_n}\right]^{\mathrm{T}}$$

而 $\boldsymbol{S}=[\cos\beta_1\quad\cdots\quad\cos\beta_n]^{\mathrm{T}}$，再依据向量点积的定义，式(2.3.5)可表示为

$$\begin{aligned}\frac{\partial f(\boldsymbol{X}^{(k)})}{\partial \boldsymbol{S}}&=[\nabla f(\boldsymbol{X}^{(k)})]^{\mathrm{T}}\cdot\boldsymbol{S}=\|\nabla f(\boldsymbol{X}^{(k)})\|\|\boldsymbol{S}\|\cos(\nabla f(\boldsymbol{X}^{(k)}),\boldsymbol{S})\\&=\|\nabla f(\boldsymbol{X}^{(k)})\|\cos(\nabla f(\boldsymbol{X}^{(k)}),\boldsymbol{S})\end{aligned} \tag{2.3.6}$$

式(2.3.6)为方向导数的向量表示式。

3．目标函数的最速下降方向

分析方向导数的向量表示式

$$\frac{\partial f(\boldsymbol{X}^{(k)})}{\partial \boldsymbol{S}}=\|\nabla f(\boldsymbol{X}^{(k)})\|\cos(\nabla f(\boldsymbol{X}^{(k)}),\boldsymbol{S})$$

因为 $-1 \leqslant \cos(\nabla f(\boldsymbol{X}^{(k)}),\boldsymbol{S}) \leqslant 1$，所以可得以下结论。

(1) 当 $\boldsymbol{S}$ 方向与梯度方向一致时，$\cos(\nabla f(\boldsymbol{X}^{(k)}),\boldsymbol{S})=1$，方向导数 $\partial f(\boldsymbol{X}^{(k)})/\partial \boldsymbol{S}$ 有最大值。也就是说，目标函数的梯度方向，是函数值增长最快的方向。

(2) 当 $\boldsymbol{S}$ 取梯度的反方向即负梯度方向时，$\cos(\nabla f(\boldsymbol{X}^{(k)}),\boldsymbol{S})=-1$，$\partial f(\boldsymbol{X}^{(k)})/\partial \boldsymbol{S}$ 值为最小。所以函数在 $\boldsymbol{X}^{(k)}$ 点上，沿向量 $-\nabla f(\boldsymbol{X}^{(k)})$ 的方向，其函数值下降最快。故称 $-\nabla f(\boldsymbol{X}^{(k)})$ 为目标函数 $f(\boldsymbol{X})$ 在 $\boldsymbol{X}^{(k)}$ 点上的最速下降方向。

4. 梯度的几点性质

结合上述分析讨论，现将与优化方法、原理密切相关的梯度的几个性质归纳如下。

(1) 梯度 $\nabla f(\boldsymbol{X}^{(k)})$ 是一个向量，负梯度方向 $-\nabla f(\boldsymbol{X}^{(k)})$ 是函数在 $\boldsymbol{X}^{(k)}$ 点的最速下降方向。

(2) 由于梯度的模 $\|\nabla f(\boldsymbol{X}^{(k)})\|$ 随点 $\boldsymbol{X}^{(k)}$ 的变化而变化，所以上述的最速下降方向只是函数的一种局部性质。即仅反映函数 $f(\boldsymbol{X})$ 在 $\boldsymbol{X}^{(k)}$ 点上的性质，并近似地反映函数 $f(\boldsymbol{X})$ 在 $\boldsymbol{X}^{(k)}$ 点附近的性质。

(3) 任一点 $\boldsymbol{X}^{(k)}$ 处的梯度，与过 $\boldsymbol{X}^{(k)}$ 点的等值线的切线垂直。如图 2.10 所示，在等值线上的 $\boldsymbol{X}^{(k)}$ 作切线 t-t，其方向用单位向量 $\boldsymbol{S}$ 表示，因为 $\boldsymbol{X}^{(k)}$ 是 $\boldsymbol{S}$ 方向上 $f(\boldsymbol{X})$ 的极值点，所以在点 $\boldsymbol{X}^{(k)}$ 处，沿 $\boldsymbol{S}$ 方向的导数必为零，即

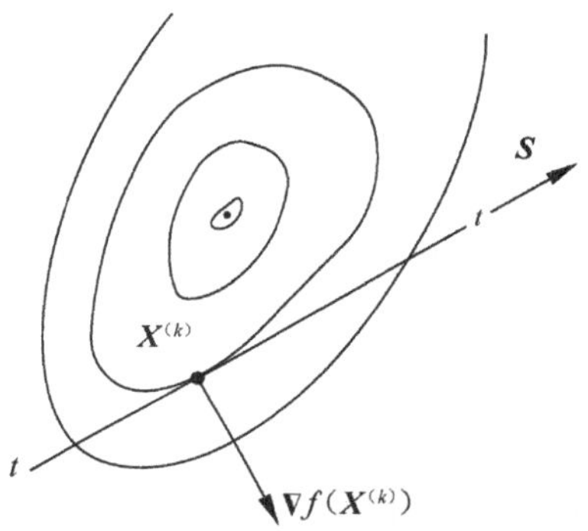

图 2.10　梯度的方向

$$\frac{\partial f(\boldsymbol{X}^{(k)})}{\partial \boldsymbol{S}}=\|\nabla f(\boldsymbol{X}^{(k)})\|\|\boldsymbol{S}\|\cos(\nabla f(\boldsymbol{X}^{(k)}),\boldsymbol{S})=0$$

因为 $\|\boldsymbol{S}\|=1$，$\|\nabla f(\boldsymbol{X}^{(k)})\|\neq 0$，故应有 $\cos(\nabla f(\boldsymbol{X}^{(k)}),\boldsymbol{S})=0$。这说明 $\nabla f(\boldsymbol{X}^{(k)})$ 和 $\boldsymbol{S}$ 垂直，向量 $\nabla f(\boldsymbol{X}^{(k)})$ 是等值线上 $\boldsymbol{X}^{(k)}$ 的法向量。

2.3.3　多元函数的泰勒近似式

在一元函数微积分中，当函数 $f(x)$ 满足一定条件时，可应用泰勒公式，在某一给定点 $x^{(k)}$ 的足够小的邻域内，用一多项式来近似 $f(x)$。对于多元函数，也有相同的方法，即在一定的条件下，可用多元函数的泰勒展开式将多元函数近似表示为多元多项式。这在后续讨论多元函数的性质及研究优化算法时，是主要的分析依据与方法。

设多元函数 $f(\boldsymbol{X})$ 在 $\boldsymbol{X}^{(k)}$ 点至少有二阶连续偏导数，在 $\boldsymbol{X}^{(k)}$ 的足够小的邻域内将 $f(\boldsymbol{X})$ 展成泰勒近似式，并且只取前二次项，可得

$$f(\boldsymbol{X})\approx f(\boldsymbol{X}^{(k)})+\sum_{i=1}^{n}\frac{\partial f(\boldsymbol{X}^{(k)})}{\partial x_i}\Delta x_i+\frac{1}{2}\sum_{i,j=1}^{n}\frac{\partial^2 f(\boldsymbol{X}(k))}{\partial x_i \partial x_j}\Delta x_i \Delta x_j \tag{2.3.7}$$

式中

$$\Delta x_i=(x_i-x_i^{(k)}),\quad \Delta x_j=(x_j-x_j^{(k)}),\quad i,j=1,2,\cdots,n$$

在式(2.3.7)右侧中，仅 Δx_i、Δx_j 中含有 $x_i=(i=1,2,\cdots,n)$，其余为函数在点 $\boldsymbol{X}^{(k)}$ 处的函数值或一阶、二阶偏导数值。所以，在式(2.3.7)中 x_i 的最高次幂为 2，这表明 $f(\boldsymbol{X})$ 在 $\boldsymbol{X}^{(k)}$ 点附近，可用一个二次函数来近似。

将式(2.3.7)改写成较为简洁的向量矩阵形式，设

$$\boldsymbol{H}(\boldsymbol{X}^{(k)})=\begin{bmatrix}\dfrac{\partial^2 f(\boldsymbol{X}^{(k)})}{\partial x_1\partial x_1} & \cdots & \dfrac{\partial^2 f(\boldsymbol{X}^{(k)})}{\partial x_1\partial x_j} & \cdots & \dfrac{\partial^2 f(\boldsymbol{X}^{(k)})}{\partial x_1\partial x_n}\\ \vdots & & \vdots & & \vdots\\ \dfrac{\partial^2 f(\boldsymbol{X}^{(k)})}{\partial x_i\partial x_1} & \cdots & \dfrac{\partial^2 f(\boldsymbol{X}^{(k)})}{\partial x_i\partial x_j} & \cdots & \dfrac{\partial^2 f(\boldsymbol{X}^{(k)})}{\partial x_i\partial x_n}\\ \vdots & & \vdots & & \vdots\\ \dfrac{\partial^2 f(\boldsymbol{X}^{(k)})}{\partial x_n\partial x_1} & \cdots & \dfrac{\partial^2 f(\boldsymbol{X}^{(k)})}{\partial x_n\partial x_j} & \cdots & \dfrac{\partial^2 f(\boldsymbol{X}^{(k)})}{\partial x_n\partial x_n}\end{bmatrix},\quad \Delta\boldsymbol{X}=\boldsymbol{X}-\boldsymbol{X}^{(k)}$$

称 $\boldsymbol{H}(\boldsymbol{X}^{(k)})$ 为黑塞(Hesse)矩阵，因为二阶偏导数连续即有

$$\frac{\partial^2 f(\boldsymbol{X}^{(k)})}{\partial x_i\partial x_j}=\frac{\partial^2 f(\boldsymbol{X}^{(k)})}{\partial x_j\partial x_i}$$

所以黑塞矩阵为对称矩阵，根据矩阵相乘原理，式(2.3.7)可表示为

$$f(\boldsymbol{X})\approx f(\boldsymbol{X}^{(k)})+[\nabla f(\boldsymbol{X}^{(k)})]^{\mathrm{T}}\Delta\boldsymbol{X}+\frac{1}{2}\Delta\boldsymbol{X}^{\mathrm{T}}\boldsymbol{H}(\boldsymbol{X}^{(k)})\Delta\boldsymbol{X} \tag{2.3.8}$$

式(2.3.8)为多元函数泰勒近似式的向量矩阵形式。

2.3.4 二次型函数

1. 二次型函数的概念与向量矩阵表示式

多元二次函数是指变量最高幂次为二次方的多项式形式的函数，称为二次型函数。二次型函数的通式为

$$f(\boldsymbol{X})=\sum_{i,j=1}^{n}a_{ij}x_i x_j+\sum_{i=1}^{n}b_i x_i+C \tag{2.3.9}$$

将式(2.3.9)改写成向量矩阵表示式，略去推导过程可得

$$f(\boldsymbol{X})=\boldsymbol{X}^{\mathrm{T}}\boldsymbol{A}\boldsymbol{X}+\boldsymbol{B}^{\mathrm{T}}\boldsymbol{X}+C \tag{2.3.10}$$

式中

$$\boldsymbol{X}=\begin{bmatrix}x_1\\x_2\\\vdots\\x_n\end{bmatrix},\quad \boldsymbol{A}=\begin{bmatrix}a_{11}&a_{12}&\cdots&a_{1n}\\a_{21}&a_{22}&\cdots&a_{2n}\\\vdots&\vdots&&\vdots\\a_{n1}&a_{n2}&\cdots&a_{nn}\end{bmatrix},\quad \boldsymbol{B}=\begin{bmatrix}b_1\\b_2\\\vdots\\b_n\end{bmatrix}$$

数学上可以证明，式(2.3.10)实际上是二次型函数的泰勒展开式的表达式，因为二次函数无三阶以上的偏导数，无舍取误差，所以取等号。矩阵 $\boldsymbol{A}$ 则对应于黑塞矩阵，$\boldsymbol{A}=\dfrac{1}{2}\boldsymbol{H}(\boldsymbol{X})$，因为二次型函数的导数连续，所以 $\boldsymbol{A}$ 矩阵一定是一个对称阵。

2．正定二次函数及特性

对于二次型函数 $f(\boldsymbol{X})=\boldsymbol{X}^{\mathrm{T}}\boldsymbol{A}\boldsymbol{X}+\boldsymbol{B}^{\mathrm{T}}\boldsymbol{X}+C$，若矩阵 $\boldsymbol{A}$ 为正定矩阵，则称 $f(\boldsymbol{X})$ 为正定二次函数。由于 $\boldsymbol{A}$ 矩阵同时是一个对称矩阵，因此有时亦称 $f(\boldsymbol{X})$ 为对称正定二次函数。正定二次函数的有关概念是许多优化方法的理论基础，不少的优化方法首先以正定二次函数为研究对象，以此来构造优化方法。

检验 $\boldsymbol{A}$ 矩阵是否为正定矩阵的方法，是计算 $\boldsymbol{A}$ 的每一个主子式(各阶主子式)，它们的值都应大于零，即

$$a_{11}>0,\quad \begin{vmatrix} a_{11} & a_{12} \\ a_{21} & a_{22} \end{vmatrix}>0,\quad \begin{vmatrix} a_{11} & a_{12} & a_{13} \\ a_{21} & a_{22} & a_{23} \\ a_{31} & a_{32} & a_{33} \end{vmatrix}>0,\quad \begin{vmatrix} a_{11} & a_{12} & \cdots & a_{1n} \\ a_{21} & a_{22} & \cdots & a_{2n} \\ \vdots & \vdots & & \vdots \\ a_{n1} & a_{n2} & \cdots & a_{nn} \end{vmatrix}>0$$

若以上各阶主子式的值，按负、正、负、正交替变换，则称 $\boldsymbol{A}$ 矩阵为负定矩阵。

正定二次函数的一个重要特性可用二元函数来说明，其函数式一般为

$$f(\boldsymbol{X})=ax_1^2+2bx_1x_2+cx_2^2+dx_1+ex_2+g$$

若令向量或矩阵

$$\boldsymbol{X}=\begin{bmatrix} x_1 \\ x_2 \end{bmatrix},\quad \boldsymbol{A}=\begin{bmatrix} a & b \\ b & c \end{bmatrix},\quad \boldsymbol{B}=\begin{bmatrix} d \\ e \end{bmatrix},\quad C=g$$

则函数式可改写为

$$f(\boldsymbol{X})=\boldsymbol{X}^{\mathrm{T}}\boldsymbol{A}\boldsymbol{X}+\boldsymbol{B}^{\mathrm{T}}\boldsymbol{X}+C$$

相应的正定条件为；$a>0$，$ac-b^2>0$，此时 $f(\boldsymbol{X})$ 的几何图形为椭圆抛物面，等值线为同心椭圆族，如图 2.6 所示。

当 $n=3$ 时，三元正定二次函数的等值面就是同心椭球面，由此推广到 $n>3$ 的正定二次函数。虽然无法用几何图形来表示，但其具有同心椭圆族等值线相同的数学性质。这是正定二次函数十分重要的特性。

3．非二次函数的正定二次性

对于非二次函数，由前述可知，可用泰勒展开式将其在极小点处展开并取前两项，这样在极值点附近可用二次函数来近似非二次函数。若此时泰勒近似式的黑塞矩阵为正定矩阵，则说明在极值点附近该非二次函数的函数性态近似于正定二次函数。二元函数时的情况如图 2.7 所示，即此时在极值点附近的等值线接近同心椭圆族，这一特点也是优化方法的理论

基础。因为有些优化方法，首先是以正定二次函数为对象，研究构造优化方法，而后再根据非二次函数的正定二次性，推广应用到非二次函数的求解中。

2.4　函数的凸性

2.4.1　局部最优与全域最优

在用计算机对目标函数 $f(\boldsymbol{X})$ 求最优解的过程中，一般只要遇到目标函数的极值点就停止运算，将此极值点作为最优解输出。如图 2.11 所示，$\boldsymbol{X}_1^*$、$\boldsymbol{X}_2^*$ 是函数 $f(\boldsymbol{X})=4+4.5x_1-4x_2+x_1^2+2x_2^2-2x_1x_2+x_1^4-2x_1^2x_2$ 的两个极小点。在计算机求解时，有可能将某一个极小点作为最优点。而函数的最优值与极值是有区别的，极值仅是相对局部区域而言的，而最优值则是在函数的整个定义域上的，所以两个极值点 $\boldsymbol{X}_1^*$、$\boldsymbol{X}_2^*$ 均称为局部最优点，相应的函数值称为局部最优值。由等值线可以看出 $f(\boldsymbol{X}_1^*)<f(\boldsymbol{X}_2^*)$，所以 $\boldsymbol{X}_1^*$ 又同时为全域最优点。

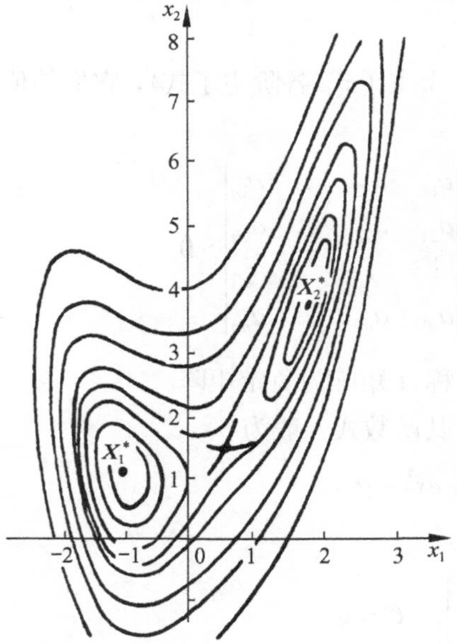

图 2.11　局部最优点与全域最优点

一般来说，在函数定义的区域内部，最优点必定是极值点，反之则不一定。因此有必要讨论在何种条件下，函数的极值与最优值存在一一对应的关系。在下面的内容中可知，这一条件就是函数的凸性。

2.4.2　凸集的定义

设 $\mathscr{D}$ 为 n 维欧氏空间中的一个点集，即 $\mathscr{D}\in\mathbf{R}^n$，若集合 $\mathscr{D}$ 上的任意两点 $\boldsymbol{X}^{(1)}$、$\boldsymbol{X}^{(2)}$ 的连线上的点都属于集合 $\mathscr{D}$，则称 $\mathscr{D}$ 为 n 维欧氏空间中的一个凸集。图 2.12(a)、(b)为二元函数的凸集，图 2.12(c)为非凸集。

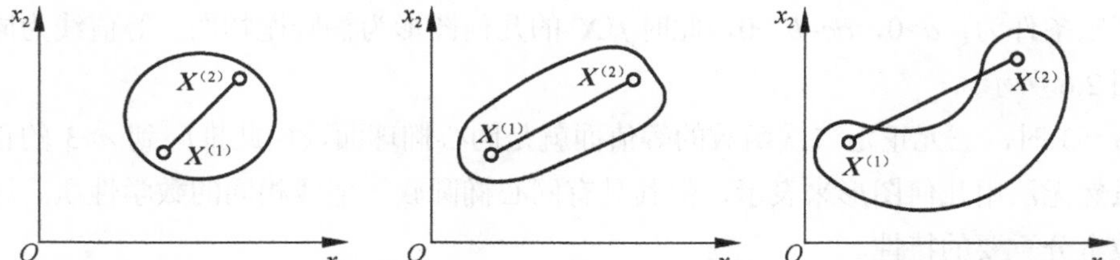

图 2.12　凸集与非凸集

2.4.3　凸函数

1. 一元凸函数

首先讨论最简单的一元凸函数。如图 2.13 所示，若一元函数 $f(x)$ 在几何上为一向下凸的曲线，则$f(x)$为一凸函数。其几何特征为：在横坐标轴上任取两点$x^{(1)}$、$x^{(2)}$，将函数曲线上的这两个对应点$f(x_1)$、$f(x_2)$连成一直线，则在$x^{(1)}$、$x^{(2)}$之间任取一点$x^{(k)}$，直线上相应的纵坐标值（记为y_k）必大于或等于原函数值$f(x^{(k)})$，即

$$y_k \geqslant f(x^{(k)})$$

对于多元凸函数，也有同样的几何特征，但无法直观地用图形表示，所以先用数学语言抽象表达一元凸函数的这一特征，以此推广到n维空间，就可得到通用的凸函数定义。

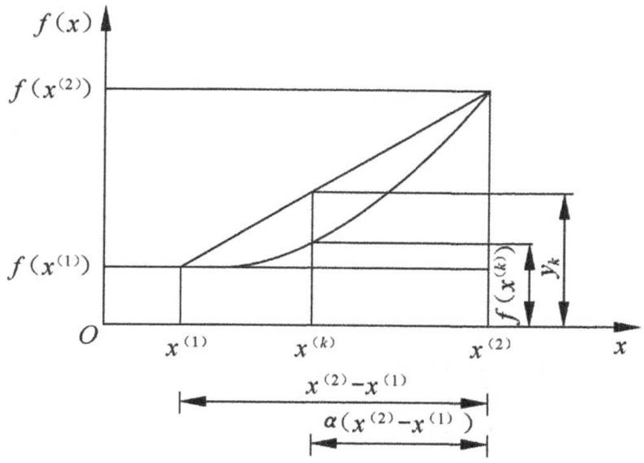

图 2.13　一元凸函数

若引入实数α，$0\leqslant\alpha\leqslant1$，则$x^{(1)}$、$x^{(2)}$之间的任意点$x^{(k)}$可表示为

$$x^{(k)} = x^{(2)} - \alpha(x^{(2)} - x^{(1)}) \tag{2.4.1}$$

则

$$\alpha = (x^{(2)} - x^{(k)}) / (x^{(2)} - x^{(1)})$$

由此可得

$$f(x^{(k)}) = f(x^{(2)} - \alpha(x^{(2)} - x^{(1)})) = f(\alpha x^{(1)} + (1-\alpha)x^{(2)})$$

对于y_k，由图 2.13 可得

$$\frac{\alpha(x^{(2)} - x^{(1)})}{x^{(2)} - x^{(1)}} = \frac{f(x^{(2)}) - y_k}{f(x^{(2)}) - f(x^{(1)})} = \alpha$$

所以

$$y_k = f(x^{(2)}) - \alpha(f(x^{(2)}) - f(x^{(1)})) = \alpha f(x^{(1)}) + (1-\alpha)f(x^{(2)})$$

因为$y_k \geqslant f(x^{(k)})$，所以

$$\alpha f(x^{(1)}) + (1-\alpha)f(x^{(2)}) \geqslant f(\alpha x^{(1)} + (1-\alpha)x^{(2)}) \tag{2.4.2}$$

式(2.4.2)就是用数学语言抽象出的一元凸函数的几何特征。

2. 凸函数的定义

将式(2.4.2)推广到n维空间，即得凸函数的定义。

1) 凸集中任两点$\boldsymbol{X}^{(1)}$、$\boldsymbol{X}^{(2)}$连线上的任意一点的计算

要将式(2.4.2)推广到n维空间，首先应将$x^{(1)}$、$x^{(2)}$、$x^{(k)}$转换为$\boldsymbol{X}^{(1)}$、$\boldsymbol{X}^{(2)}$、$\boldsymbol{X}^{(k)}$。

如图 2.14 所示，若取$0\leqslant\alpha\leqslant1$，则

$$(\boldsymbol{X}^{(2)} - \boldsymbol{X}^{(k)}) = \alpha(\boldsymbol{X}^{(2)} - \boldsymbol{X}^{(1)})$$

整理可得

$$\boldsymbol{X}^{(k)} = \boldsymbol{X}^{(2)} - \alpha(\boldsymbol{X}^{(2)} - \boldsymbol{X}^{(1)}) = \alpha\boldsymbol{X}^{(1)} + (1-\alpha)\boldsymbol{X}^{(2)} \tag{2.4.3}$$

与式(2.4.1)相比较可以看出，式(2.4.3)是将其推广到n维空间的表达形式。

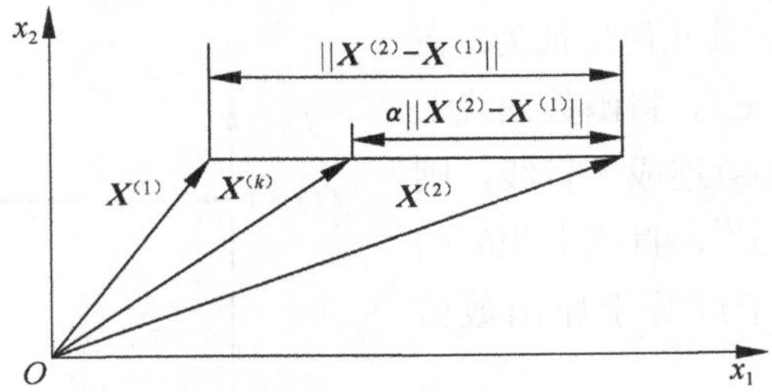

图 2.14　凸集上 $\boldsymbol{X}^{(k)}$ 的计算

2) 凸函数的定义

将式(2.4.3)及 $\boldsymbol{X}^{(1)}$、$\boldsymbol{X}^{(2)}$ 替代式(2.4.2)中的对应项，可得凸函数的一般定义式

$$f(\alpha\boldsymbol{X}^{(1)}+(1-\alpha)\boldsymbol{X}^{(2)})\leqslant\alpha f(\boldsymbol{X}^{(1)})+(1-\alpha)f(\boldsymbol{X}^{(2)}) \tag{2.4.4}$$

凸函数的定义为：设 $f(\boldsymbol{X})$ 是定义在 n 维欧氏空间中凸集 $\mathscr{D}$ 上的函数，若对于任何实数 $\alpha\,(0\leqslant\alpha\leqslant1)$ 以及 $\mathscr{D}$ 上的任意两点 $\boldsymbol{X}^{(1)}$、$\boldsymbol{X}^{(2)}$，恒有式(2.4.4)成立，则称 $f(\boldsymbol{X})$ 为定义在凸集 $\mathscr{D}$ 上的一个凸函数。

2.4.4　函数的凸性条件

以下两个关于函数的凸性条件，可用来判断一个函数是否为凸函数。

(1) 设 $f(\boldsymbol{X})$ 为定义在凸集 $\mathscr{D}$ 上的具有连续一阶导数的函数，则 $f(\boldsymbol{X})$ 在 $\mathscr{D}$ 上为凸函数的充要条件为：对任意的 $\boldsymbol{X}^{(1)}$、$\boldsymbol{X}^{(2)}\in\mathscr{D}$ 都有

$$f(\boldsymbol{X}^{(2)})\geqslant f(\boldsymbol{X}^{(1)})+[\nabla f(\boldsymbol{X}^{(1)})]^{\mathrm{T}}[\boldsymbol{X}^{(2)}-\boldsymbol{X}^{(1)}]$$

成立。

(2) 设 $f(\boldsymbol{X})$ 定义在凸集 $\mathscr{D}$ 上，且存在连续二阶导数，则 $f(\boldsymbol{X})$ 为 $\mathscr{D}$ 上的凸函数的充要条件为：$f(\boldsymbol{X})$ 的黑塞矩阵 $\boldsymbol{H}(\boldsymbol{X})$ 处处是半正定的。

若黑塞矩阵 $\boldsymbol{H}(\boldsymbol{X})$ 对一切 $\boldsymbol{X}\in\mathscr{D}$ 都是正定的，则 $f(\boldsymbol{X})$ 是 $\mathscr{D}$ 上的严格凸函数，反之则不然(此条件为充分条件)。

【例 2.1】　证明函数

$$f(\boldsymbol{X})=x_1^2+x_2^2-x_1\cdot x_2-10x_1-4x_2+60$$

在 $\mathscr{D}=\{x_1,x_2\,|\,(-\infty<x_i<\infty),i=1,2\}$ 上是凸函数。

证明　根据凸性条件，只要证明其黑塞矩阵 $\boldsymbol{H}(\boldsymbol{X})$ 为半正定或正定即可。

因为

$$\frac{\partial^2 f(\boldsymbol{X})}{\partial x_1^2}=2,\quad \frac{\partial^2 f(\boldsymbol{X})}{\partial x_1\partial x_2}=\frac{\partial^2 f(\boldsymbol{X})}{\partial x_2\partial x_1}=-1,\quad \frac{\partial^2 f(\boldsymbol{X})}{\partial x_2^2}=2,\quad \boldsymbol{H}(\boldsymbol{X})=\begin{bmatrix}2&-1\\-1&2\end{bmatrix}$$

各阶主子式

$$a_{11}=2>0,\quad \begin{vmatrix}a_{11}&a_{12}\\a_{21}&a_{22}\end{vmatrix}=\begin{vmatrix}2&-1\\-1&2\end{vmatrix}>0$$

所以黑塞矩阵 $\boldsymbol{H}(\boldsymbol{X})$ 是正定的，函数 $f(\boldsymbol{X})$ 是严格凸函数。

2.4.5　凸函数的基本性质

(1) 若 $f(\boldsymbol{X})$ 为凸集 $\mathscr{D}$ 上的凸函数，则 $f(\boldsymbol{X})$ 在 $\mathscr{D}$ 上的一个极小点也就是 $f(\boldsymbol{X})$ 在 $\mathscr{D}$ 上全域最小点。

(2) 若 $\boldsymbol{X}^{(1)}$ 和 $\boldsymbol{X}^{(2)}$ 为凸函数 $f(\boldsymbol{X})$ 的两个最小点，则其连线上的任一点 $\boldsymbol{X}^{(k)}$ 也都是最小点；且有 $f(\boldsymbol{X}^{(1)})=f(\boldsymbol{X}^{(2)})=f(\boldsymbol{X}^{(k)})$ 成立。

(3) 若函数 $f_1(\boldsymbol{X})$ 和 $f_2(\boldsymbol{X})$ 为凸集且 $\mathscr{D}$ 上的两个凸函数，则对任意正实数 a 和 b，函数 $f(\boldsymbol{X})=af_1(\boldsymbol{X})+bf_2(\boldsymbol{X})$) 仍为 $\mathscr{D}$ 上的凸函数。

上述第 1 个凸函数的性质，就是函数极值与最优值存在一一对应关系的条件。凸函数的其他性质，可由其定义式(2.4.4)导出。

2.5　目标函数的无约束极值条件

由凸函数的性质可知，当目标函数为凸函数时，求解无约束优化问题的最优值，等同于求解目标函数的极值。无约束优化方法，是优化设计中一大类重要的方法，因而无约束极值问题在优化方法中占有重要地位。本节先简要回顾一元函数极值条件，进而导出多元函数极值条件。

2.5.1　一元函数极值的充要条件

1. 极值点存在的必要条件

由数学分析中的极值概念可知，任何一个单值连续、可微分的不受任何约束的一元函数 $f(x)$，在 $x=x^*$ 处有极值的必要条件是：函数在 x^* 点上的导数为零，即 $f'(x^*)=0$，其几何意义是在极值点上，函数曲线的切线，必平行于 x 轴，如图 2.15 所示。从图 2.15 可以看出，函数在 $x^{(1)}$、$x^{(2)}$、$x^{(3)}$ 各点处均满足 $f'(x^{(k)})=0, k=1,2,3$。其中 $x^{(2)}$ 为极大点，$x^{(3)}$ 为极小点，而 $x^{(1)}$ 虽然满足 $f'(x^{(1)})=0$，却不是极值点，而是一个拐点。因此 $f'(x^*)=0$ 只是一个必要条件，满足该条件的点统称为驻点。而驻点是否为极值点，还需用二阶导数 $f'(x)$ 来判断。

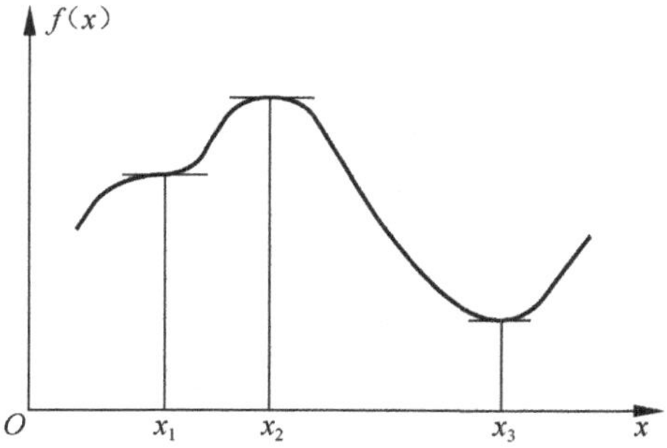

图 2.15　一元函数的极值

2. 极值点存在的充分条件

(1) 若在驻点 x^*, $f''(x^*)<0$，则 x^* 为极大点。

(2) 若在驻点 x^*, $f''(x^*)>0$，则 x^* 为极小点。

为此一元函数 $f(x)$ 在点 x^* 有极值的充分必要条件为：

$f'(x^*)=0$ 且 $f''(x^*)>0$（极小值）或 $f''(x^*)<0$（极大值）。

2.5.2　多元函数极值的充要条件

1. 必要条件

仿照一元函数极值存在的必要条件，多元函数极值的必要条件为：若函数 $f(\boldsymbol{X})$ 处处存在一阶导数，则 $\boldsymbol{X}^*$ 为其极值点的必要条件是该点的一阶偏导数等于零，也就是该点的梯度向量为零向量即

$$\nabla f(\boldsymbol{X}^*)=\boldsymbol{0} \tag{2.5.1}$$

式(2.5.1)可用二元函数来做几何解释，如图 2.16 所示。过二元函数的极值点 $\boldsymbol{X}^*=[x_1^* \quad x_2^*]^{\mathrm{T}}$ 分别做出两个平行于 x_1、x_2 轴的平面。两平面截取空间曲面 $f(\boldsymbol{X})$ 所得的两条曲线 $F_1(x_1)=f(x_1,x_2^*)$ 和 $F_2(x_2)=f(x_1^*,x_2)$，也必然同时在 $\boldsymbol{X}^*$ 点有极小值。因为这两条曲线均为一元函数曲线，根据一元函数的极值必要条件可得

$$F_1'(x_1)=f_{x_1}'(x_1,x_2^*)\Big|_{x_2=x_2^*}=\frac{\partial f(\boldsymbol{X})}{\partial x_1}=\Big|_{\boldsymbol{X}=\boldsymbol{X}^*}=0 \tag{2.5.2}$$

$$F_2'(x_2)=f_{x_2}'(x_1^*,x_2)\Big|_{x_1=x_1^*}=\frac{\partial f(\boldsymbol{X})}{\partial x_2}=\Big|_{\boldsymbol{X}=\boldsymbol{X}^*}=0 \tag{2.5.3}$$

综合式(2.5.2)、式(2.5.3)，即构成了条件式(2.5.1)。

2. 充分条件

满足式(2.5.1)的点也不一定是极值点，如图 2.17 所示某二元函数在 O 点也满足条件式(2.5.1)，但它显然不是极值点而是一个鞍点。所以同样要借助二阶偏导数来判定。

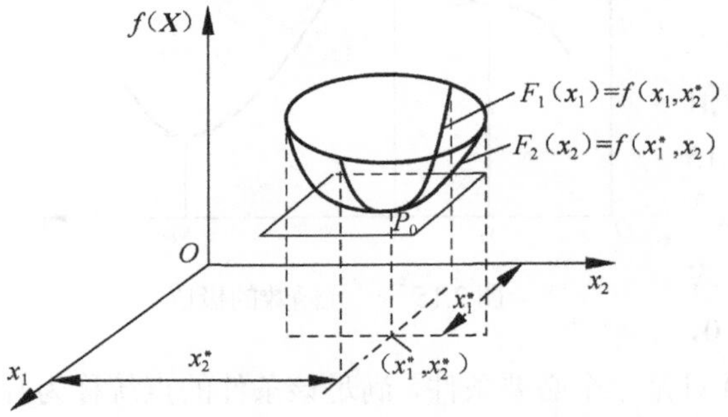

图 2.16　二元函数的极值点

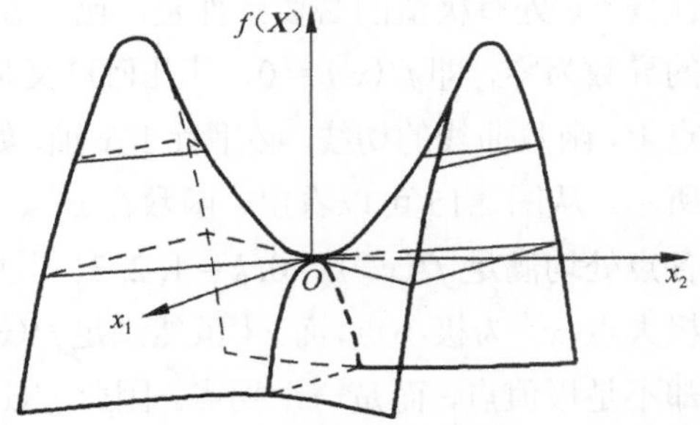

图 2.17　驻点不是极值点而是鞍点

设 $\boldsymbol{X}^*$ 为函数 $f(\boldsymbol{X})$ 的一个极值点，且函数在该点附近连续并有一阶、二阶偏导数，在 $\boldsymbol{X}^*$ 点附近用泰勒公式将 $f(\boldsymbol{X})$ 近似为 $(x_i-x_i^*)$ 的多项式，即

$$f(\boldsymbol{X})\approx f(\boldsymbol{X}^*)+[\nabla f(\boldsymbol{X}^*)]^{\mathrm{T}}\Delta\boldsymbol{X}+\frac{1}{2}[\Delta\boldsymbol{X}]^{\mathrm{T}}\boldsymbol{H}(\boldsymbol{X}^*)\Delta\boldsymbol{X} \tag{2.5.4}$$

式中，$\Delta\boldsymbol{X}=\boldsymbol{X}-\boldsymbol{X}^*$。

因为 $\boldsymbol{X}^*$ 必须满足式(2.5.1)，所以式(2.5.4)可整理为

$$f(\boldsymbol{X})-f(\boldsymbol{X}^*)\approx\frac{1}{2}[\Delta\boldsymbol{X}]^{\mathrm{T}}\boldsymbol{H}(\boldsymbol{X}^*)\Delta\boldsymbol{X} \tag{2.5.5}$$

分析式(2.5.5)可得以下结论。

(1)若 $\boldsymbol{X}^*$ 为极小点，则对于在 $\boldsymbol{X}^*$ 处足够小的邻域内的 $\boldsymbol{X}$ 必有 $f(\boldsymbol{X})-f(\boldsymbol{X}^*)>0$。这等效为，当式(2.5.5)右侧的 $[\Delta\boldsymbol{X}]^{\mathrm{T}}\boldsymbol{H}(\boldsymbol{X}^*)\Delta\boldsymbol{X}>0$ 时，$\boldsymbol{X}^*$ 为极小点。由矩阵理论可知，此时 $\boldsymbol{H}(\boldsymbol{X}^*)$ 必须是正定矩阵，这就是 $\boldsymbol{X}^*$ 为极小点的充分条件。

(2)同理可推得，当 $\boldsymbol{H}(\boldsymbol{X}^*)$ 为负定时，因为 $[\Delta\boldsymbol{X}]^{\mathrm{T}}\boldsymbol{H}(\boldsymbol{X}^*)\Delta\boldsymbol{X}<0$，则对于在 $\boldsymbol{X}^*$ 处足够小的邻域内的 $\boldsymbol{X}$，有 $f(\boldsymbol{X})-f(\boldsymbol{X}^*)<0$，所以 $\boldsymbol{X}^*$ 为极大点。

综上所述，$\boldsymbol{X}^*$ 为极值点的充要条件为 $\nabla f(\boldsymbol{X}^*)=0$ 且黑塞矩阵 $\boldsymbol{H}(\boldsymbol{X}^*)$ 为正定(极小点)或负定(极大点)。

2.6　优化设计的约束极值条件

2.6.1　约束极值的概念

约束优化设计问题的极值条件，是指在满足等式和不等式约束条件下，目标函数极小点的存在条件(简称约束极值条件)。约束极值问题远比无约束极值问题复杂，以下根据目标函数和约束函数的不同性质，分析可能存在的几种约束极值情况。

图 2.18(a)是有 4 个不等式约束的二维优化问题的等值线，4 个约束方程的边界值 $g_1(\boldsymbol{X})=0$、$g_2(\boldsymbol{X})=0$、$g_3(\boldsymbol{X})=0$、$g_4(\boldsymbol{X})=0$ 在目标函数等值线族上围成一个可行域 $\mathscr{D}$。目标函数为凸函数，其自然极值点——无约束极值点 $\boldsymbol{X}^*$ 处在可行域 $\mathscr{D}$ 内，所以函数的无约束极值点就是约束极值点。

图 2.18(b)的目标函数和约束函数都是凸函数，约束函数的边界值 $g(\boldsymbol{X})=0$ 曲线与目标函数的等值线在 $\boldsymbol{X}^*$ 点相切。由于目标函数的无约束极值点 $\boldsymbol{X}^{**}$ 在可行域外，因此，满足约束条件的目标函数的极值点只能是切点 $\boldsymbol{X}^*$。

图 2.18(c)所示的目标函数为非凸函数，约束函数为凸函数，点 $\boldsymbol{X}^*$、$\boldsymbol{X}'$、$\boldsymbol{X}''$ 在各自的邻近区域内都是稳定的相对极小点，但只有 $\boldsymbol{X}^*$ 是全域约束最小点，其余的都是局部最小点。

图 2.18(d)所示的目标函数为凸函数，约束函数为非凸函数，图中可以看出也有两个局部最小点，其中 $\boldsymbol{X}^*$ 是全域约束最小点。

通过以上分析，可以得出以下几个概念。

(1)约束极值点一般都在某一约束函数(或数个约束函数)的边界曲线上。

(2)约束极值点不仅与目标函数的性质有关，而且还与约束函数的性质有关。

(3)若目标函数 $f(\boldsymbol{X})$ 非凸或可行域 $\mathscr{D}$ 非凸集，则将造成约束极值点增多。

(4)对于约束优化问题，除了需要解决“判断约束极值点存在条件”的问题外，还应解

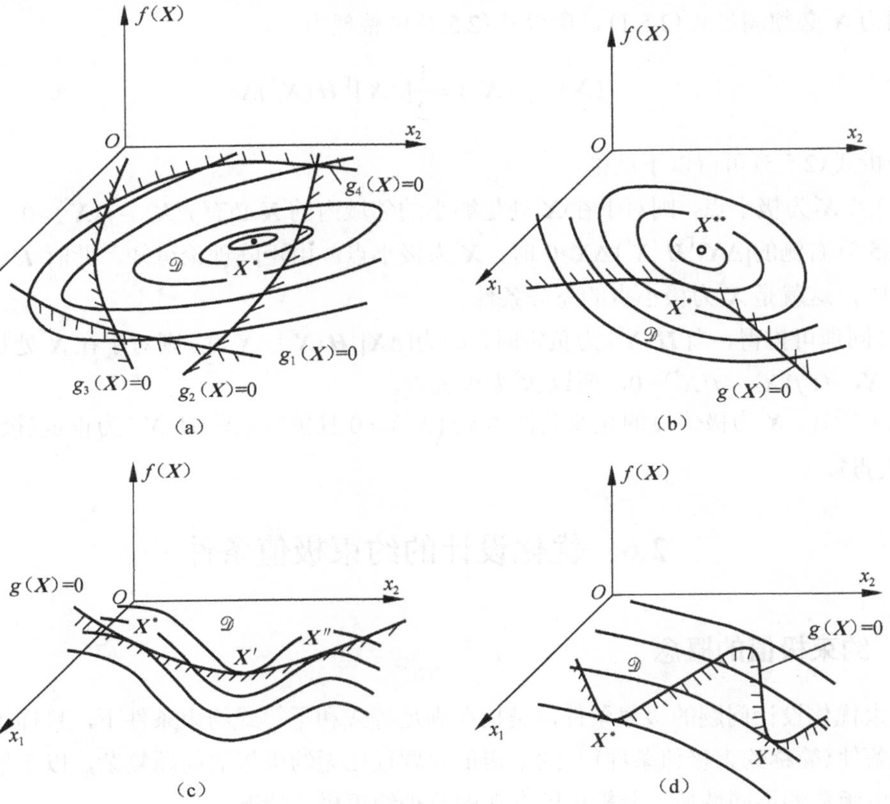

图 2.18　约束极值

决更为复杂的“判断所找到的极值点是全域最优点还是局部极值点”的问题，这一问题至今还没有一个通用而有效的判别方法。在本节仅讨论约束极值点的存在条件。

2.6.2　只有一个约束时的极值条件

由前述约束最优解及约束极值的概念可知，对于约束优化问题，因最优点(或极值点)一般都是在可行域的边界上的，这样在数个约束条件中，往往只有其中的某几个或者只有一个约束条件对最终的优化结果(优化搜索点的移动)起约束作用，称为起作用约束。下面先讨论目标函数和约束函数均为凸函数，只有一个不等式约束条件($g(\boldsymbol{X})\leqslant 0$)起作用时的约束极值条件。

如图 2.19 所示，假定当前搜索点位于 $\boldsymbol{X}^{(k)}$ 点，设 $\boldsymbol{X}^{(k)}$ 点目标函数的负梯度为 $-\nabla f(\boldsymbol{X}^{(k)})$，约束函数的正梯度为 $\nabla g(\boldsymbol{X}^{(k)})$，两者的方向如图中箭头所示。约束函数边界线 $g(\boldsymbol{X})=0$ 在 $\boldsymbol{X}^{(k)}$ 点处的切线方向设为 $\boldsymbol{S}_1$，$\boldsymbol{S}'$为与 $-\nabla f(\boldsymbol{X}^{(k)})$ 正交的向量。由于 $\boldsymbol{S}_1$ 是可行方向(不违反约束的搜索方向)的极限，而 $\boldsymbol{S}'$ 则是能使函数值下降的搜索方向的极限 $(-\nabla f(\boldsymbol{X}^{(k)})\cdot\boldsymbol{S}'=0)$，这样，介于 $\boldsymbol{S}_1$ 与 $\boldsymbol{S}'$之间的任一方向 $\boldsymbol{S}$，都是既不违反约束又能使函数下降的搜索方向，所以函数值还能下降，$\boldsymbol{X}^{(k)}$ 不是搜索的终点——约束最优点，只是一个可行点。由图可直观看出，这一现象的几何特征是 $-\nabla f(\boldsymbol{X}^{(k)})$ 与 $\boldsymbol{S}_1$ 的夹角为锐角($\theta<90°$)，即

$$[-\nabla f(\boldsymbol{X}^{(k)})]^{\mathrm{T}}\boldsymbol{S}_1=\|-\nabla f(\boldsymbol{X}^{(k)})\|\,\|\boldsymbol{S}_1\|\cos\theta>0$$

但是，当 $\theta = 90^\circ$ 时，如 $\boldsymbol{X}^*$ 点上，就找不到一个可使函数值下降的可行方向了，如沿 $\boldsymbol{S}_1$ 方向搜索，虽然不会违反约束，但目标函数的数值将不再降低，所以可推得当

$$[-\nabla f(\boldsymbol{X}^{(k)})]^{\mathrm{T}} \boldsymbol{S}_1 = 0 \tag{2.6.1}$$

时，$\boldsymbol{X}^*$ 即为约束极值点，因为边界 $g(\boldsymbol{X}) = 0$ 同时是约束函数 $g(\boldsymbol{X})$ 在 $g(\boldsymbol{X}) = 0$ 时的等值线，根据前述的梯度性质可知，$g(\boldsymbol{X}) = 0$ 曲线上任一点的梯度与该点处的切线正交，即 $\nabla g(\boldsymbol{X}^{(k)})$ 与 $\boldsymbol{S}_1$ 夹角为 90°，所以在 $\boldsymbol{X}^*$ 点处 $-\nabla f(\boldsymbol{X}^*)$ 与 $\nabla g(\boldsymbol{X}^*)$ 同向，这意味着此时 $-\nabla f(\boldsymbol{X}^*)$ 与 $\nabla g(\boldsymbol{X}^*)$ 两者仅相差一个常数，由于 $\nabla g(\boldsymbol{X})$ 易求解，因此式(2.6.1)可等效表示为

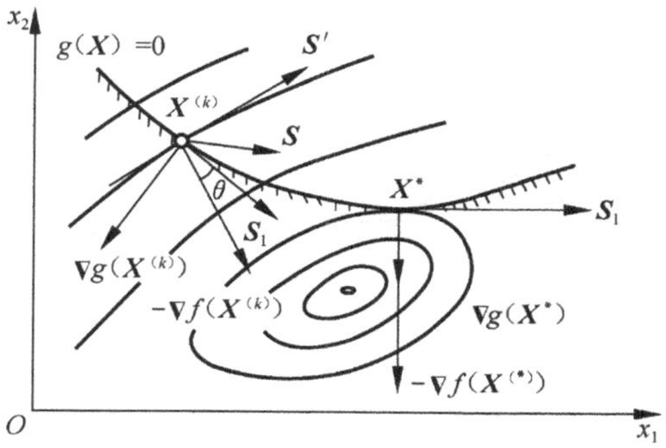

图 2.19　只有一个约束时的极值条件

$$-\nabla f(\boldsymbol{X}^*) = \lambda \nabla g(\boldsymbol{X}^*), \quad \lambda \geqslant 0 \tag{2.6.2}$$

式(2.6.2)即为只有一个约束条件起作用时，约束极值点存在的必要条件。

2.6.3　有两个约束时的极值条件

根据上述的分析可得，当只有一个约束起作用时，判断 $\boldsymbol{X}^{(k)}$ 点是否为约束极值点，主要是分析在该点上是否存在既不违反约束又可使函数值下降的方向，体现在几何上，就是在 $\boldsymbol{X}^{(k)}$ 处，目标函数的负梯度 $-\nabla f(\boldsymbol{X}^{(k)})$ 与 $g(\boldsymbol{X}) = 0$ 边界线在 $\boldsymbol{X}^{(k)}$ 点处的切线方向 $\boldsymbol{S}_1$ 的夹角，是否为锐角。这一思路同样可用于分析有两个约束条件起作用时的情况。

如图 2.20 所示，在 $\boldsymbol{X}^{(k)}$ 处由于有两个约束条件起约束作用，因此在 $\boldsymbol{X}^{(k)}$ 处贴着边界线有两个可行方向的极限位置，即 $g_1(\boldsymbol{X}) = 0$ 曲线在 $\boldsymbol{X}^{(k)}$ 点的切线方向指向右下方的 $\boldsymbol{S}_1$，$g_2(\boldsymbol{X}) = 0$ 曲线在 $\boldsymbol{X}^{(k)}$ 点的切线方向指向左上方的 $\boldsymbol{S}_2$。$f(\boldsymbol{X})$ 在 $\boldsymbol{X}^{(k)}$ 点的负梯度 $-\nabla f(\boldsymbol{X}^{(k)})$ 及正交向量 $\boldsymbol{S}'$ 方向如图 2.20 所示。由图可知，$-\nabla f(\boldsymbol{X}^{(k)})$ 与 $\boldsymbol{S}_1$ 之间的夹角为锐角，即

$$[-\nabla f(\boldsymbol{X}^{(k)})]^{\mathrm{T}} S_1 > 0$$

所以，若取 $\boldsymbol{S}_1$ 与 $\boldsymbol{S}'$ 夹角内的任一方向 $\boldsymbol{S}$ 作为搜索方向，以 $\boldsymbol{X}^{(k)}$ 为起点沿 $\boldsymbol{S}$ 方向搜索，$f(\boldsymbol{X})$ 的数值还会继续下降，$\boldsymbol{X}^{(k)}$ 不是极值点。另外，由于 $-\nabla f(\boldsymbol{X}^{(k)})$ 与 $\boldsymbol{S}_2$ 的夹角为钝角，所以 $\boldsymbol{S}_2$ 极限位置上方的方向虽然可行，但因会使函数值增加而不能使用。

如图 2.21 所示，$\boldsymbol{S}_1$、$\boldsymbol{S}_2$ 线上方为可行区，但由于 $-\nabla f(\boldsymbol{X}^{(k)})$ 与 $\boldsymbol{S}_1$、$\boldsymbol{S}_2$ 的夹角都为钝角，所以在 $\boldsymbol{X}^*$ 点上找不到一个既不违反约束又能使函数值下降的搜索方向，所以 $\boldsymbol{X}^*$ 就是约束极值点。因为此时 $-\nabla f(\boldsymbol{X}^*)$ 与 $\boldsymbol{S}_1$、$\boldsymbol{S}_2$ 的夹角大于 90°，而 $\nabla g_1(\boldsymbol{X}^*)$、$\nabla g_2(\boldsymbol{X}^*)$ 分别与 $\boldsymbol{S}_1$、$\boldsymbol{S}_2$ 正交，所以 $-\nabla f(\boldsymbol{X}^*)$ 正好夹在 $\nabla g_1(\boldsymbol{X}^*)$、$\nabla g_2(\boldsymbol{X}^*)$ 两向量的张角之内。由向量合成原理可得，对于图 2.21 所示的情形，$-\nabla f(\boldsymbol{X}^*)$ 可以表示为 $\nabla g_1(\boldsymbol{X}^*)$ 和 $\nabla g_2(\boldsymbol{X}^*)$ 的线性组合，即

$$-\nabla f(\boldsymbol{X}^*) = \lambda_1 \nabla g_1(\boldsymbol{X}^*) + \lambda_2 \nabla g_2(\boldsymbol{X}^*), \quad \lambda_1, \lambda_2 \geqslant 0 \tag{2.6.3}$$

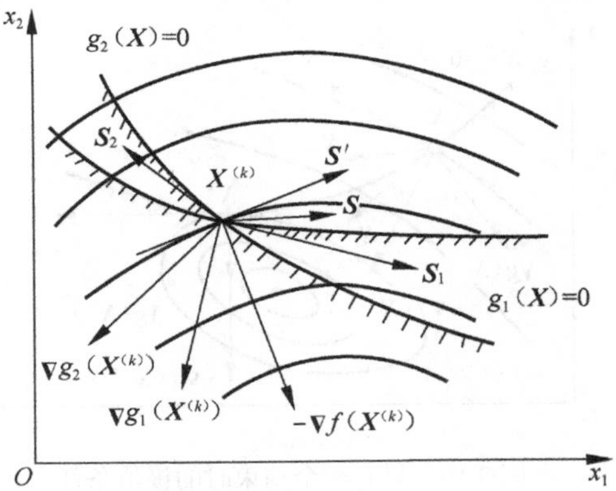

图 2.20　有两个约束时 $X^{(k)}$ 不是极值点

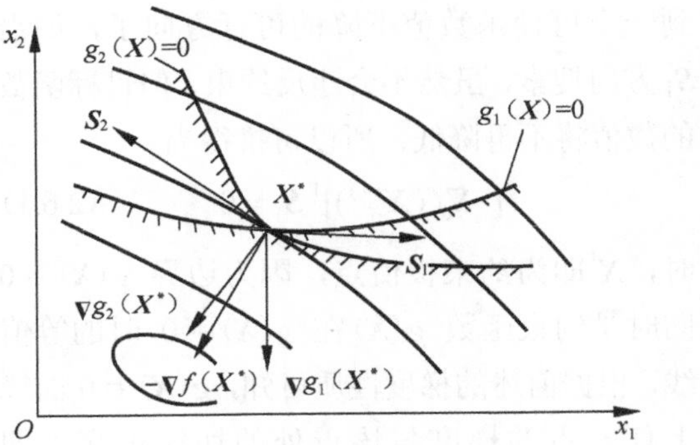

图 2.21　约束极值点

由上述分析可知，当 X^* 是约束极值点时，就一定会有式(2.6.3)成立。所以，式(2.6.3)就是用数学语言表示的有两个起作用约束条件时约束极值点存在的必要条件。对比式(2.6.2)，不难看出式(2.6.3)只是起作用约束条件的数量由 1 变为 2。

2.6.4　约束极值的 K-T 条件

将有两个起作用约束条件时的约束极值点存在的条件，推广到有 m 个起作用的约束条件时，即 m 个约束函数的边界线交于一点，则该点成为约束极值点的条件是：目标函数在该点的负梯度向量 $-\nabla f(X)$ 应处在由该点的 m 个约束函数梯度向量 $\nabla g_u(X)$ $(u=1,2,\cdots,m)$ 所组成的锥形空间内。此即为著名的 Kuhn-Tucker 条件(简称 K-T 条件)，其完整的叙述如下。

设在某个设计点 X^* 上，共有 m 个约束条件为起作用约束，记为 $g_u(X^*)=0, u=1,2,\cdots,m$，且 $\nabla g_u(X^*), u=1,2,\cdots,m$ 为线性独立，则 X^* 成为约束极值点的必要条件是目标函数的负梯度向量 $-\nabla f(X)^*$ 可表示为起作用约束梯度向量 $\nabla g_u(X^*)$，$u=1,2,\cdots,m$ 的线性组合，即

$$-\nabla f(X^*)=\sum_{u=1}^{m}\lambda_u\nabla g_u(X^*),\quad \lambda_u\geqslant 0,\quad u=1,2,\cdots,m \tag{2.6.4}$$

K-T 条件的几何意义如图 2.22 所示。

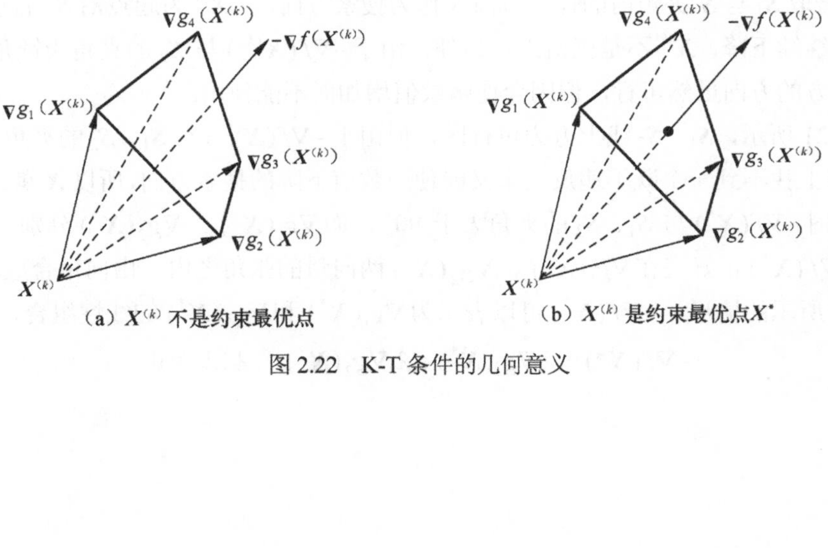

(a) $X^{(k)}$ 不是约束最优点　　　(b) $X^{(k)}$ 是约束最优点 X^*

图 2.22　K-T 条件的几何意义

2.7　优化设计的数值解法及终止准则

2.7.1　优化方法概述

虽然大多数的优化设计问题都是有约束的，但由于求解约束优化问题的一大类方法是将约束问题转化为无约束问题来求解，还有许多求解约束优化问题的方法是由无约束优化方法改造而来的，因此无约束优化问题的求解方法是优化设计中最基本的优化方法。

无约束优化问题的求解方法大致可分为两大类。

(1) 解析法：是一类以多元函数的极值理论为基础，采用导数求取函数极值的方法。如古典的微分法，就是以微分求导为基本方法，求解目标函数的极值点。由多元函数极值存在的充要条件可知，该方法需求解由目标函数的梯度 $\nabla f(\boldsymbol{X})=0$ 所构成的非线性(大多数情况)方程组，并需检查黑塞矩阵 $\boldsymbol{H}(\boldsymbol{X})$ 的正定性。因此当目标函数复杂、性态不稳定或为非凸函数时，无论是古典微分法还是其他解析法，在求解优化问题时都会遇到很大的麻烦，可以说绝大多数是无法获得求解结果的，所以工程上的优化设计一般不采用解析法，而用下述的数值计算方法。

(2) 数值计算方法：是一种根据计算机的数值计算特点而产生的数值近似计算方法，简称数值方法。该方法的特点是具有一定的逻辑结构并按一定格式反复运算直至得到满足一定精度要求的近似解，所以又称为数值迭代方法，计算过程称为迭代过程。基于这样的数值方法产生的各种优化方法称为直接优化方法(又称直接法)。它与解析法的最大区别在于不需通过推导分析后再计算，而是直接计算、比较已知点上函数的数值后，用各个方法特有的方式求得下一个计算点(优化迭代点)，这样周而复始，不断反复计算直至达到预定精度要求。所以，又称为迭代计算。

2.7.2　优化计算的迭代模式与过程

各种基于数值迭代的优化方法，虽然原理不同，但都有着相同的基本迭代模式与过程。大致可归纳为如下几点。

(1) 如图 2.23 所示，选定一个初始点(由设计者提供或优化方法自动产生) $\boldsymbol{X}^{(0)}$，由优化方法产生一个能使目标函数值下降的搜索方向 $\boldsymbol{S}^{(0)}$，以 $\boldsymbol{X}^{(0)}$ 为起点，沿 $\boldsymbol{S}^{(0)}$ 方向向前跨步搜索到达新点 $\boldsymbol{X}^{(1)}$。跨步步长 $\alpha^{(0)}$ 的取值应使目标函数在新点 $\boldsymbol{X}^{(1)}$ 处的数值小于在 $\boldsymbol{X}^{(0)}$ 时的数值，即跨步计算式 $\boldsymbol{X}^{(1)}=\boldsymbol{X}^{(0)}+\alpha^{(0)}\boldsymbol{S}^{(0)}$ 满足

$$f(\boldsymbol{X}^{(1)})<f(\boldsymbol{X}^{(0)})$$

(2) 以 $\boldsymbol{X}^{(1)}$ 为起点，重复上述方法再求 $\boldsymbol{X}^{(2)}$ 点。因此，第 k 次后的跨步搜索递推(迭代)模式为

$$\boldsymbol{X}^{(k+1)}=\boldsymbol{X}^{(k)}+\alpha^{(k)}\boldsymbol{S}^{(k)},\quad f(\boldsymbol{X}^{(k+1)})<f(\boldsymbol{X}^{(k)}) \tag{2.7.1}$$

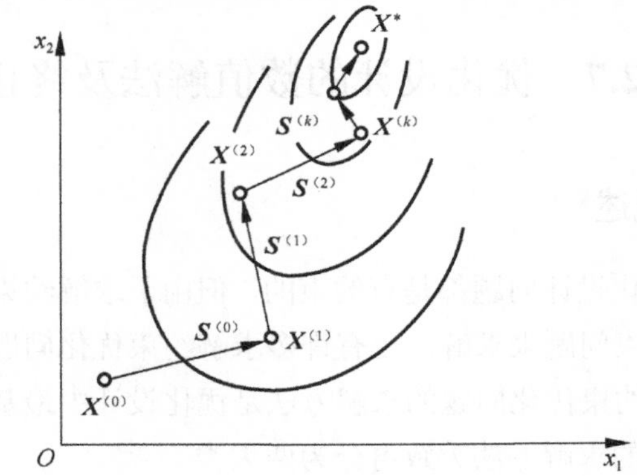

优化计算的迭代过程

图 2.23　优化计算的迭代过程

(3) 在每次跨步搜索之前，先检查当前计算结果是否满足给定的计算精度要求——迭代计算终止准则，一旦满足便退出计算，否则继续迭代计算。

式(2.7.1)就是优化计算数值迭代方法的基本迭代计算式，体现了以数值迭代计算为特征的传统优化方法最核心的思想。由基本迭代式可以引出以下几个对于后面学习十分重要的概念。

(1) 对于优化计算或优化方法，当初始点 $\boldsymbol{X}^{(0)}$ 已知时，需解决的主要问题是：

①如何产生一个以当前已知点为起点的能使函数值下降的搜索方向 $\boldsymbol{S}^{(k)}$。例如，梯度法就是应用最速下降方向原理，用函数的负梯度方向作为搜索方向。

②从当前已知点 $\boldsymbol{X}^{(k)}$，沿搜索方向 $\boldsymbol{S}^{(k)}$ 如何跨出适当的步长 $\alpha^{(k)}$，使函数在新点 $\boldsymbol{X}^{(k+1)}$ 上的函数值尽可能小。显然，这里存在一个最合适的步长即最优步长问题，在第 3 章中将专门讨论这一问题。

(2) 一个有效的优化方法，应当在经过有限次迭代计算后，迭代计算点逼近到最优点(或极值点)，即对于 $\min f(\boldsymbol{X})$ 的优化计算，计算过程应是一个使函数值由大变小且趋向某一定值的收敛过程。

(3) 各种优化方法的区别主要就在搜索方向 $\boldsymbol{S}$ 的产生方法和步长 α 的处理上，而如何产生一个搜索效果好的方向则是各种优化方法的核心，在后续的学习中应特别注意掌握其原理。

2.7.3　优化计算的迭代终止准则

从理论上讲，优化计算中的迭代过程可以产生一个无穷的点序列 $\boldsymbol{X}^{(k)}$ $(k=1, 2, \cdots)$，应该一直算到极小点 $\boldsymbol{X}^*$，或者最终迭代计算点 $\boldsymbol{X}^{(k)}$ 与极小点 $\boldsymbol{X}^*$ 之间的距离足够小，才可以终止计算。但是，实际上这是办不到的。一方面是不可能也不必要进行无穷次的迭代运算，以使 $\boldsymbol{X}^{(k)} \to \boldsymbol{X}^*$；另一方面对于优化设计问题，最优点 $\boldsymbol{X}^*$ 是未知的。并且迭代计算的进程往往与目标函数的性质有关。因此，要想找到一个统一而理想的迭代终止准则是不可能的，只能根据计算的具体情况来判断。

通常采用的迭代计算终止准则有以下 3 种形式。

1) 点距准则

相邻两迭代点 $\boldsymbol{X}^{(k)}$、$\boldsymbol{X}^{(k-1)}$ 之间的距离已达到充分小，即

$$\| \boldsymbol{X}^{(k)} - \boldsymbol{X}^{(k-1)} \| \leqslant \varepsilon_1 \tag{2.7.2}$$

或向量 $\boldsymbol{X}^{(k)}$、$\boldsymbol{X}^{(k-1)}$ 的各分量的最大变化量已达到充分小

$$\max\{| x_i^{(k)} - x_i^{(k-1)} |, i = 1,2,\cdots,n\} \leqslant \varepsilon_2 \tag{2.7.3}$$

2) 函数下降量准则

相邻两迭代点的函数值下降量已达到充分小，即

$$| f(\boldsymbol{X}^{(k)}) - f(\boldsymbol{X}^{(k-1)}) | \leqslant \varepsilon_3 \tag{2.7.4}$$

当 $f(\boldsymbol{X}^{(k-1)}) \neq 0$ 时，可采用相对下降量

$$\left| \frac{f(\boldsymbol{X}^{(k)}) - f(\boldsymbol{X}^{(k-1)})}{f(\boldsymbol{X}^{(k-1)})} \right| \leqslant \varepsilon_4 \tag{2.7.5}$$

3) 梯度准则

依据式(2.5.1)多元函数极值点存在的必要条件 $\nabla f(\boldsymbol{X}^*) = 0$，将其等效表达为目标函数在迭代点的梯度已达到充分小，即

$$\| \nabla f(\boldsymbol{X}^{(k)}) \| \leqslant \varepsilon_5 \tag{2.7.6}$$

如果以上 3 种形式的终止准则的任何一种得到满足，则认为求得了近似最优解 $\boldsymbol{X}^* = \boldsymbol{X}^{(k)}$，$f(\boldsymbol{X}^*) = f(\boldsymbol{X}^{(k)})$，迭代计算便可以结束。

上面各式中的 ε_1、ε_2、ε_3、ε_4、ε_5 分别表示各项的计算精度或许用误差，可以根据设计要求预先给定。

需注意的是，前述三种实用的迭代计算终止准则都在一定程度上反映了达到最优点的程度，但是各有不同的局限性。例如，若仅用梯度准则作为迭代终止判断，则有可能结束在鞍点上。而单独使用点距准则，则遇到函数值变化剧烈时，可能造成迭代过早结束，如图 2.24(a)所示。若只用函数下降量准则，则遇到函数值变化平缓时，也会过早结束，如图 2.24(b)所示。因此在实际使用中，往往将点距准则与函数下降量准则联合起来用。而梯度准则主要用于需要计算目标函数的梯度的优化方法，也同时配合使用函数下降量准则。另外，若采用函数下降量准则的相对下降量形式，即

$$\left| \frac{f(\boldsymbol{X}^{(k)}) - f(\boldsymbol{X}^{(k-1)})}{f(\boldsymbol{X}^{(k-1)})} \right| \leqslant \varepsilon_4$$

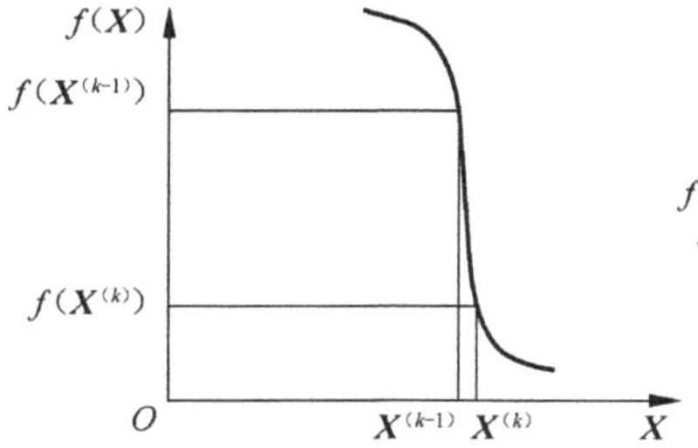

(a) 函数值变化剧烈示意图

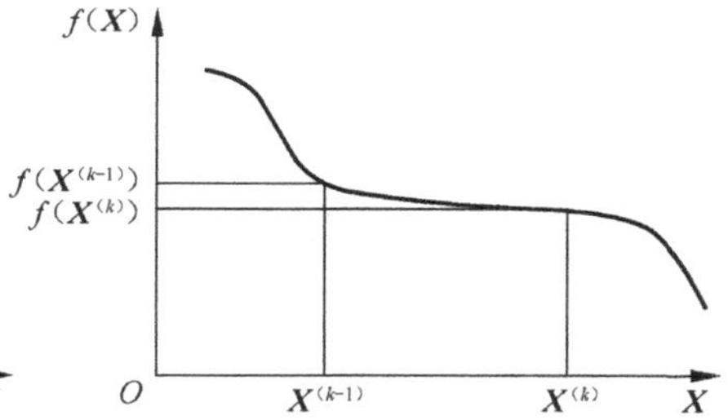

(b) 函数值变化平缓示意图

图 2.24　收敛准则

当 $f(\boldsymbol{X}^{(k-1)}) \to 0$ 时，可能会造成用非常小的数作除数使机器溢出而发生计算错误，因此在程序中要加以判别处理。

2.8 习　题

2.1 请作示意图解释 $\boldsymbol{X}^{(k+1)} = \boldsymbol{X}^{(k)} + \alpha^{(k)}\boldsymbol{S}^{(k)}$ 的几何意义。

2.2 已知两向量 $\boldsymbol{P}_1 = [1 \quad 2 \quad -2 \quad 0]^{\mathrm{T}}$，$\boldsymbol{P}_2 = [2 \quad 0 \quad 2 \quad 1]^{\mathrm{T}}$，求两向量之间的夹角 θ。

2.3 求四维空间内两点 $(1, 3, -1, 2)$ 和 $(2, 6, 5, 0)$ 之间的距离。

2.4 计算二元函数 $f(\boldsymbol{X}) = x_1^3 - x_1x_2^2 + 5x_1 - 6$ 在 $\boldsymbol{X}^{(0)} = [1 \quad 1]^{\mathrm{T}}$ 处，沿方向 $\boldsymbol{S} = [1 \quad -2]^{\mathrm{T}}$ 的方向导数 $f_s'(\boldsymbol{X}^{(0)})$ 和沿该点梯度方向的方向导数 $f_\nabla'(\boldsymbol{X}^{(0)})$。

2.5 已知一约束优化设计问题的数学模型为

$$
\begin{aligned}
\min \quad & f(\boldsymbol{X}) = (x_1-3)^2 + (x_2-4)^2 \\
& \boldsymbol{X} = [x_1 \quad x_2]^{\mathrm{T}} \\
\text{s.t.} \quad & g_1(\boldsymbol{X}) = x_1 + x_2 - 5 \leqslant 0 \\
& g_2(\boldsymbol{X}) = x_1 - x_2 - 2.5 \leqslant 0 \\
& g_3(\boldsymbol{X}) = -x_1 \leqslant 0 \\
& g_4(X) = -x_2 \leqslant 0
\end{aligned}
$$

(1) 以一定的比例尺画出当目标函数依次为 $f(\boldsymbol{X}) = 1$、2、3、4 时的 4 条等值线，并在图上画出可行区的范围。

(2) 找出图上的无约束最优解 $\boldsymbol{X}_1^*$ 和对应的函数值 $f(\boldsymbol{X}_1^*)$，约束最优解 $\boldsymbol{X}_2^*$ 和 $f(\boldsymbol{X}_2^*)$。

(3) 若加入一个等式约束条件 $h(\boldsymbol{X}) = x_1 - x_2 = 0$，求此时的最优解 $\boldsymbol{X}_3^*$ 和 $f(\boldsymbol{X}_3^*)$。

2.6 试证明在点(1，1)处函数 $f(\boldsymbol{X}) = x_1^4 - 2x_1^2x_2 + x_1^2 + x_2^2 - 2x_1 + 5$ 具有极小值。

2.7 求函数 $f(\boldsymbol{X}) = 3x_1^2 + 2x_2^2 - 2x_1 - x_2 + 10$ 的极值点，并判断其极值的性质。

2.8 试判断函数 $f(\boldsymbol{X}) = 2x_1^2 + x_2^2 - 2x_1x_2 + x_1 + 1$ 的凸性。

2.9 试用向量及矩阵形式表示 $f(\boldsymbol{X}) = x_1^2 + x_2^2 - 10x_1 - 4x_2 + 60$ 并证明它在 $\mathscr{D} = \{x_1, x_2 \mid -\infty < x_i < \infty, i = 1, 2\}$ 上是一个凸函数。

2.10 现已获得优化问题的一个数值解 $\boldsymbol{X} = [1.000 \quad 4.900]^{\mathrm{T}}$，试判定该解是否为上述问题的最优解。

$$
\begin{aligned}
\min \quad & f(\boldsymbol{X}) = 4x_1 - x_2^2 - 12 \\
\text{s.t.} \quad & g_1(\boldsymbol{X}) = x_1 + x_2^2 - 25 \leqslant 0 \\
& g_2(\boldsymbol{X}) = x_1^2 + x_2^2 - 10x_1 - 10x_2 + 34 \leqslant 0 \\
& g_3(\boldsymbol{X}) = -(x_1-3)^2 - (x_2-1)^2 \leqslant 0 \\
& g_4(\boldsymbol{X}) = -x_1 \leqslant 0 \\
& g_5(\boldsymbol{X}) = -x_2 \leqslant 0
\end{aligned}
$$

第 3 章　一维优化方法

所谓一维优化，就是对于一元函数 $F(\alpha)$ 如何寻找它的最优点 α^*，以求出最优值 $F(\alpha^*)$。其数值迭代解法称为一维优化方法，也常称为一维搜索方法。

3.1　本 章 导 读

一维优化方法是优化方法中最简单、最基础的方法。虽然多数优化设计都是多维优化问题，但许多求解多维优化问题的优化方法，是把多维优化问题转化为一系列的一维优化问题进行求解。因此，一维优化方法是多维优化方法的重要基础。

本章主要的学习内容如下。

(1) 确定一维优化搜索区间的进退法。

(2) 一维优化搜索的黄金分割法。

(3) 一维优化搜索的二次插值法。

在学习本章内容及应用一维优化方法时，应注意下述几点：

(1) 方法的适用对象，即在多维优化中使用一维优化方法时，应具备的已知条件。

(2) 应注意本章介绍的两种一维优化方法，在数值计算原理上的区别，以至效能的差异。

(3) 关于单峰区间的概念、几何特征，是构造一维优化方法的基础，概念虽然不难，但对理解方法原理是非常重要的。

3.2　概　　述

3.2.1　一维优化方法的应用价值

对于优化迭代式

$$\boldsymbol{X}^{(k+1)} = \boldsymbol{X}^{(k)} + \alpha^{(k)}\boldsymbol{S}^{(k)}, \quad f(\boldsymbol{X}^{(k+1)}) < f(\boldsymbol{X}^{(k)}) \tag{3.1.1}$$

在多维优化方法中有两种处理方法。

方法 1　只要能找到 $f(\boldsymbol{X}^{(k+1)})<f(\boldsymbol{X}^{(k)})$ 的 $\boldsymbol{X}^{(k+1)}$ 点即可。

方法 2　$\boldsymbol{X}^{(k+1)}$ 应能保证 $f(\boldsymbol{X}^{(k+1)})$ 是 $f(\boldsymbol{X})$ 在以 $\boldsymbol{X}^{(k)}$ 为起点、沿指定方向 $\boldsymbol{S}^{(k)}$ 上的最小值。

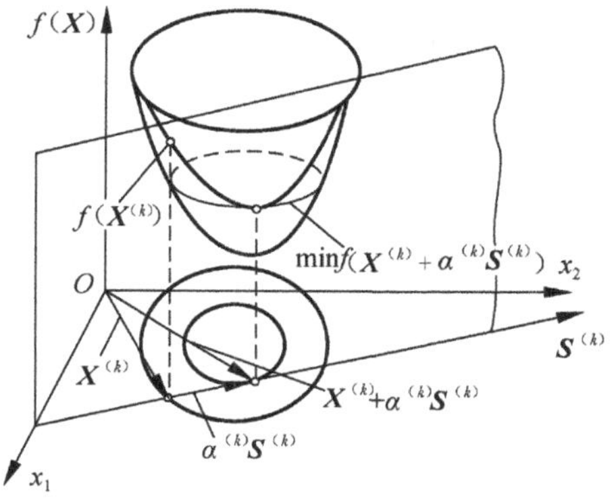

图 3.1　多维优化转化为一维优化的几何关系

式 (3.1.1) 中 $\boldsymbol{X}^{(k)}$ 是当前已知点，$\boldsymbol{S}^{(k)}$ 是当前搜索方向，均为已知，仅 $\alpha^{(k)}$ 为待确定的量。因此，方法 2 的几何意义如图 3.1 所示，即求取一个最合适的步

长 $\alpha^{(k)}$(称为最优步长，记为 α^*)，使得 $f(\boldsymbol{X}^{(k)}+\alpha^*\boldsymbol{S}^{(k)})$ 是 $f(\boldsymbol{X})$ 以 $\boldsymbol{X}^{(k)}$ 为起点，沿 $\boldsymbol{S}^{(k)}$ 方向上的最小值，也即以方法 2 处理式(3.1.1)时等效为

$$\min f(\boldsymbol{X}^{(k)}+\alpha\boldsymbol{S}^{(k)})=\min F(\alpha)=F(\alpha^*) \tag{3.1.2}$$

式(3.1.2)即为关于步长 α 的一维优化问题，其最优解 α^* 就是用方法 2 处理式(3.1.1)时所待求解的 $\alpha^{(k)}$ 的值。

根据上述分析，可以得出这样的结论：当初始点 $\boldsymbol{X}^{(0)}$ 或 $\boldsymbol{X}^{(k)}$ 已知，搜索方向 $\boldsymbol{S}^{(0)}$ 或 $\boldsymbol{S}^{(k)}$ 确定时，多维优化问题可转化为设计空间中对步长 α 的一维优化问题。

在多维优化方法中，有一大类多维优化方法的主要任务，是确定能使函数值很快下降的方向即确定搜索方向，以及构成高效率的迭代模式。而具体求解时，是把多维优化问题转化为一系列的一维优化问题，反复调用一维优化方法求解优化迭代式

$$\boldsymbol{X}^{(k+1)}=\boldsymbol{X}^{(k)}+\alpha^{(k)}\boldsymbol{S}^{(k)}$$

且

$$f(\boldsymbol{X}^{(k+1)})=\min f(\boldsymbol{X}^{(k)}+\alpha\boldsymbol{S}^{(k)})$$

最终获得多维优化问题的最优解。因此，一维优化方法并不仅用于求解一维优化问题，而更多地应用于多维优化的求解中。

3.2.2 单峰区间及其特点

本章所学习的一维优化方法，仅适用于一元函数 $F(\alpha)$ 是凸函数，即目标函数 $f(\boldsymbol{X}^{(k)}+\alpha\boldsymbol{S}^{(k)})$ 在 $\boldsymbol{X}^{(k)}$、$\boldsymbol{S}^{(k)}$ 给定时，函数关于步长 α 为凸函数。为此有必要对一元凸函数的有关概念，特别是其函数曲线的几何特征，作进一步的了解。

如图 3.2 所示，一元凸函数曲线最明显的几何特征为只有一个凸峰(向下凸或向上凸)，所以又称为单峰函数。含有凸峰的区间$[\alpha_1, \alpha_2]$称为单峰区间。

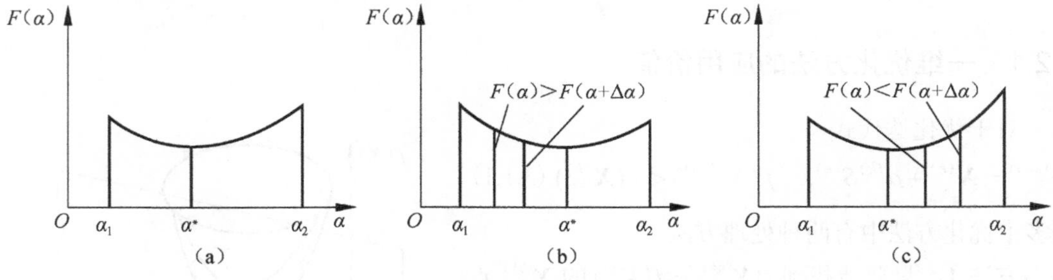

图 3.2 一元凸函数与单峰区间

下面仅对凸峰向下的单峰函数，给出单峰区间的定义。

设函数 $F(\alpha)$ 在区间$[\alpha_1, \alpha_2]$上有定义，且：

(1) 在区间$[\alpha_1, \alpha_2]$存在极小点 α^*，即有 $\min F(\alpha)=F(\alpha^*)$, $\alpha\in[\alpha_1, \alpha_2]$；

(2) 对于区间$[\alpha_1, \alpha^*]$上的任意自变量 α，有 $F(\alpha)>F(\alpha+\Delta\alpha)$，$\Delta\alpha>0$；对于区间$[\alpha^*, \alpha_2]$上的任意自变量 α，有 $F(\alpha)<F(\alpha+\Delta\alpha)$，$\Delta\alpha>0$，则称闭区间$[\alpha_1, \alpha_2]$为函数 $F(\alpha)$ 的单峰区间。

根据单峰区间的定义以及单峰函数曲线的几何特点，不难看出在 α^*以左的区间，函数值逐渐由高往低变化，而在 α^*以右的区间，函数值由低往高变化，从而形成一个连续的向下凸的曲线，由此可以得到一个十分有用的、基于充分条件的重要推论。

推论　设 $F(\alpha)$在区间$[\alpha_1, \alpha_2]$上有定义，若任取 $\alpha\in(\alpha_1, \alpha_2)$，都有 $F(\alpha_1)>F(\alpha)$且 $F(\alpha)<F(\alpha_2)$，则一定有 $\alpha^*\in(\alpha_1, \alpha_2)$，使得 $F(\alpha^*)=\min F(\alpha)$，$\alpha\in(\alpha_1, \alpha_2)$成立。

推论的几何意义为：某一区间若能满足在该区间的左端点、区间内的任意插入点和右端点这三点上，函数值的变化特征依次为“高-低-高”，即上述的 $F(\alpha_1)>F(\alpha)<F(\alpha_2)$，则该区间一定是一个单峰区间。这是一维优化方法最重要的理论依据。

3.2.3　一维优化方法的策略

一维优化方法常采用分两步走的策略。

(1) 寻找即确定具有使函数值最小的 α^*(最优步长)所在的区间——单峰区间。本章的“进退法”即完成此任务。

(2) 在已知的单峰区间上，寻找出最优步长 α^*。本章的黄金分割法、二次插值法具有此功用。

虽然一维优化方法主要是应用于多维优化的求解方法，但该方法本身适用的对象只能是一元函数。所以，本书特意用记号 $F(\alpha)$(而不是 $f(\alpha)$)表示多维目标函数 $f(\boldsymbol{X})$ 在迭代点(初始点)已知、搜索方向确定时，关于搜索步长 α 的转化函数。$F(\alpha)$表达的是一维优化法应用于多维优化求解时的求解对象，它与只有一个设计变量的(一维)优化设计问题中的一元函数 $f(x)$意义不同。在一些参考书中，这一概念的区别介绍得不太明确。切记，$F(\alpha)$是目标函数关于步长的转换函数；$F(\alpha)$中的 α 是步长而不是目标函数的变量 x 或 $\boldsymbol{X}$。它们之间的关系如下：

(1) 一维优化设计问题。

$x=x^{(0)}+\alpha$，即 $F(\alpha)=f(x^{(0)}+\alpha)=f(x)$；$x^{(0)}$亦可为 $x^{(k)}$。

(2) 多维优化设计问题。

$\boldsymbol{X}=\boldsymbol{X}^{(0)}+\alpha\boldsymbol{S}$，即 $F(\alpha)=f(\boldsymbol{X}^{(0)}+\alpha\boldsymbol{S})=f(\boldsymbol{X})$；$\boldsymbol{X}^{(0)}$亦可为 $\boldsymbol{X}^{(k)}$。

3.3　确定搜索区间的进退法

为确定搜索区间，首先需给定初始点 $\boldsymbol{X}^{(0)}$(或 $\boldsymbol{X}^{(k)}$)、初始步长 T_0 和搜索方向 $\boldsymbol{S}(\boldsymbol{S}^{(k)})$。进退法的任务，就是找出一个区间$[\alpha_1, \alpha_2]$，满足存在 $\alpha'\in(\alpha_1, \alpha_2)$有 $F(\alpha_1)>F(\alpha')<F(\alpha_2)$，即该区间应具有前述单峰区间函数值变化的“高-低-高”的几何特征。

3.3.1　基本思路

进退法的基本思路是：从给定的初始点 $\boldsymbol{X}^{(0)}$ $(\alpha=0)$为起点，沿 α 坐标轴向右(“进”)或向左(“退”)跨步取点试探。以向右试探为例，在跨两步后，即得到了一个 3 点区间如图 3.3 所示。O、$\alpha_1^{(1)}$、$\alpha_2^{(1)}$ 3 点，若在这 3 点上 $F(\alpha)$具有“高-低-高”的变化特征，则区间即为单峰区间。否则，再跨新的一步，这样又构成了新的 3 点区间，如图中的$\alpha_1^{(1)}$、$\alpha_1^{(2)}$、$\alpha_2^{(2)}$。反复迭代，直至出现“高-低-高”特征。

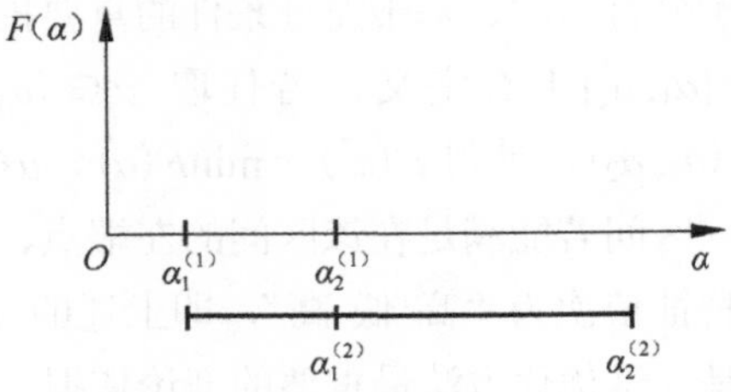

图 3.3　进退法的基本思路

3.3.2　进退法的迭代方法

为便于叙述和与编程时的变量名一致，我们约定：下标 1，2 以从左向右为序；用 A_1 表示 α_1，A_2 表示 α_2，即

$$A_1 < A_2, \quad F(A_1) = f(\boldsymbol{X}^{(0)} + A_1\boldsymbol{S}), \quad F(A_2) = f(\boldsymbol{X}^{(0)} + A_2\boldsymbol{S})$$

进退法的具体迭代方法如下。

以 $\alpha = 0$ 为起点，记为 A_1，即 $A_1 = 0$，求 $F_1 = F(A_1) = f(\boldsymbol{X}^{(0)})$；

记初始步长为 T_0，跨步步长为 T，初始时取 $T = T_0$；

跨一步取 $A_2 = T$，求 $\alpha = A_2$ 点上的函数值，记 $F_2 = F(A_2) = f(\boldsymbol{X}^{(0)} + A_2\boldsymbol{S})$；

比较 F_1 与 F_2，此时有两种可能，因而有两个走向。

走向 1　若 $F_1 > F_2$，如图 3.4(a)所示。则区间$[0, A_2]$两端点上函数值变化特征(简称为区间特征)为“高-低”，只要再向前找到一个高点，即找到了“高-低-高”区间，所以可继续向前搜索，为提高搜索效率、将步长加大一倍，而且下一个点的函数值只要与当前的 F_2 比较即可。即若比当前的 F_2 大，则区间特征为“高-低-高”；若比当前的 F_2 小，则为“高-低-更低”。因此构造如下的迭代模式。

进退法的
迭代方法

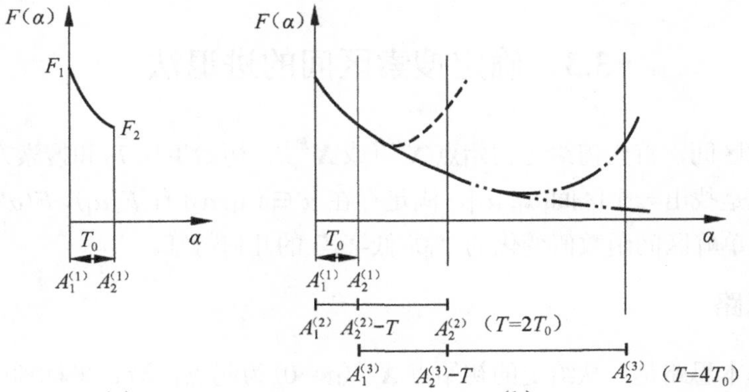

(a)　　(b)

图 3.4　进退法“进”(向右)的搜索

(1) $F_2 \Rightarrow F_1$（当前 F_2 值替代当前 F_1，以后只要固定比较 F_1 与 F_2 即可）。

(2) $T = 2\times T$（步长加大一倍）。

(3) $A_2 = A_2 + T$（在原 A_2 的基础上再跨一步，得一新的 A_2 点）。

(4) 计算 $F_2 = F(A_2)$（求新的 A_2 点上的函数值）。

(5) 比较 F_1 与 F_2，则有两种可能：

①若 $F_1 < F_2$，如图 3.4(b) 中虚线部分，此时图中的三点 $A_1^{(2)}$、$(A_2^{(2)}-T)$、$A_2^{(2)}$ 已形成了“高-低-高”三点区间，$A_1^{(2)}$、$A_2^{(2)}$ 分别为单峰区间的左右端点，迭代可结束，因此参照图 3.4(b)，取 $A=A_1^{(2)}$，$B=A_2^{(2)}$ 退出。

②若仍有 $F_1 > F_2$ 如图 3.4(b) 中实线所示，此时图中的三点 $A_1^{(2)}$、$(A_2^{(2)}-T)$、$A_2^{(2)}$ 形成了“高-低-更低”的三点区间，所以图中 $A_1^{(2)}$ 至 $(A_2^{(2)}-T)$ 的区间可舍去，以 $(A_2^{(2)}-T)$、$A_2^{(2)}$ 形成新的“高-低”区间。即第 3 次迭代的左端点 $A_1^{(3)}=(A_2^{(2)}-T)$ 如图 3.4(b) 所示，相应的通用迭代式为：$A_1 = (A_2 - T)$，即 A_1 右移（向前移动）一个点。然后，返回 (1) 再按步骤重复迭代，直到 $F_1 < F_2$。图 3.4(b) 中双点画线所示的为第三次迭代计算时，F_2 数值的大小可能出现的两种情况。

走向 2　若 $F_1<F_2$，如图 3.5(a) 所示，区间特征为“低-高”型，应向左即后退再找一个高点，以构成“高-低-高” 3 点区间。因此，先置 $T = -T(T = -T_0)$，而后按下述迭代模式反复迭代。

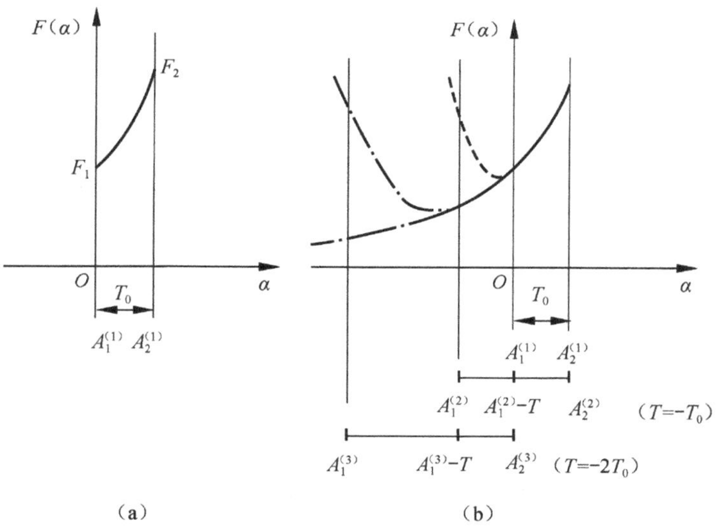

图 3.5　进退法“退”（向左）的搜索

(1) $A_1 = A_1 + T$（向左“后退”取一新点，图 3.4 中为 $A_1^{(2)} = A_1^{(1)} + T$）。

(2) $F_1 \Rightarrow F_2$（按序 F_1 在左、F_2 在右。因此，下一新点函数值为 F_1，以便固定 F_1 与 F_2 比较的模式）。

(3) $F_1 = F(A_1)$（计算新点 A_1 上的函数值）。

(4) 比较 F_1 与 F_2，则有两种可能：

①若 $F_1 > F_2$，如图 3.5(b)中虚线部分，则"高-低-高"区间已形成，为图中 $A_1^{(2)}$、$(A_1^{(2)}-T)$、$A_2^{(2)}$三点对应的区间，则取 $A=A_1^{(2)}$、$B=A_2^{(2)}$退出。相应的通用迭代式为：$A=A_1$、$B=A_2$。

②若 $F_1 < F_2$，如图 3.5(b)中实线部分，此时 $A_1^{(2)}$、$(A_1^{(2)}-T)$、$A_2^{(2)}$三点区间的特征为"低-高-更高"，显然应舍去"高-更高"对应的区间$[(A_1^{(2)}-T)$、$A_2^{(2)}]$，所以取 $A_2^{(3)}=A_1^{(2)}-T$(通用迭代式为：$A_2=A_1-T$)，同时步长加大，取 $T=2\times T$，返回(1)再做，直到 $F_1 > F_2$。图 3.5(b)中双点画线所示为第三次计算 F_1 数值的大小可能出现的两种情况。

与上述迭代方法相对应的进退法算法的 N-S 流程图如图 3.6 所示。

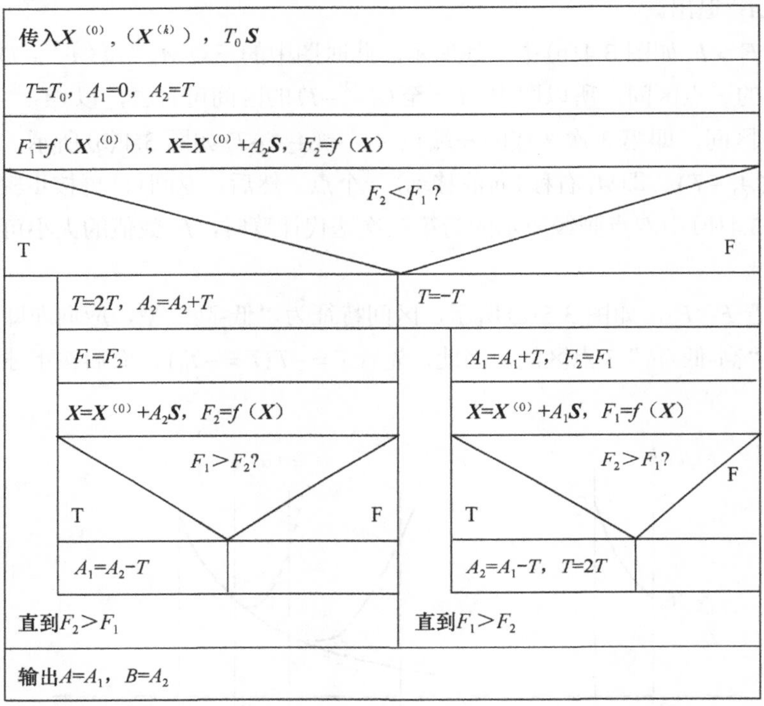

进退法算法的 N-S 流程图

图 3.6　进退法算法的 N-S 流程图

3.3.3　进退法算例

【例 3.1】　二维目标函数 $f(\boldsymbol{X})=x_1^2+x_2^2-8x_1-12x_2+52$ 已知初始点 $\boldsymbol{X}^{(0)}=[2\quad 2]^{\mathrm{T}}$，迭代搜索方向 $\boldsymbol{S}^{(0)}=[0.707\quad 0.707]^{\mathrm{T}}$，试用进退法确定 $f(\boldsymbol{X})$ 在 $\boldsymbol{S}^{(0)}$方向上的一维优化区间。初始步长 $T_0=1$。

解　按图 3.6 的进退法的 N-S 流程图进行计算，变量代号也取与流程图中的代号一致。

(1)取 $T=T_0=1$，$A_1=0$，$A_2=T=1$，则

$$F_1=F(A_1)=f(\boldsymbol{X}^{(0)})=20$$

$$\boldsymbol{X}=\boldsymbol{X}^{(0)}+A_2\boldsymbol{S}=[2\quad 2]^{\mathrm{T}}+1\times[0.707\quad 0.707]^{\mathrm{T}}=[2.707\quad 2.707]^{\mathrm{T}}$$

$$F_2=F(A_2)=f(\boldsymbol{X}^{(0)}+A_2\boldsymbol{S})=12.5157$$

比较 F_1、F_2，因为 $F_1>F_2$，所以应作前进搜索。

(2) 步长加倍：$T=2T=2$，$A_2=A_2+T=1+2=3$，则

$$F_1=F_2=12.5157$$

$$\boldsymbol{X}=\boldsymbol{X}^{(0)}+A_2\boldsymbol{S}=[2\quad 2]^{\mathrm{T}}+3\times[0.707\quad 0.707]^{\mathrm{T}}=[4.121\quad 4.121]^{\mathrm{T}}$$

$$F_2=F(A_2)=f(\boldsymbol{X}^{(0)}+A_2\boldsymbol{S})=3.54528$$

再比较 F_1、F_2，因为 $F_1>F_2$，所以还应再向前搜索，为此应舍去上一次的 A_1 点。所以 $A_1=A_2-T=3-2=1$。

(3) 步长加倍：$T=2T=4$，$A_2=A_2+T=3+4=7$，则

$$F_1=F_2=3.54528$$

$$\boldsymbol{X}=\boldsymbol{X}^{(0)}+A_2\boldsymbol{S}=\boldsymbol{X}^{(0)}+7\boldsymbol{S}=[6.949\quad 6.949]^{\mathrm{T}}$$

$$F_2=F(A_2)=f(\boldsymbol{X}^{(0)}+A_2\boldsymbol{S})=9.5972$$

比较 F_1、F_2，$F_1=3.54528<F_2=9.5972$。已找到具有“高-低-高”特征的区间，即：

$\alpha_1=A_1=1$ 时，$F(\alpha_1)=f(\boldsymbol{X}^{(0)}+\boldsymbol{S})=12.5157$；

$\alpha_2=A_2-T=7-4=3$ 时，$F(\alpha_2)=f(\boldsymbol{X}^{(0)}+3\boldsymbol{S})=3.54528$；

$\alpha_3=A_2=7$ 时，$F(\alpha_3)=f(\boldsymbol{X}^{(0)}+7\boldsymbol{S})=9.5972$。

所以，$F(\alpha_1)>F(\alpha_2)<F(\alpha_3)$，单峰区间为

$$A=\alpha_1=A_1=1,\quad B=\alpha_3=A_2=7$$

3.4 黄金分割法

3.4.1 黄金分割法概述

黄金分割法的使用条件为初始点 $\boldsymbol{X}^{(0)}$ ($\boldsymbol{X}^{(k)}$) 和搜索方向 $\boldsymbol{S}$ 已知，并已知一维优化搜索区间即最优步长 α^* 所在的区间 $[A, B]$，如图 3.7 所示。

黄金分割法的功用，就是求出最优步长即求得一维优化的最优解：$\boldsymbol{X}^*=\boldsymbol{X}^{(0)}+\alpha^*\boldsymbol{S}$，如图 3.7 所示。其基本方法是在确保区间具有“高-低-高”的区间特征的前提下，不断缩小区间长度，直至预定的精度。所以使用该方法还应给定区间最小长度的相对精度 ε_x 和函数值的相对精度 ε_f。

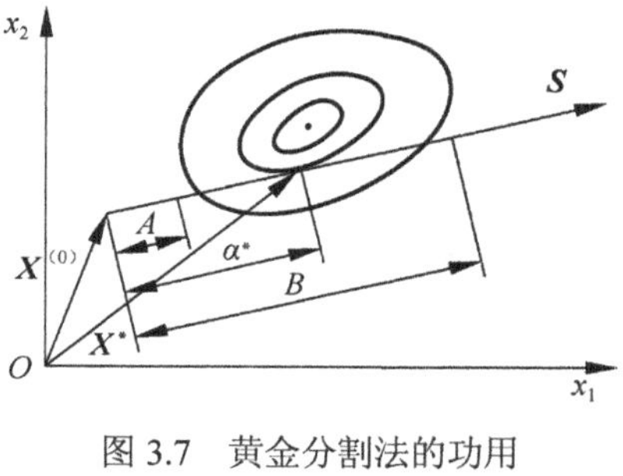

图 3.7　黄金分割法的功用

3.4.2 方法思路

如图 3.8 所示，在区间 $[A^{(1)}, B^{(1)}]$ 内插入两点，依次为 A_1、A_2，则原区间 $[A^{(1)}, B^{(1)}]$ 可分为两个三点区间，即

$$A^{(1)}\text{-}A_1\text{-}A_2,\quad A_1\text{-}A_2\text{-}B^{(1)}$$

黄金分割法的方法思路

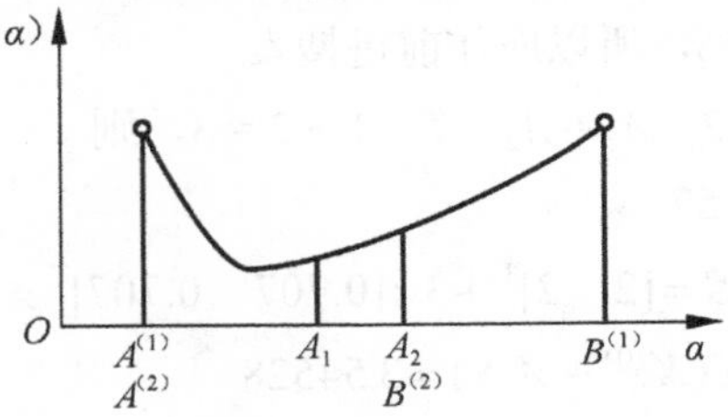

图 3.8　黄金分割法的方法思路

保留其中有“高-低-高”的区间特征的区间，作为新的区间[A, B]，如图 3.8 中 $A^{(1)}$-A_1-A_2 将被保留。

在缩小后的区间[$A^{(2)}$, $B^{(2)}$]内再插入新点，构成新的两个 3 点区间，反复迭代直至精度。

3.4.3　方法特点

(1) 两点插入点 A_1、A_2 关于区间[A, B]的端点对称，即 $B-A_2=A_1-A$。引入一个系数 λ 来表示这一关系($0<\lambda<1$)，则

$$B-A_2=A_1-A=(1-\lambda)(B-A)$$

由此可得 A_1、A_2 点的计算式为

$$A_1=A+(1-\lambda)(B-A)=B-\lambda(B-A),\quad A_2=A+\lambda(B-A)$$

这样只要 λ 已知，A_1、A_2 便可确定，因此关键在于 λ 如何取值，下一个特点确定了 λ 应为常数。

(2) 区间长度的收缩量均匀。如图 3.9 所示，区间收缩前为 $A^{(1)}$-$A_1^{(1)}$-$A_2^{(1)}$-$B^{(1)}$，长度为 L；区间收缩后为 $A^{(1)}$-$A_1^{(1)}$-$A_2^{(1)}$，长度为 l。

黄金分割法的方法特点

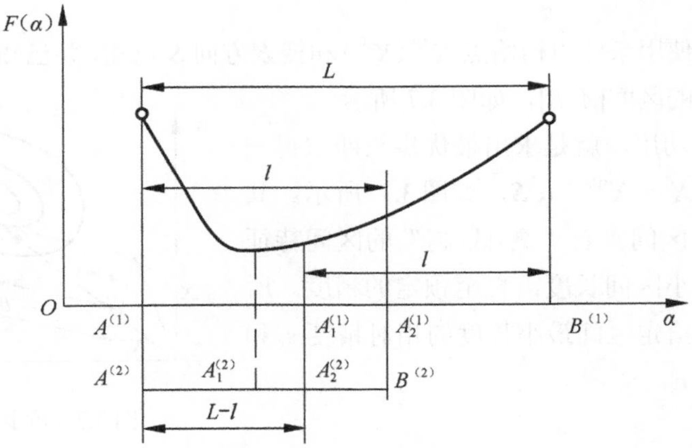

图 3.9　黄金分割法的方法特点

则区间收缩率为

$$\frac{l}{L}=\frac{(B-A)-(1-\lambda)(B-A)}{B-A}=\lambda$$

λ 恰好为区间收缩率，因为区间长度的收缩量是均匀的，则要求区间收缩率 λ 为常数。

(3) 保留在收缩后的区间内的原插入点，恰好是下一次迭代两个新插入点中的一个。其目的是减少计算量，即每一次迭代可少计算一个插入点，少计算一次目标函数在该点上的数值。这是数值计算构造算法时常常要兼顾的一个重点。

如图 3.9 所示，第一次插入两点 $A_1^{(1)}$、$A_2^{(1)}$ 后，经比较区间缩短为 $A^{(1)}$-$A_1^{(1)}$-$A_2^{(1)}$，其长度由图可得为 l。第二次，原 $A_1^{(1)}$ 变为 $A_2^{(2)}$，只需再计算一新点 $A_1^{(2)}$，区间记为 $A^{(2)}$-$A_1^{(2)}$-$A_2^{(2)}$-$B^{(2)}$。再经比较，第二次区间收缩成 $A^{(2)}$-$A_1^{(2)}$-$A_2^{(2)}$，其区间长度由图可得为 $L-l$，根据特点(2)，区间收缩率 λ 应为常数，由图 3.9 可得

$$\lambda = l / L = (L-l) / l$$

整理得

$$l^2 - L(L-l) = 0$$

因为 $\lambda = l/L$，所以可得

$$\lambda^2 + \lambda - 1 = 0$$

则

$$\lambda = \frac{\sqrt{5}-1}{2} = 0.618033\cdots$$

即 λ 正好为“黄金数”，黄金分割法也就由此而得名。

3.4.4　黄金分割法算法及其 N-S 流程图说明

黄金分割法算法的 N-S 流程图如图 3.10 所示，其主结构为一个“直到型”条件循环，其终止准则为 $|(A_2-A_1)/A_1|<\varepsilon_x$，即区间内的两插入点的相对距离足够小时，可结束计算。循环体内依次为顺序结构、“直到型”条件循环体内嵌选择结构($F_1>F_2$？)。其中“直到型”条件循环体是黄金分割法的核心部分，其功用就是判定与保留两个三点区间“A-A_1-A_2”和“A_1-A_2-B”中，具有“高-低-高”区间特征的区间。当“$F_1>F_2$”时，说明“A-A_1-A_2”区间为“高-较高-低”型，而“A_1-A_2-B”为“高-低-高”。所以，应舍去[A，A_1]区间，并将 A_1 作为缩短后的新区间的左端点 A(A=A_1)，A_2 则作为新区间的插入点 A_1(A_1=A_2)，同时相应地做 F_1=F_2 的置换，再计算另一个插入点 A_2 及 F_2。同理，若 $F_1<F_2$，则保留“A-A_1-A_2”区间，新区间的右端点移至 A_2，A_1 作为新区间的插入点 A_2。该循环体的终止准则为 $|(F_2-F_1)/F_1|>\varepsilon_f$。紧接着的选择结构的两个走向为：如果 $|(A_2-A_1)/A_1|<\varepsilon_x$，说明两插入点已非常接近，计算可终止；否则说明虽然在两插入点上的函数值已很接近，但两插入点之间还有一定的距离。根据单峰区间的特点，单峰区间可收缩为[A_1, A_2]，所以应置 $A=A_1$，$B=A_2$。

3.4.5　编程要点

(1) 在编制图 3.10 时，主要着重于可读性，便于初学者读懂。因此在掌握了方法原理后可对计算流程的结构进一步改进。例如，流程图中的以 $|(A_2-A_1)/A_1|<\varepsilon_x$ 为条件的选择结构，稍作处理，可取消此选择结构，但算法的可读性变差。

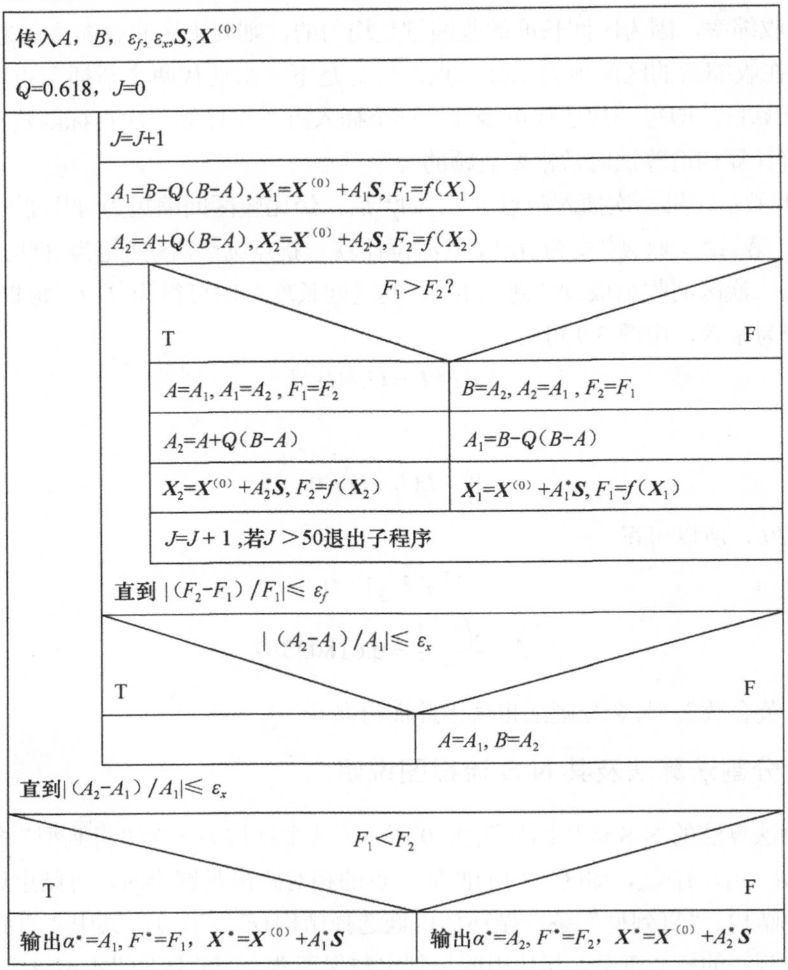

黄金分割法的N-S流程图

图 3.10　黄金分割法的 N-S 流程图

(2) 插入点 A_1 对应的函数值为 F_1，A_2 对应的函数值为 F_2；第二层直到型循环中的选择结构的左分支是计算 A_2 和 F_2，右分支是计算 A_1 和 F_1，初学者在编程时常常会出错，应引以注意。

(3) 为了表达方便，算法的 N-S 流程图中使用了 3 个存放数据变量的数组 $\boldsymbol{X}_1$、$\boldsymbol{X}_2$、$\boldsymbol{X}^*$。首先应注意的是有些书写符号如 $\boldsymbol{X}^*$ 不可直接作为数组名，其次这 3 个数组完全可以共用一个数组，以节省存储单元，并建议使用 $\boldsymbol{X}$ 为符号。

(4) 应将最优步长 α^*、最优值 $F(\boldsymbol{X}^*)$、最优点 $\boldsymbol{X}^*$ 作为返回参数传出，可采用形参或全程变量、函数返回值等方法。

3.4.6　黄金分割法算例

【例 3.2】　用黄金分割法求例 3.1 中的一维最优解。

解　根据例 3.1 的条件及结果，已知条件为

$$f(\boldsymbol{X}) = x_1^2 + x_2^2 - 8x_1 - 12x_2 + 52,\quad \boldsymbol{X}^{(0)} = [2\quad 2]^{\mathrm{T}},\ \boldsymbol{S}^{(0)} = [0.707\quad 0.707]^{\mathrm{T}}$$

单峰区间 $[A, B] = [1, 7]$，迭代计算精度取

$$\varepsilon_f = 0.15, \quad \varepsilon_x = 0.1$$

按图 3.10 的流程进行计算。记

$$Q = 0.618$$

(1) $A_1 = B - Q(B-A) = 7 - 0.618(7-1) = 3.292$

$\boldsymbol{X}_1 = \boldsymbol{X}^{(0)} + A_1\boldsymbol{S} = [2 \quad 2]^{\mathrm{T}} + 3.292 \times [0.707 \quad 0.707]^{\mathrm{T}} = [4.32744 \quad 4.32744]^{\mathrm{T}}$

$F_1 = F(A_1) = f(\boldsymbol{X}^{(0)} + A_1\boldsymbol{S}) = f(\boldsymbol{X}_1) = 2.90466$

$A_2 = A + Q(B-A) = 1 + 0.618 \times (7-1) = 4.708$

$\boldsymbol{X}_2 = \boldsymbol{X}^{(0)} + A_2\boldsymbol{S} = [2 \quad 2]^{\mathrm{T}} + 4.708 \times [0.707 \quad 0.707]^{\mathrm{T}} = [5.32856 \quad 5.32856]^{\mathrm{T}}$

$F_2 = F(A_2) = f(\boldsymbol{X}^{(0)} + A_2\boldsymbol{S}) = f(\boldsymbol{X}_2) = 2.2159$

(2) 比较 F_2 与 F_1，因为 $F_2<F_1$，所以应去掉 $[A, A_1]$ 区间，即按图 3.10 中选择结构“$F_1>F_2$?”的左分支流程进行计算。

由 $A = A_1 = 3.292$，$A_1 = A_2 = 4.708$，$F_1 = F_2 = 2.2159$ 计算新插入点 A_2 及 F_2，可得

$$A_2 = A + Q(B-A) = 5.58354$$
$$\boldsymbol{X}_2 = \boldsymbol{X}^{(0)} + A_2\boldsymbol{S} = [5.94757 \quad 5.94757]^{\mathrm{T}}$$
$$F_2 = F(A_2) = f(\boldsymbol{X}_2) = 3.79576$$

$|(F_2-F_1)/F_1| = 0.712967>\varepsilon_f = 0.15$，应继续迭代计算。

(3) 比较 F_2 与 F_1，因为 $F_2>F_1$，所以应去掉 $[A_2, B]$ 区间，即按图 3.10 中选择结构“$F_1>F_2$？”的右分支流程进行计算。故

$$B = A_2 = 5.5834, \quad A_2 = A_1 = 4.708, \quad F_2 = F_1 = 2.2159$$

计算新插入点 A_1 及 F_1

$$A_1 = B - Q(B-A) = 4.16737$$
$$\boldsymbol{X}_1 = \boldsymbol{X}^{(0)} + A_1\boldsymbol{S} = [4.94633 \quad 4.94633]^{\mathrm{T}}$$
$$F_1 = F(A_1) = f(\boldsymbol{X}_1) = 2.00576$$
$$|(F_2 - F_1)/F_1| = 0.10477 < \varepsilon_f = 0.15$$

再比较区间相对长度，区间还较大。

$$(A_2 - A_1)/A_1 = 0.1297 > \varepsilon_x = 0.1$$

应置换区间两端点，故

$$A = A_1 = 4.16737，\ B = A_2 = 4.708$$

接着进行图 3.10 中算法流程主结构“直到型”条件循环的新一轮的迭代。

(4) $A_1 = B - Q(B-A) = 4.37389$

$\boldsymbol{X}_1 = \boldsymbol{X}^{(0)} + A_1\boldsymbol{S} = [5.0923 \quad 5.0923]^{\mathrm{T}}$

$$F_1 = F(A_1) = f(\boldsymbol{X}_1) = 2.01705$$
$$A_2 = A + Q(B - A) = 4.50148$$
$$\boldsymbol{X}_2 = \boldsymbol{X}^{(0)} + A_2\boldsymbol{S} = [5.18265 \quad 5.18265]^{\mathrm{T}}$$
$$F_2 = F(A_2) = f(\boldsymbol{X}_2) = 2.0667$$

(5) 比较 F_2 与 F_1，$F_2 > F_1$，则

$$B = A_2 = 4.50148, \quad A_2 = A_1 = 4.37389, \quad F_2 = F_1 = 2.01705$$
$$A_1 = B - Q(B - A) = 4.295, \quad \boldsymbol{X}_1 = \boldsymbol{X}^{(0)} + A_1\boldsymbol{S} = [5.03656 \ \ 5.03656]^{\mathrm{T}}$$
$$F_1 = F(A_1) = f(\boldsymbol{X}_1) = 2.00267$$
$$|(F_2 - F_1)/F_1| = 7.18 \times 10^{-3} < \varepsilon_f = 0.15$$
$$(A_2 - A_1)/A_1 = 1.8368 \times 10^{-2} < \varepsilon_x = 0.1$$

所以已达到要求的精度。

因为 $F_1 = 2.00267 < F_2 = 2.01705$，所以最优步长 $\alpha^* = A_1 = 4.295$，相应的 $\boldsymbol{X}^*$ 为

$$\boldsymbol{X}^* = \boldsymbol{X}^{(0)} + \alpha^*\boldsymbol{S} = \boldsymbol{X}_1 = [5.03656 \quad 5.03656]^{\mathrm{T}}$$
$$f(\boldsymbol{X}) = F_1 = F_1(\alpha^*) = f(\boldsymbol{X}_1) = 2.00267$$

需注意的是，以上最优解只是 $f(\boldsymbol{X})$，以 $\boldsymbol{X}^{(0)} = [2 \quad 2]^{\mathrm{T}}$ 为初始点，在给定搜索方向 $\boldsymbol{S}^{(0)} = [0.707 \quad 0.707]^{\mathrm{T}}$ 上的一维最优解。它所完成的只是多维优化中的某一次一维优化搜索，如第 2 章图 2.24 中的某一次跨步搜索，即由 $\boldsymbol{X}^{(k)}$ 点沿方向 $\boldsymbol{S}^{(k)}$ 跨一步 $\alpha^{(k)}$ (α^*) 到达新的一个迭代点 $\boldsymbol{X}^{(k+1)}$，而不是 $f(\boldsymbol{X})$ 的最优解。本例中区间共收缩了 4 次，其中一次是区间的两端点同时置换的收缩，共计算目标函数值 7 次，相对精度为 0.1，对于实际应用可根据情况适当提高精度要求。

3.5 二次插值法

3.5.1 方法原理

二次插值法从其迭代模式来看，也是通过收缩具有“高-低-高”区间特征的单峰区间来取得一维优化的最优解。但从计算数学的原理上看，其计算过程则是不断地用二次曲线——抛物线的极小点来逼近一维单峰函数的极小点。方法原理是，利用 3 个已知点的参数来构造一个一元二次多项式即抛物线方程，以该多项式的极值点作为原函数的近似极值点，如图 3.11 所示。当两者相差较大时，按“高-低-高”原则缩短单峰区间，再构造新的一元二次多项式，反复迭代至精度要求。由图 3.11 可以看出，随着区间的缩短，多项式的极值点将逼近原函数的最优点。这种构造一元二次多项式的方法，是数值计算中插值计算的一种，故称为二次插值法。

由于二次曲线是与单峰函数曲线形状接近的曲线，特别是在极值点附近，大部分的单峰函数曲线与二次曲线都十分接近。所以当目标函数性态不是太复杂时，特别是初始点与最优点的距离较小时，使用二次插值法求解一维优化问题，其计算速度与精度明显好于黄金分割法。

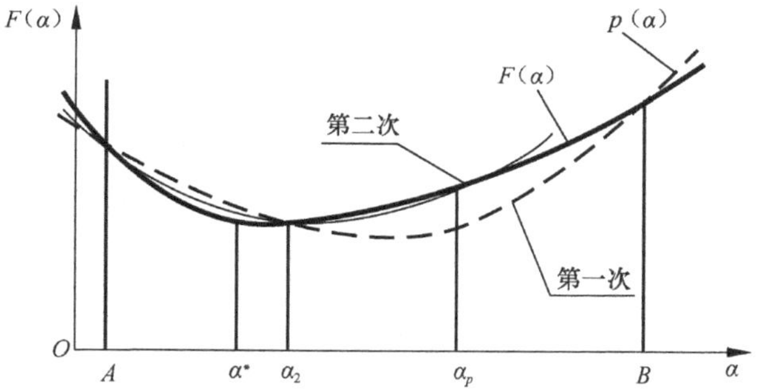

图 3.11　二次插值法的原理

对于没有数值计算基础的学习者，亦可把二次插值法的思路理解为：利用 3 个已知点及相应的函数值构造一条抛物线，用它的极值点作为单峰区间的一个新插入点，而后以满足"高 -低-高"的区间特征为准则，保留 4 点中的具有"高-低-高"特征的三点区间，再构造新的抛物线，反复迭代直至精度。即二次插值法的区间收缩思路与黄金分割法相同，但计算插入点的方法不同。

3.5.2　基本方法

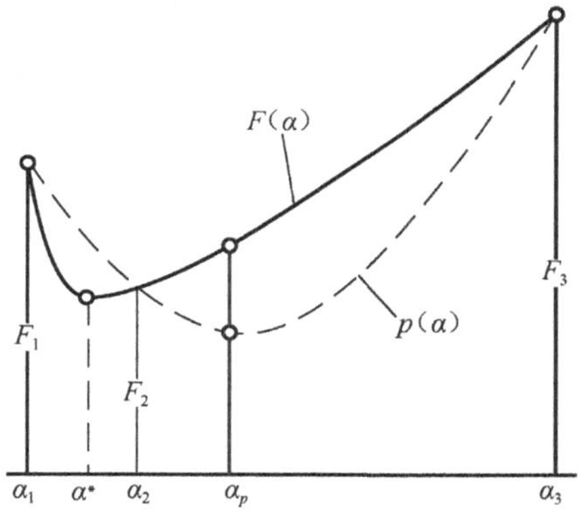

图 3.12　二次插值法的基本方法

(1) 记 α_1 为单峰区间左端点($\alpha_1 = A$)，α_3 为单峰区间右端点($\alpha_3 = B$)。在[α_1, α_3]区间中，按某种计算原则插入 1 点 α，如图 3.12 所示。

(2) 利用 α_1、α_2、α_3 三点及相应函数值构造一个二次多项式(抛物线方程)

$$p(\alpha) = a + b\alpha + c\alpha^2$$

其曲线如图 3.12 中虚线所示。求 $p(\alpha)$ 的极值点，记为 α_p。

(3) 判定 α_p 与 α_2 的相互位置，即 4 个点的顺序是 α_1-α_p-α_2-α_3 还是 α_1-α_2-α_p-α_3。

(4) 保留具有"高-低-高"区间特征的 3 点区间，并作相应的迭代替换，当 $F(\alpha_p)$ 与 $F(\alpha_2)$ 相差较多时返回步骤(2) 重复再做，直至达到预定精度。

3.5.3　主要计算式

1．预插入点 α_2 的计算

α_2 仅在初始时需计算，在以后的迭代计算中只需将 3 点区间的内点取为 α_2 即可，因此 α_2 的计算要求不严，可任取下述两个原则的计算式之一。

(1) 等距原则：

$$\alpha_2 = 0.5(\alpha_1 + \alpha_3) \tag{3.4.1}$$

(2) 不等距原则：

$$\alpha_2 = (2\alpha_1 + \alpha_3)/3 \tag{3.4.2}$$

2．$p(\alpha)$ 的极值点 α_p 的计算

对于方程 $p(\alpha)=a+b\alpha+c\alpha^2$ 中的 α、$p(\alpha)$，分别代入 α_1、$F(\alpha_1)$ 记为 F_1；α_2、$F(\alpha_2)$ 记为 F_2；α_3、$F(\alpha_3)$ 记为 F_3。可得一个 3 阶线性方程组，求解即可得 a、b、c。而后对 $p(\alpha)$ 求极值可得其极值点 α_p，略去具体推导过程，整理后可得

$$\left.\begin{aligned}&\alpha_p=0.5\left(\alpha_1+\alpha_3-\frac{K_1}{K_2}\right)\\&K_1=\frac{F_3-F_1}{\alpha_3-\alpha_1}\\&K_2=\frac{\dfrac{F_2-F_1}{\alpha_2-\alpha_1}-K_1}{\alpha_2-\alpha_3}\end{aligned}\right\} \tag{3.4.3}$$

3.5.4　二次插值法算法及其 N-S 流程图说明

二次插值法算法的 N-S 流程图如图 3.13 所示，几点说明如下。

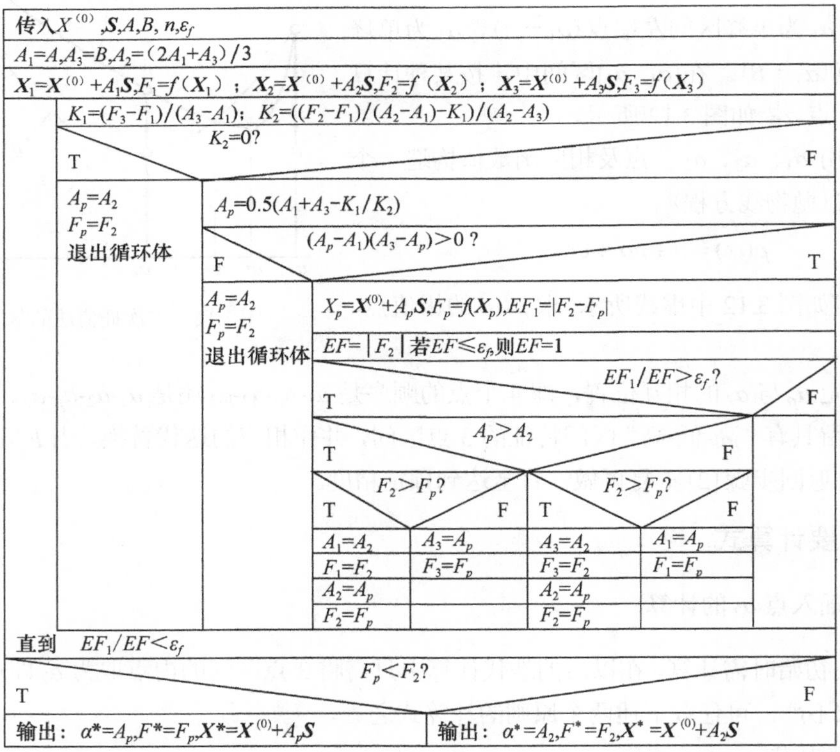

图 3.13　二次插值法算法的 N-S 流程图

(1) 为方便与编程时的变量名对应，N-S 图中仍用 A 表示 α，即用 A_1、A_2、A_3、A_p 分别表示 α_1、α_2、α_3、α_p。

(2)流程图中与前述基本方法相比，多了两个判断，分述如下。

①$K_2=0$？判断。因为

$$K_1=\frac{F_3-F_1}{A_3-A_1},\quad K_2=\frac{\dfrac{F_2-F_1}{A_2-A_1}-K_1}{A_2-A_3}$$

当 $K_2=0$ 时，有 $(F_2-F_1)/(A_2-A_1)=K_1=(F_3-F_1)/(A_3-A_1)$，因为分母不相等，所以要使等式成立，只有分子为 0。这表明 $F_1=F_2=F_3$，无法再构造抛物线，故应退出。

②$(A_p-A_1)(A_3-A_p)\leqslant 0$？判断。当这一判断条件式成立时，表明二次曲线的极值点 A_p 在区间$[A_1, A_3]$即$[A, B]$之外，也无法再继续迭代，故应退出。

(3)二次插值法算法的主结构是一个直到型循环，其终止准则原为：$|(F_2-F_p)/F_2|\leqslant\varepsilon$，其中 $F_2=F(A_2)=f(\boldsymbol{X}^{(0)}+A_2\boldsymbol{S})$，$F_p=F(A_p)=f(\boldsymbol{X}^{(0)}+A_p\boldsymbol{S})$，但在区间收缩时有可能作 $A_2=A_p$、$F_2=F_p$ 替换(详见流程图)，其替换后接着便进入“直到型”的终止准则判断，显然一旦作上述替换后，终止准则便无法正确判断，故将终止准则改写为 $EF_1/EF\leqslant\varepsilon_f$，其中 $EF_1=|F_2-F_p|$ 是在 A_p 和 F_p 计算后即赋值，当 $F_2<\varepsilon_f$ 时 EF 取 1，否则 $EF=|F_2|$，这样便可有效地保证终止准则的准确性。

(4)第 4 层选择结构的判据“$A_p>A_2$?”，是判定 A_p 相对于 A_2 的位置，当 $A_p>A_2$ 时，相对位置依次为 A_1、A_2、A_p、A_3；否则为 A_1、A_p、A_2、A_3。

3.5.5 二次插值法算例

【例 3.3】 对例 3.2 改用二次插值法进行计算。

解 参照图 3.13 二次插值法的 N-S 流程图进行迭代计算。

(1) $A_1=A=1, A_3=B=7, A_2=(2A_1+A_3)/3=3$

$$\boldsymbol{X}_1=\boldsymbol{X}^{(0)}+A_1\boldsymbol{S}=[2\quad 2]^{\mathrm{T}}+1\times[0.707\quad 0.707]^{\mathrm{T}}=[2.707\quad 2.707]^{\mathrm{T}}$$

$$F_1=F(A_1)=f(\boldsymbol{X}^{(0)}+A_1\boldsymbol{S})=f(\boldsymbol{X}_1)=12.5157$$

$$\boldsymbol{X}_2=\boldsymbol{X}^{(0)}+A_2\boldsymbol{S}=[2\quad 2]^{\mathrm{T}}+3\times[0.707\quad 0.707]^{\mathrm{T}}=[4.121\quad 4.121]^{\mathrm{T}}$$

$$F_2=F(A_2)=f(\boldsymbol{X}^{(0)}+A_2\boldsymbol{S})=f(\boldsymbol{X}_2)=3.54528$$

$$\boldsymbol{X}_3=\boldsymbol{X}^{(0)}+A_3\boldsymbol{S}=[2\quad 2]^{\mathrm{T}}+7\times[0.707\quad 0.707]^{\mathrm{T}}=[6.949\quad 6.949]^{\mathrm{T}}$$

$$F_3=F(A_3)=f(\boldsymbol{X}^{(0)}+A_3\boldsymbol{S})=f(\boldsymbol{X}_3)=9.5972$$

(2) $$K_1=\frac{F_3-F_1}{A_3-A_1}=0.48646,\quad K_2=\frac{\dfrac{F_2-F_1}{A_2-A_1}-K_1}{A_2-A_3}=0.999698\neq 0$$

二次插值函数的极值点

$$A_p=0.5(A_1+A_3-K_1/K_2)=4.24382$$

$$(A_p-A_1)(A_3-A_p)=8.94081>0$$

$$\boldsymbol{X}_p=\boldsymbol{X}^{(0)}+A_p\boldsymbol{S}=[5.0\quad 5.0]^{\mathrm{T}}$$

相应的原目标函数值

$$F_p = F(A_p) = f(\boldsymbol{X}_p) = 2.0$$

$$|(F_2 - F_p)/F_2| = 0.43587 > \varepsilon_f = 0.1$$

因为 $A_p > A_2$，所以插入点在区间内的顺序为 A_1、A_2、A_p、A_3，又因为 $F_p = 2.0 < F_2 = 3.54528$，所以去掉 $[A_1, A_2]$ 区间，再进行新一次的迭代，故

$$A_1 = A_2 = 3, \quad F_1 = F_2 = 3.54528, \quad A_2 = A_p = 4.24328, \quad F_2 = F_p = 2.0$$

(3) $K_1 = \dfrac{F_3 - F_1}{A_3 - A_1} = -1.51298, \quad K_2 = \dfrac{\dfrac{F_2 - F_1}{A_2 - A_1} - K_1}{A_2 - A_3} = -0.097969 \neq 0$

$$A_p = 0.5(A_1 + A_3 - K_1 / K_2) = -2.722$$

$$(A_p - A_1)(A_3 - A_p) = -55.63 < 0$$

表明二次曲线的极值点 A_p 在单峰区间 $[A_1, A_3]$ 之外，无法再迭代，按图 3.13，取

$$A_p = A_2, \quad F_p = F_2$$

所以取最优解为

$$\alpha^* = A_p = 4.24328, \quad \boldsymbol{X}^* = \boldsymbol{X}^{(0)} + \alpha^* \boldsymbol{S} = \boldsymbol{X}_p = [5.0 \quad 5.0]^{\mathrm{T}}$$

$$F(\alpha^*) = f(\boldsymbol{X}^*) = 2.0$$

本例采用二次插值法计算，只计算目标函数 5 次，经一次区间收缩就到达最优点。与例 3.2 对比可以看出，用黄金分割法计算时，计算目标函数 7 次，经过 4 次的区间收缩才得到最优点，精度也低于二次插值法。

若对

$$f(\boldsymbol{X}) = x_1^2 + x_2^2 - 8x_1 - 12x_2 + 52$$

代入

$$\boldsymbol{X}^{(0)} = [2 \quad 2]^{\mathrm{T}}, \quad \boldsymbol{S} = [0.707 \quad 0.707]^{\mathrm{T}}$$

则有

$$\begin{aligned} \boldsymbol{X} = [x_1 \quad x_2]^{\mathrm{T}} &= \boldsymbol{X}^{(0)} + \alpha \boldsymbol{S} \\ &= [2 \quad 2]^{\mathrm{T}} + \alpha [0.707 \quad 0.707]^{\mathrm{T}} \\ &= [2 + 0.707\alpha \quad 2 + 0.707\alpha]^{\mathrm{T}} \end{aligned}$$

可得

$$\begin{aligned} f(\boldsymbol{X}) &= (2 + 0.707\alpha)^2 - 8(2 + 0.707\alpha) - 12(2 + 0.707\alpha) + 52 \\ &= 0.999698\alpha^2 - 8.484\alpha + 20 \\ &= F(\alpha) \end{aligned}$$

由此可以看出本例 $f(\boldsymbol{X})$ 的转换函数 $F(\alpha)$，关于 α 是二次函数。$p(\alpha)$ 的极值点 α_p 就是 $F(\alpha)$ 的极值点，因此采用二次插值法进行一维优化搜索，只需一次迭代就可得最优点。若对上式的 $F(\alpha)$ 求极值，可求得当 $\alpha = 4.24328$ 时，$F(\alpha) = 2$。所以例 3.3 的计算结果相当准确。

当然，若 $f(\boldsymbol{X})$ 关于步长 α 的转换函数 $F(\alpha)$ 不是 α 的二次函数，使用二次插值法的求解效能，就不一定都比黄金分割法好，个别情况下还可能计算失败。也就是说，在可靠性和通用性方面，黄金分割法好于二次插值法。

3.6 习　　题

3.1　函数 $f(x)=3x^3-8x+9$，当初始点分别为 $x_0=0$ 及 $x_0=1.8$ 时，用进退法确定其一维优化的搜索区间，取初始步长 $T_0=0.1$。

3.2　用黄金分割法求函数 $F(\alpha)=\alpha^2+2\alpha$ 在区间 $[-3\quad 5]$ 中的极小点，要求计算到最大未确定区间长度小于 0.05。

3.3　用二次插值法求函数 $F(\alpha)=8\alpha^3-2\alpha^2-7\alpha+3$ 的最优解。已知搜索区间为 $[0\quad 2]$，迭代精度 $\varepsilon=0.01$。

3.4　函数 $f(\boldsymbol{X})=x_1^2-x_1x_2+x_2^2+2x_1-4x_2$，取初始点为 $\boldsymbol{X}^{(0)}=[2\quad 2]^{\mathrm{T}}$，规定沿 $\boldsymbol{X}(0)$ 点的负梯度方向进行一次一维优化搜索，迭代精度 $\varepsilon_x=10^{-5}$，$\varepsilon_f=10^{-6}$。

(1) 用进退法确定一维优化搜索区间；

(2) 用黄金分割法求最优化步长及一维优化最优值；

(3) 用二次插值法求最优化步长及一维优化最优值；

(4) 上述两种一维优化方法在求解本题时，哪一种方法收敛更快？原因是什么？

3.5　求 $F(\alpha)=(\alpha+1)(\alpha-2)^2$ 的极小点，迭代精度 $\varepsilon_x=0.1$，$\varepsilon_f=0.1$。要求：

(1) 从 $\alpha=0$ 出发，$T_0=0.1$ 为步长确定搜索区间；

(2) 用黄金分割法求极值点；

(3) 用二次插值法求极值点。

第 4 章　多维无约束优化方法

求解数学模型 $\min f(\boldsymbol{X})$，$\boldsymbol{X}\in\mathbf{R}^n$ 的方法称为无约束优化方法。目前无约束优化方法已比较完善、成熟，形成了许多行之有效的方法。本章介绍其中几种常用方法。

通常可把无约束优化方法分为两类，一类是不需要引入导数(偏导数)信息来构造搜索方向的方法，称为直接法；另一类是需要引入导数信息来构造、产生搜索方向的方法，称为间接法。对于直接法，本章以鲍威尔法的结构组成和方法形成的思路，顺序地介绍坐标轮换法、共轭方向法、鲍威尔法。这三种方法的关系是，共轭方向法是坐标轮换法的高一级形式，其迭代模式与坐标轮换法相似，鲍威尔法则是共轭方向法的改进。对于间接法，则以变尺度法的方法构成和演化过程为思路，顺序介绍梯度法、牛顿法、广义牛顿法、变尺度法。其中广义牛顿法是牛顿法的改进，变尺度法则是广义牛顿法的改进与演化。

4.1 本 章 导 读

如第 2 章所述，本章所介绍的优化方法，都是优化问题的数值解法。而各种数值解法，都存在着一定的局限性。因此，虽然鲍威尔法与变尺度法，分别是两大类无约束优化方法中应用最广、赞誉最高的优化方法。但必须在理解、掌握上述其他几种方法的基础上，方能学好、用好这两种优化方法。

多维无约束优化方法的关键，是形成有效的搜索方向。各种不同方法的主要特征，就体现在搜索方向上。因此，在学习中应理解、掌握各种无约束优化方法的搜索方向的特点，在迭代过程又是如何产生或构造搜索方向的。

4.2 坐标轮换法

4.2.1 坐标轮换法的优化搜索过程

如图 4.1 所示，对于二维优化问题，采用坐标轮换法的搜索过程为：以给定的初始点 $\boldsymbol{X}^{(0)}$ 为起点，将 x_1 坐标轴方向作为搜索方向，沿 x_1 轴方向优化搜索到达 $\boldsymbol{X}_1^{(1)}$。注意，从图上可以看出，在这一优化搜索过程中，只有变量 x_1 发生变化，x_2 则保持原初始点 $x_2^{(0)}$ 的值不变。再以 $\boldsymbol{X}_1^{(1)}$ 为起点，换用 x_2 坐标轴方向为搜索方向，优化搜索到达 $\boldsymbol{X}_2^{(1)}$，在此次优化过程中，设计变量中 x_2 发生变化，而 x_1 则保持此次优化搜索的初始值 $x_1^{(1)}$。由第 3 章的概念可知，当搜索方向确定时，多维优化问题可转化为一维优化问题求解，所以，至此完成了一轮 n 次(图中 $n=2$)的一维优化搜索。接着重复上述过程，以 $\boldsymbol{X}_2^{(1)}$ 为起点，再进行第二轮的搜索。即仍然先以 x_1

坐标轮换法的优化搜索过程

坐标轴为搜索方向，一维优化搜索到 $\boldsymbol{X}_1^{(2)}$（上标括号内的数字 2 表示第 2 轮搜索，下标 1 表示本轮搜索中的第 1 次搜索），再以 $\boldsymbol{X}_1^{(2)}$ 为起点，沿 x_2 坐标轴方向搜索到 $\boldsymbol{X}_2^{(2)}$ 点。这样反复进行多轮（每轮都有 n 次的一维优化搜索）的搜索，直至满足终止准则。

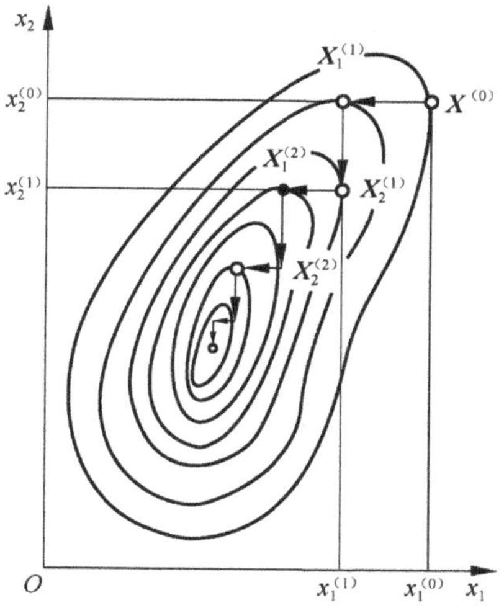

图 4.1　坐标轮换法的搜索过程

4.2.2　坐标轮换法的基本方法

1．迭代计算式

$$\left.\begin{aligned}\boldsymbol{X}_j^{(k)}=\boldsymbol{X}_{j-1}^{(k)}+\alpha_j^{(k)}\boldsymbol{S}_j^{(k)},\ j=1,2,\cdots,n\\ f(\boldsymbol{X}_j^{(k)})<f(\boldsymbol{X}_{j-1}^{(k)})\end{aligned}\right\}\qquad(4.2.1)$$

2．搜索方向 $\boldsymbol{S}_j^{(k)}$

一轮搜索中 $\boldsymbol{S}_j$ 有规律地变化 n 次，顺序取各坐标轴（变量 $\boldsymbol{X}$ 的分量对应的坐标轴）的方向为搜索方向，即

$$\left.\begin{aligned}&\boldsymbol{S}_j^{(k)}=[s_{j,1}^{(k)}\quad\cdots\quad s_{j,i}^{(k)}\cdots\quad s_{j,n}^{(k)}]^{\mathrm{T}}\\ &s_{j,i}^{(k)}=\begin{cases}0, & i\neq j\\ 1, & i=j\end{cases},\quad j,i=1,2,\cdots,n\end{aligned}\right\}\qquad(4.2.2)$$

以二维为例，第 k 轮第 1 次（$j=1$）：

$$s_{1,1}^{(k)}=1,\quad s_{1,2}^{(k)}=0,\quad j=1;i=1,2$$

即 $\boldsymbol{S}_1^{(k)}=[1\quad 0]^{\mathrm{T}},\boldsymbol{S}_1^{(k)}$ 取 x_1 轴方向；

第 k 轮第 2 次（$j=2$）：

$$s_{2,1}^{(k)}=0,\quad s_{2,2}^{(k)}=1,\quad j=2;i=1,2$$

即 $\boldsymbol{S}_2^{(k)}=[0\quad 1]^{\mathrm{T}},\boldsymbol{S}_2^{(k)}$ 取 x_2 轴方向。

3．迭代模式

分别沿着 n 个坐标轴方向作 n 次一维优化搜索，完成一轮次的多维优化搜索，反复多轮次迭代，直到满足终止准则。

4.2.3　坐标轮换法中步长 α 的处理方法

坐标轮换法对步长 α 的处理即一维搜索有两种方法，分别为加速步长法（图 4.2(a)）和最优步长法（图 4.2(b)）。

1．加速步长法

加速步长法实际上是一种逐次试探的一维搜索方法，不仅用于坐标轮换法，在其他优化方法特别是有约束的优化方法中也有应用。

方法思路：事先应选取（或给定）初始步长 α_0。而后取 $\alpha_1=\alpha_0$ 试探，若成功（否则取 $\alpha_1=-\alpha_0$ 再试）即当有

$$f(\boldsymbol{X}_j^{(k)})=f(\boldsymbol{X}_{j-1}^{(k)}+\alpha_1\boldsymbol{S}_j^{(k)})<f(\boldsymbol{X}_{j-1}^{(k)})$$

时，α 按序列 $\alpha_{i+1}=2\alpha_i\,(i=1,2,3,\cdots)$ 继续试探。当出现

$$f(\boldsymbol{X}_{j-1}^{(k)}+\alpha_{i+1}\boldsymbol{S}_j^{(k)})>f(\boldsymbol{X}_{j-1}^{(k)}+\alpha_i\boldsymbol{S}_j^{(k)})$$

时，取 $\alpha^*=\alpha_i$ 为本次一维优化搜索的结果。

如图 4.2(a)所示，当 $\alpha_1=\alpha_0$ 时，试探成功，再取 $\alpha_2=2\alpha_1=2\alpha_0$ 试探，结果 α_2 成功，再取 $\alpha_3=2\alpha_2=4\alpha_0$ 试探，结果此时相应的函数值大于 $\alpha_2=2\alpha_0$ 处的函数值，所以搜索点移回至 $\alpha=\alpha_2=2\alpha_0$ 处，接着往下进行下一个坐标轴方向的搜索。

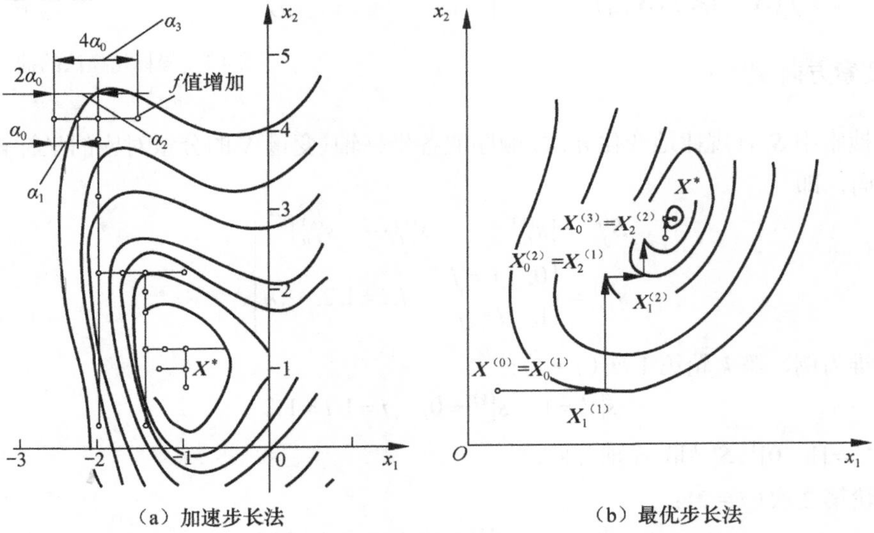

图 4.2　两种不同的步长处理方法的坐标轮换法

2. 最优步长法

最优步长法的数学表达式为

$$\min_{\alpha} f(\boldsymbol{X}_{j-1}^{(k)}+\alpha\boldsymbol{S}_j^{(k)})=f(\boldsymbol{X}_{j-1}^{(k)}+\alpha_j^{(k)}\boldsymbol{S}_j^{(k)}) \tag{4.2.3}$$

注意，式(4.2.3)左侧中的 α 是变量（一维变量），右侧 $\alpha_j^{(k)}$ 是 α 取某一个确定量即最优步长的代号，所以左侧 $f(\boldsymbol{X}_{j-1}^{(k)}+\alpha\boldsymbol{S}_j^{(k)})$ 表示的是函数表达式，而右侧 $f(\boldsymbol{X}_{j-1}^{(k)}+\alpha_j^{(k)}\boldsymbol{S}_j^{(k)})$ 表示的是函数值。式(4.2.3)的数学意义为：对步长 α 进行一维优化搜索，求取一个确定的量 $\alpha_j^{(k)}$，使得目标函数的数值 $f(\boldsymbol{X}_{j-1}^{(k)}+\alpha_j^{(k)}\boldsymbol{S}_j^{(k)})$ 是函数 $f(\boldsymbol{X}_{j-1}^{(k)}+\alpha\boldsymbol{S}_j^{(k)})$ 的最小值，即 $\alpha_j^{(k)}$ 是问题 $\min\limits_{\alpha} f(\boldsymbol{X}_{j-1}^{(k)}+\alpha\boldsymbol{S}_j^{(k)})$ 的解。为得到这个解，就必须调用第 3 章的一维优化方法来求解。例如，先调用“进退法”确定最优步长 $\alpha_j^{(k)}(\alpha^*)$ 所在的区间[A, B]，再调用“黄金分割法”或“二次插值法”在[A, B]区间上求得 $\alpha_j^{(k)}(\alpha^*)$。图 4.2(b)为搜索过程示意图。

3. 最优步长法算法的 N-S 流程图

计算流程主要是一个直到型循环，内部主体为一个计数循环。计数循环的任务是完成一轮 n 次的一维优化搜索，而直到型循环则是实现多轮次直到满足精度要求的迭代，如图 4.3 所示。

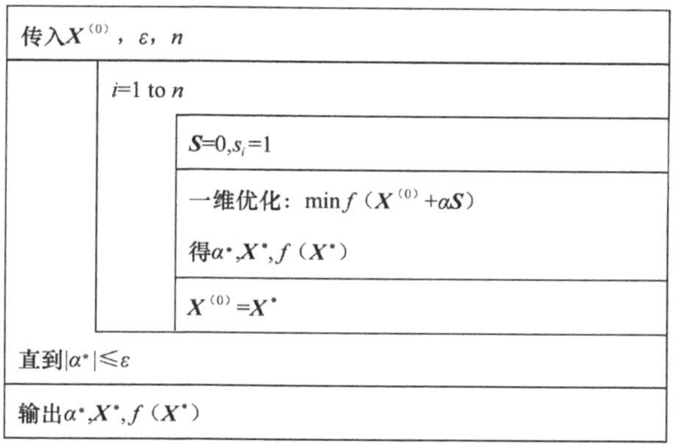

图 4.3　基于最优步长法的坐标轮换法的 N-S 图

最优步长法的
坐标轮换法的 N-S 图

4.2.4　坐标轮换法的不足之处

坐标轮换法的优化效能在很大程度上取决于目标函数的性态。对于二维优化问题，若目标函数的等值线为圆形，或为长短轴各平行于坐标轴的椭圆形，则做两次一维搜索就可到极值点，如图 4.4(a)所示。当目标函数的等值线近似于椭圆，但长短轴不平行于坐标轴时，用这种搜索方法，须多次迭代才能曲折地达到最优点，如图 4.4(b)所示。而当目标函数的等值线出现凸脊时，这种搜索方法在脊点将失效，如图 4.4(c)所示，这是因为每次的搜索方向总是平行于某一坐标轴，不会斜着向前进，所以一旦迭代点落在等值线的脊线上，就不能找到更好的点了。

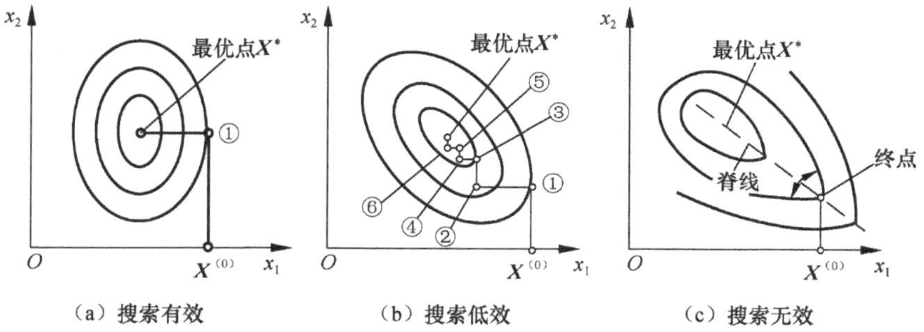

图 4.4　坐标轮换法在各种不同情况下的效能

4.3　共轭方向法

4.3.1　共轭方向法概述

4.2 节所介绍的坐标轮换法，方法虽然简单，但由于其搜索方向的效能差，对于大部分的目标函数而言，在优化求解时将造成搜索路线迂回曲折，收敛很慢，如图 4.4(b)所示。因此，本节提出了构造一种采用坐标轮换法的简单优化迭代模式，配用效能更高的搜索方向的优化方法问题。从另一个角度看，坐标轮换法的搜索方向虽然是一组正交方向，但对于某些特殊函数，正交方向却是一种相当有效的优化搜索方向。以二维问题为例，对于如图 4.5 所示的具有同心圆等值线的目标函数，无论给出怎样的初始点，只要沿着一对正交向量，两次搜索便可达到极小点。当然，对于大部分的目标函数，都不会具有同心圆的等值线(面)。但由于圆是二次曲线的一个特例，因此对于一般二次曲线的目标函数，只要找到与正交向量具有相似性质的向量，将其作为优化的搜索方向，则优化搜索的效能必将大大提高。数学上可以证明，这样的方向就是共轭方向，而正交方向则是共轭方向的特例。如图 4.6 所示的 $\boldsymbol{S}_1$、$\boldsymbol{S}_2$ 的方向就是相互共轭的方向。对于正定二次二元函数(具有同心椭圆族等值线)，只要沿着一对共轭方向作二次一维优化搜索，就可以到达极小点(椭圆中心)，相应的优化方法称为共轭方向法。

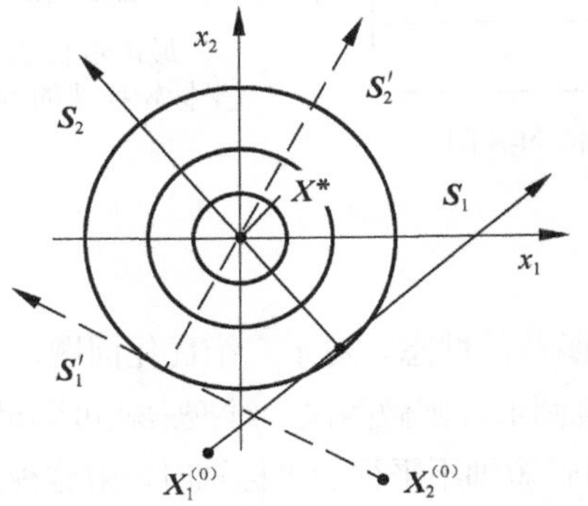

图 4.5　同心圆族采用正交方向搜索

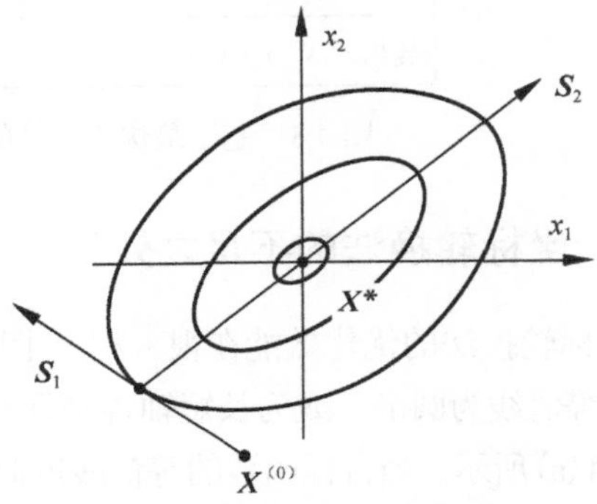

图 4.6　同心椭圆族采用共轭方向搜索

共轭方向法的特点是：根据向量的共轭原理和共轭向量的基本性质，在搜索过程中逐渐构造共轭向量，并以共轭向量的方向作为新的搜索方向，从而可在有限步数的一维优化搜索中，找到目标函数的极小点。理论上，对于正定二次 n 元函数，从任意点出发，沿 n 个共轭方向进行一维优化搜索就能达到极小点。而对于一般的 n 维目标函数，沿相互共轭的方向进行优化搜索，也能很快搜索到极小点。

在 4.3.2 节，将围绕共轭方向法的特点，介绍有关的概念，即共轭向量(方向)的定义、性质，为什么沿共轭方向作优化搜索能在有限的步数中找到目标函数的极值点。这些内容是掌握共轭方向法原理的基础。若仅要求掌握共轭方向法的迭代模式、使用方法，亦可跳过这一部分内容。在实际应用中，虽然主要是使用共轭方向法的改进形式，也就是 4.4 节的鲍威尔法，但该方法的主体仍然是共轭方向法。所以共轭方向法的迭代模式、算法流程，特别是用数值方法构造共轭方向，是学习的重点。

4.3.2　共轭向量(方向)的若干概念

1. 共轭向量的定义

设 $\boldsymbol{A}$ 为 $n\times n$ 实对称正定矩阵，有一组非零的 n 维向量 $\boldsymbol{S}_1,\boldsymbol{S}_2,\cdots,\boldsymbol{S}_q\,(2\leqslant q\leqslant n)$。

若满足

$$S_i^{\mathrm{T}} A S_j = 0, \quad i \neq j, i, j = 1, 2, \cdots, q \tag{4.3.1}$$

则称向量组 $\boldsymbol{S}_i(i = 1, 2, \cdots, q; 2 \leqslant q \leqslant n)$ 关于矩阵 $\boldsymbol{A}$ 是共轭的，或称向量组为 $\boldsymbol{A}$ 共轭。

2．向量共轭的几何解释

由向量共轭定义式 $\boldsymbol{S}_1^{\mathrm{T}} \boldsymbol{A} \boldsymbol{S}_2 = 0$ 可得，当对称正定矩阵 $\boldsymbol{A}$ 为单位阵时，满足条件式的向量 $\boldsymbol{S}_1^{\mathrm{T}}$、$\boldsymbol{S}_2$ 即为一对正交向量，因此可以从几何意义上理解为：所谓 $\boldsymbol{A}$ 共轭向量，就是向量 $\boldsymbol{S}_2$（或 $\boldsymbol{S}_1$）经过线性变换 $\boldsymbol{A}$ 后（$\boldsymbol{A}\boldsymbol{S}_2$ 或 $\boldsymbol{A}\boldsymbol{S}_1$），变成了一个与 $\boldsymbol{S}_1$（或 $\boldsymbol{S}_2$）正交的向量。而正交向量是共轭的特例。

现以正定二次的二元函数为例，作进一步说明，设其一般函数式为

$$f(\boldsymbol{X}) = a x_1^2 + 2 b x_1 x_2 + c x_2^2$$

其等值线是以坐标原点为中心的同心椭圆，如图 4.7(a) 所示，若进行坐标变换，令

$$\left.\begin{aligned} u_1 &= \sqrt{-a} x_1 + \frac{b\sqrt{-a}}{a} x_2 \\ u_2 &= \sqrt{\frac{b^2 - ac}{a}} x_2 \end{aligned}\right\} \tag{4.3.2}$$

则经整理推导可得

$$f(\boldsymbol{X}) = a x_1^2 + 2 b x_1 x_2 + c x_2^2 = -u_1^2 - u_2^2$$

于是在原设计平面 (x_1, x_2) 上表现为同心椭圆族的等值线，就变成了 (u_1, u_2) 平面上的同心圆族，如图 4.7(b) 所示。设在 (u_1, u_2) 平面上有一对正交向量 $\boldsymbol{P}_1 = [u_1^{(1)} \quad u_2^{(1)}]^{\mathrm{T}}$、$\boldsymbol{P}_2 = [u_1^{(2)} \quad u_2^{(2)}]^{\mathrm{T}}$，如图 4.7(b) 所示。则按式 (4.3.2) 的坐标变换关系，在图 4.7(a) 所示 (x_1, x_2) 平面上，有一对向量 $\boldsymbol{S}_1$、$\boldsymbol{S}_2$ 与其相对应。即在 (x_1, x_2) 平面上必定有一对向量 $\boldsymbol{S}_1$ 与 $\boldsymbol{S}_2$ 采用式 (4.3.2) 进行坐标变换后，将对应地变换成 $\boldsymbol{P}_1$、$\boldsymbol{P}_2$。经数学推导可得 $\boldsymbol{S}_1^{\mathrm{T}} \boldsymbol{A} \boldsymbol{S}_2 = 0$，而

$$\boldsymbol{A} = \begin{bmatrix} a & b \\ b & c \end{bmatrix}$$

所以，$\boldsymbol{S}_1$、$\boldsymbol{S}_2$ 就是一对共轭向量。也就是对于具有同心椭圆族等值线的目标函数，当进行坐标变换使其等值线变成新坐标系下的同心圆族时，原坐标系下的一对共轭向量将同时演变成一对正交向量。

需特别注意的概念是，在几何上，由于切线与法线相垂直，所以与圆的切线方向 $\boldsymbol{P}_1$ 正交，且交于圆的切点处的向量（图 4.7 中的 $\boldsymbol{P}_2$）必过圆心。这样与其相对应的交于椭圆的切点处的共轭向量之一（图 4.7 中的 $\boldsymbol{S}_2$），也必定过椭圆中心。这就是采用共轭方向作为搜索方向的原因。

3．共轭向量的两个重要性质

性质 1　若向量组 $\boldsymbol{S}_1, \boldsymbol{S}_2, \cdots, \boldsymbol{S}_n$，是关于正定对称矩阵 $\boldsymbol{A}$ 共轭的，则它必为线性独立的向

量组。对于 n 维向量空间而言，线性独立向量组中向量的个数不可能超过维数 n，因此共轭向量组中向量的个数最多等于维数 n。

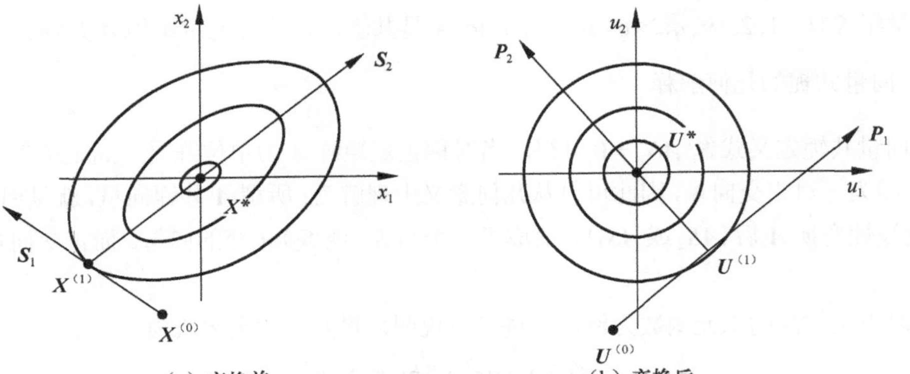

(a) 变换前　　(b) 变换后

图 4.7　二维函数的坐标轮换法

性质 2　若向量组 $\boldsymbol{S}_1, \boldsymbol{S}_2, \cdots, \boldsymbol{S}_n$，对二次正定函数 $f(\boldsymbol{X}) = c + \boldsymbol{B}^{\mathrm{T}}\boldsymbol{X} + \boldsymbol{X}^{\mathrm{T}}\boldsymbol{A}\boldsymbol{X}/2$ 的对称正定矩阵 $\boldsymbol{A}$ 共轭，则从任意初始点 $\boldsymbol{X}_0$ 出发，依次沿这些共轭向量进行一维优化搜索，最多 n 次，就可得到二次正定函数的极小点 $\boldsymbol{X}^*$。

4.3.3　数值方法构造共轭方向的原理

1．同心椭圆族的几何特性

同心椭圆族有一个十分重要的几何特性，就是如果在椭圆族中任意两个椭圆上分别作两条相平行的切线 l_1、l_2，则两切点的连线必过椭圆族的中心，如图 4.8 所示。而数学上可证明，图中切线的方向 $\boldsymbol{S}_1$ 与两切点连线的方向 $\boldsymbol{S}_2$，就是一对共轭方向。

由上述的特性，可以从几何上理解，为什么对于正定二次二元函数(等值线为同心椭圆族)，经两次共轭方向搜索，就可搜索到极小点(椭圆中心)。如图 4.9 所示，记方向为 $\boldsymbol{S}_1$ 的直线与椭圆的切点为 $\boldsymbol{X}^{(1)}$，它同时是该直线上函数的最小点。因此，同样可以看成是以 $\boldsymbol{X}_0^{(1)}$ 为初始点，沿 $\boldsymbol{S}_1$ 方向进行一维优化搜索的最优点。所以，当再以 $\boldsymbol{X}^{(1)}$ 为初始点，以共轭方向 $\boldsymbol{S}_2$ 为搜索方向，进行一维优化搜索时，因与 $\boldsymbol{S}_2$ 对应的直线过椭圆族中心，所以一次一维优化搜索即到达极小点(中心点)$\boldsymbol{X}^*$。

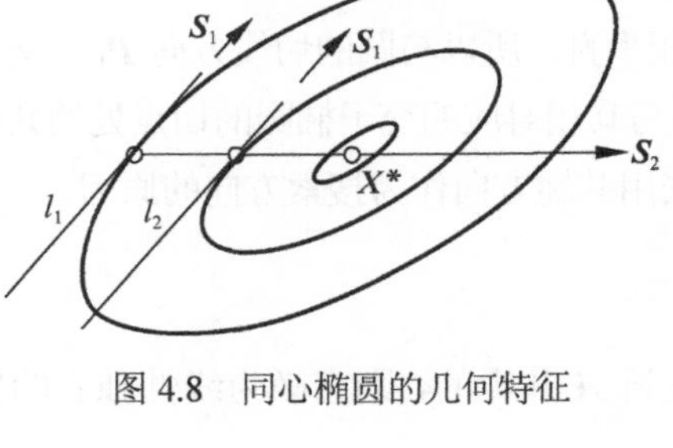

图 4.8　同心椭圆的几何特征

构造共轭方向的原理

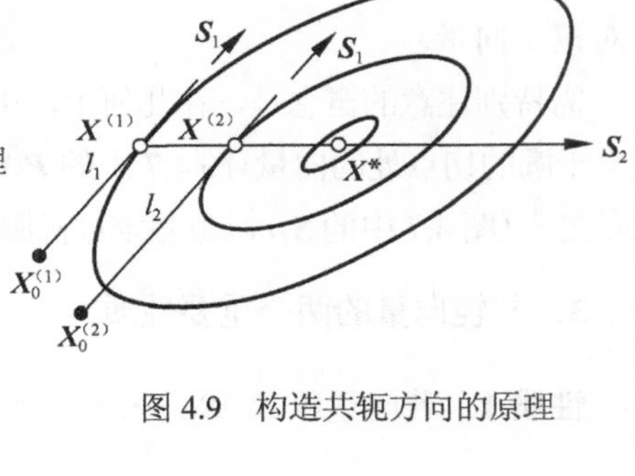

图 4.9　构造共轭方向的原理

推广到 n 维设计空间就可得到前述共轭向量的第二个重要性质。即在 n 维空间，对于二次正定的 n 元函数，从任意初始点出发，顺序沿着 n 个互相共轭的方向进行一维优化搜索，就可以求得目标函数极小点。

2．数值方法构造共轭方向的基本原理与方法

共轭方向法的关键，是如何求得 n 个互相共轭的方向。采用数值方法来构造共轭向量(方向)，是解决这一问题有效而实用的方法。方法的基本原理就是上述的同心椭圆族的几何特性。如图 4.9 所示，若以 $\boldsymbol{X}_0^{(1)}$ 为初始点，以向量 $\boldsymbol{S}_1$ 的方向为搜索方向作一维优化搜索，则一维优化的最优点，就是直线 l_1 与某一椭圆等值线的切点 $\boldsymbol{X}^{(1)}$，若再以 $\boldsymbol{X}_0^{(2)}$ 为起点，仍用 $\boldsymbol{S}_1$ 方向作一维优化搜索，则此次一维优化的最优点，是直线 l_2 与另一个椭圆等值线的切点 $\boldsymbol{X}^{(2)}$。根据向量运算原理可得，以 $\boldsymbol{X}^{(1)}$ 为起点、$\boldsymbol{X}^{(2)}$ 为终点的向量为 $\boldsymbol{X}^{(2)}-\boldsymbol{X}^{(1)}$，其方向记为 $\boldsymbol{S}_2$，该方向就是两切点连线的方向，因为 l_1 与 l_2 平行，所以 $\boldsymbol{S}_1$ 与 $\boldsymbol{S}_2$ 共轭。

由上可得用数值法构造相互共轭的向量(方向)的基本方法是：用某一个不变的方向 $\boldsymbol{S}_1$，以两个不同的初始点作两次一维优化，相应的两个最优点就是两条相平行的切线(方向为 $\boldsymbol{S}_1$)与两个椭圆等值线的切点。连接这两个最优点，连线方向 $\boldsymbol{S}_2$ 就是与 $\boldsymbol{S}_1$ 共轭的方向。对于 n 维问题，接着以 $\boldsymbol{S}_2$ 为搜索方向，重复上述步骤就可得到与 $\boldsymbol{S}_2$ 共轭的方向 $\boldsymbol{S}_3$，这样反复迭代，即可求得 n 个相互共轭的方向。

4.3.4　共轭方向法的迭代计算步骤

共轭方向法的迭代计算步骤

以下在介绍共轭方向法的迭代过程与步骤时，结合二维优化问题(图 4.10)，作相应的几何解释。

(1) 置数组 $\boldsymbol{SS}$ 为 n 阶单位阵，迭代轮次 $k=1$。

对于二维优化问题，此时 $\boldsymbol{SS}$ 为二阶单位阵

$$\boldsymbol{SS}=\begin{bmatrix}1 & 0\\ 0 & 1\end{bmatrix}$$

(2) $i=1, 2, \cdots, n$，做 n 次一维优化搜索，搜索方向 $\boldsymbol{S}$ 取 $\boldsymbol{SS}$ 中的第 i 行数值，即 $s_j=ss_{i,j}$，$j=1,2,\cdots,n$。记每次一维优化最优点为 $\boldsymbol{X}_i^{(k)}$，相应的初始点为 $\boldsymbol{X}_{i-1}^{(k)}$，即当前一维优化最优点，在做下一次一维优化时，就成为初始点。

对于二维问题，当 $k=1$ 时，$\boldsymbol{S}$ 分别取$[1\quad 0]^{\mathrm{T}}$和$[0\quad 1]^{\mathrm{T}}$，如图 4.10 所示，第一次一维搜索是由 $\boldsymbol{X}_0^{(1)}$ 沿 x_1 轴方向即 $\boldsymbol{S}=[1\quad 0]^{\mathrm{T}}$，搜索到达 $\boldsymbol{X}_1^{(1)}$，第二次由 $\boldsymbol{X}_1^{(1)}$ 沿 x_2 轴方向即 $\boldsymbol{S}=[0\quad 1]^{\mathrm{T}}$ 搜索到达 $\boldsymbol{X}_2^{(1)}$，所以共轭方向法的第一轮搜索，实质上是坐标轮换法。

(3) 计算 $\boldsymbol{S}^{(k)}=\boldsymbol{X}_n^{(k)}-\boldsymbol{X}_0^{(k)}$，$\boldsymbol{X}_0^{(k)}$ 为本轮初始点。

以 $\boldsymbol{X}_n^{(k)}$ 为起点，沿 $\boldsymbol{S}^{(k)}$ 作一维优化，将其最优点作为 $\boldsymbol{X}_0^{(k+1)}$ (下一轮初始点)。

如图 4.10 所示，当 $k=1$ 时，$\boldsymbol{S}^{(1)}=\boldsymbol{X}_2^{(1)}-\boldsymbol{X}_0^{(1)}$，沿 $\boldsymbol{S}^{(1)}$ 方向经一维优化搜索到达 $\boldsymbol{X}^{(1)}$，将 $\boldsymbol{X}^{(1)}$ 作为第二轮的初始点 $\boldsymbol{X}_0^{(2)}$。

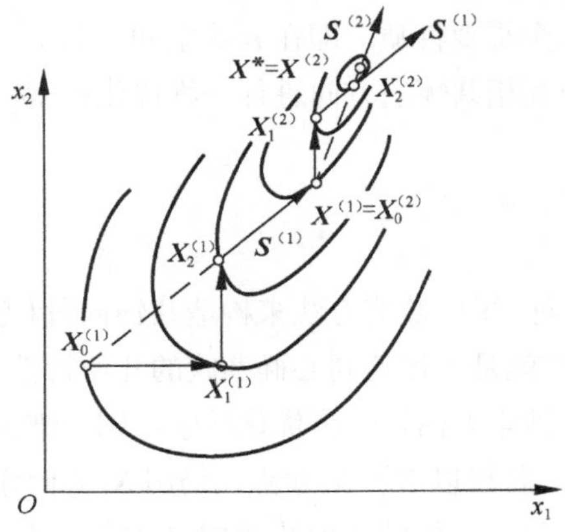

图 4.10　共轭方向法的搜索路线

(4) 更新搜索方向向量组 $\boldsymbol{SS}$。

$$\left.\begin{aligned} ss_{i,j} &= ss_{i+1,j}, \quad i=1,2,\cdots,n-1;\ j=1,2,\cdots,n \\ ss_{n,j} &= s_i^{(k)}, \quad j=1,2,\cdots,n \end{aligned}\right\} \tag{4.3.3}$$

即去掉原 $\boldsymbol{SS}$ 中的第一行元素，2 至第 n 行元素向前移一行，$\boldsymbol{S}^{(k)}$的各分量放入 $\boldsymbol{SS}$ 中的第 n 行。

对图 4.10 所示二维问题，当 $k=1$ 时，更新后的 $\boldsymbol{SS}$ 的第一行为[0　1]，第二行为 $\boldsymbol{S}^{(1)}$的两个分量 $[s_1^{(1)}\quad s_2^{(1)}]$。

(5) $k=k+1$，如果 $k>n$，转步骤(6)，否则转步骤(2)。

对于图 4.10，当 $k=k+1=2$ 时，转步骤(2)开始第二轮的一维优化搜索。第二轮的第一次一维搜索是由 $\boldsymbol{X}_0^{(2)}$ 沿 x_2 轴方向即 $\boldsymbol{S}=[0\quad 1]^{\mathrm{T}}$，搜索到达 $\boldsymbol{X}_1^{(2)}$，再由 $\boldsymbol{X}_1^{(2)}$ 沿 $\boldsymbol{S}=[s_1^{(1)}\quad s_2^{(1)}]^{\mathrm{T}}$ 即 $\boldsymbol{S}^{(1)}$的方向，搜索到达 $\boldsymbol{X}_2^{(2)}$。接着转步骤(3)计算 $\boldsymbol{S}^{(2)}=\boldsymbol{X}_2^{(2)}-\boldsymbol{X}_0^{(2)}$。注意到 $\boldsymbol{X}_0^{(2)}$ 是由 $\boldsymbol{X}_2^{(1)}$ 沿 $\boldsymbol{S}^{(1)}$方向一维优化得到的，而 $\boldsymbol{X}_2^{(2)}$ 则是由以 $\boldsymbol{X}_1^{(2)}$ 为起点，同样沿 $\boldsymbol{S}^{(1)}$方向作一维优化得到的。结合图 4.9 可知，$\boldsymbol{X}_0^{(2)}$、$\boldsymbol{X}_2^{(2)}$ 就是两平行切线与椭圆族等值线的两个切点，切点的连线方向 $\boldsymbol{S}^{(2)}$就是与 $\boldsymbol{S}^{(1)}$共轭的方向。这样再以 $\boldsymbol{X}_2^{(2)}$ 为起点以 $\boldsymbol{S}^{(2)}$为方向作一维优化搜索时，就可得到该问题的最优点 $\boldsymbol{X}^*$(对于图 4.10，同时也是 $\boldsymbol{X}^{(2)}$)。

(6) 检验终止准则，若满足则退出计算，若不满足，说明虽经过 n 次共轭方向搜索，但尚未获得或接近最优点，因为 n 维问题最多只有 n 个线性独立的共轭方向，所以，应将当前最优点作为新的初始点，转步骤(1)重新再进行一次共轭方向法的求优计算。

如图 4.10 所示，对二维优化问题采用共轭方向法求解，需经过两轮共 6 次的一维搜索，这是因为事先不知道共轭方向，而需用数值方法在优化搜索中逐步构造共轭方向。在完成共轭方向构造后，最后的 n 次一维优化搜索才是共轭方向搜索。在图 4.10 中则是从 $\boldsymbol{X}_1^{(2)}$ 到 $\boldsymbol{X}_2^{(2)}$，再从 $\boldsymbol{X}_2^{(2)}$ 到 X^*这最后 2 次的一维优化搜索。

由图 4.10 也可以看出，两轮 6 次的一维优化搜索，可等效为由 $\boldsymbol{X}_0^{(1)}$ 为起点，沿 $\boldsymbol{S}^{(1)}$的方向一维优化到达 $X^{(1)}$，再以 $X^{(1)}$为起点，沿 $S^{(2)}$的方向一维优化到达 X^*，是分别沿两个共轭方向 $\boldsymbol{S}^{(1)}$、$\boldsymbol{S}^{(2)}$的一维优化搜索。这样与前述的二维问题沿一对共轭方向两次一维优化即可得到最优点的说法也完全吻合。

4.3.5　共轭方向法的适应性问题

总结上述内容，共轭方向法算法的构造基于如下几点。

(1) n 维正定二次函数依次沿 n 个相互共轭的方向作 n 次一维优化搜索可达最优点。

(2) 二维正定二次函数的等值线为同心椭圆族。

(3) 同心椭圆族的任意两平行切线的切点连线方向与该切线的方向，即为共轭方向。

第(1)点是共轭方向法迭代模式的基础，第(2)、(3)点是共轭方向法构造共轭方向的方法依据。因此，共轭方向法对正定二次函数能够通过有限次一维优化而达到极小点。通常称具有这种性质的算法为具有二次收敛性的算法。

对于非二次型的目标函数，由于许多目标函数在极值点附近，都可以用二次函数作很好的近似，如第 2 章图 2.7 所示。而根据上述的分析可知，在共轭方向法求优的共 $n\times(n+1)$ 次的一维优化搜索中，其中的前 n^2 次一维优化搜索是在构造共轭方向，最后的 n 次一维优化搜索才是共轭方向搜索。由图 4.10 可看出，在构造共轭方向的同时，初始点也被拉近到最优点附近，如图中的 $\boldsymbol{X}_1^{(2)}$。也就是说，在正式开始共轭方向搜索时，目标函数与二次函数的近似程度已经大大提高。所以共轭方向法用于非二次的目标函数，也有很好的效果。

造成共轭方向法的搜索失败的原因一般为：①可能是用数值法构造共轭方向误差太大，造成对共轭性条件的满足有偏差，这可能是一维优化结果不够精确或计算机舍入误差造成的；②也可能是目标函数性态与正定对称二次函数相差太大。但由于当前迭代点一般来说都已比较靠近最优点了，至少比原始的初始点改善了很多。所以，可将当前迭代点作为初始点，重新用共轭方向法进行优化计算。这样，又进一步提高了方法的适应性。

4.4 鲍 威 尔 法

4.4.1 引言——共轭方向法的缺陷

如图 4.11 所示的三维优化问题，经三轮搜索，构造了三个共轭向量(方向)$\boldsymbol{S}^{(1)}$、$\boldsymbol{S}^{(2)}$、$\boldsymbol{S}^{(3)}$，并在最后三次的迭代中，依次沿这三个共轭方向进行一维优化搜索而到达极小点。由图中可看出，由于共轭向量是线性独立的，所以三个共轭向量 $\boldsymbol{S}^{(1)}$、$\boldsymbol{S}^{(2)}$、$\boldsymbol{S}^{(3)}$不在同一平面上，迭代搜索在整个三维空间进行。

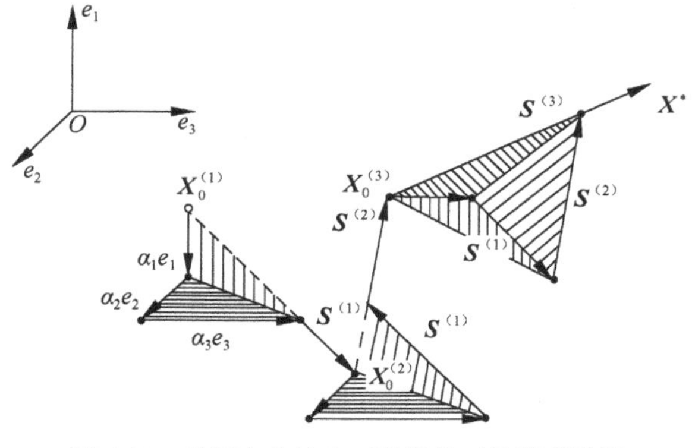

图 4.11　共轭方向法在三维优化时的搜索路线

引言——共轭方向法的缺陷

但是，如果某一次的一维优化的最优步长为零，如第一轮的第一次搜索不成功，$\alpha_1^{(1)}=0$，如图 4.12 所示，则第一个新方向 $\boldsymbol{S}^{(1)}$位于 e_2-O-e_3 平面。这样，在继续搜索过程中所构造的 $\boldsymbol{S}^{(2)}$、$\boldsymbol{S}^{(3)}$也必在同一坐标平面 e_2-O-e_3 内。对于三维空间而言，这三个向量必定是线性相关的，实际上是变成了在二维平面求解三维问题，必然引起搜索的失败。

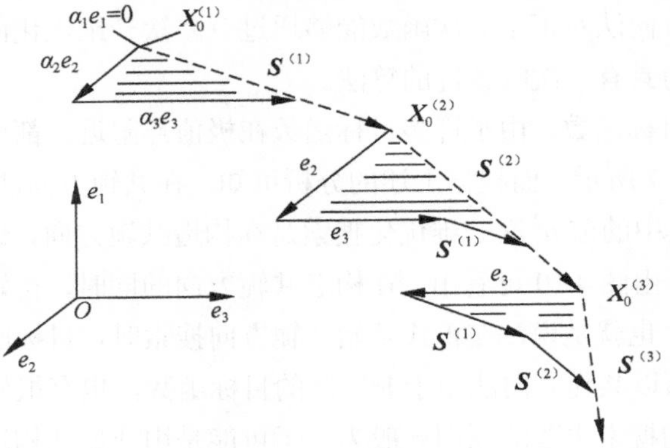

图 4.12　共轭方向法出现降维搜索的示例

为了避免搜索方向的线性相关出现，同时克服由于计算的数值误差等，引起共轭向量组的共轭性退化，即 $\boldsymbol{S}_i^{\mathrm{T}}\boldsymbol{A}\boldsymbol{S}_j=0(i,j=1,2,\cdots,n,i\neq j)$ 的满足程度变差，增强共轭方向法优化搜索的适应性、可靠性。鲍威尔提出了共轭方向法的改进形式——鲍威尔法。

4.4.2　鲍威尔法的方法要点

鲍威尔法与共轭方向法的区别，是在每次获得新方向 $\boldsymbol{S}^{(k)}$ 后，并不是不管好坏地一律去掉前一轮搜索方向组中的第一个方向，再将新方向补于最后。而是以新的搜索方向组有更好的共轭性为依据，进行是否更换方向和选取替换对象的判断，以确保替换后不会引起新搜索方向(向量)组的线性相关，并提高共轭性。当不满足判断准则时，新一轮的搜索仍用上一轮的搜索方向组。判断的准则为

$$\begin{gathered}f_3<f_1\\(f_1-2f_2+f_3)(f_1-f_2-\Delta_m)^2<0.5\Delta_m(f_1-f_3)^2\end{gathered}\tag{4.4.1}$$

式中，$f_1=f(\boldsymbol{X}_0^{(k)})$ 为第 k 轮的初始点 $\boldsymbol{X}_0^{(k)}$ 上的函数值；$f_2=f(\boldsymbol{X}_n^{(k)})$ 为第 k 轮最后一次(第 n 次)一维优化的最优点 $\boldsymbol{X}_n^{(k)}$ 上的函数值；$f_3=f(\boldsymbol{X}_3),\boldsymbol{X}_3=2\boldsymbol{X}_n^{(k)}-\boldsymbol{X}_0^{(k)}$；

$$\Delta_m=\max_{1\leqslant i\leqslant n}\{f(\boldsymbol{X}_{i-1}^{(k)})-f(\boldsymbol{X}_i^{(k)})\}\tag{4.4.2}$$

式(4.4.2)所表达的意义为：在第 k 轮的每一次(共有 n 次)一维优化搜索中，提取出函数值下降量最大的那一次的下降量(用代号 Δ_m 表示)，并记录与次数对应的顺序号为 $m(1\leqslant m\leqslant n)$。

如果判断式(4.4.1)满足，则去掉原搜索方向组(第 k 轮用的)中的第 m 个方向，m 行之后的各方向依次上升一行，空出的最后一行由 $\boldsymbol{S}^{(k)}$ 补上。即淘汰方向的方法与共轭方向法不同，而 $\boldsymbol{S}^{(k)}$ 补充的位置与共轭方向法相同。替换方法为

第 $k+1$ 轮(新)搜索方向组　第 k 轮(旧)搜索方向组

$$\begin{aligned}ss_{i,j}&=ss_{i,j}, & i<m;j=1,2,\cdots,n\\ss_{i,j}&=ss_{i+1,j}, & m\leqslant i\leqslant n-1;j=1,2,\cdots,n\\ss_{n,j}&=s_j^{(k)}, & j=1,2,\cdots,n\end{aligned}\tag{4.4.3}$$

4.4.3 鲍威尔法的迭代计算步骤

鲍威尔法的迭代计算步骤

鲍威尔法的迭代过程与共轭方向法基本相同，差别就在于引入了是否替换方向的判断以及替换方向的方式不同。图 4.13 为二维问题示例。

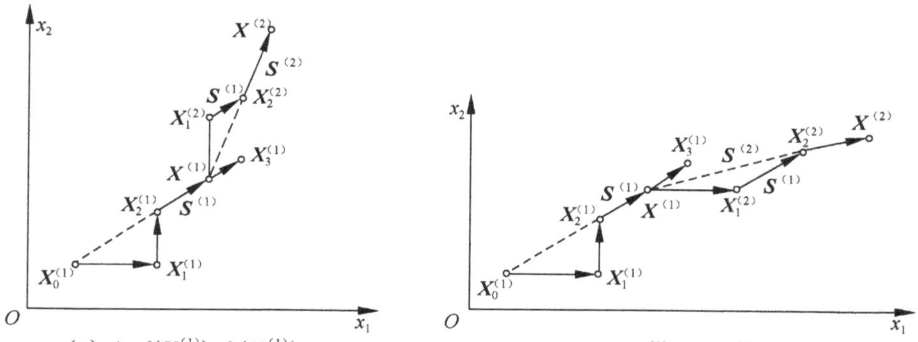

（a）$\varDelta_m=f(\boldsymbol{X}_0^{(1)})-f(\boldsymbol{X}_1^{(1)}), m=1$　　（b）$\varDelta_m=f(\boldsymbol{X}_1^{(1)})-f(\boldsymbol{X}_2^{(1)}), m=2$

图 4.13　鲍威尔法满足判断准则时的搜索路线

(1) 置 $\boldsymbol{SS}$ 数组为 n 阶单位阵，迭代轮次 $k=1$。

(2) $i=1,2,\cdots,n$，顺序取 $\boldsymbol{SS}$ 中的 i 行元素作为搜索方向，做 n 次一维优化搜索。

(3) 计算 $\varDelta_m$，并记录 m。

(4) 计算 $\boldsymbol{S}^{(k)}=\boldsymbol{X}_n^{(k)}-\boldsymbol{X}_0^{(k)}, \boldsymbol{X}_3=2\boldsymbol{X}_n^{(k)}-\boldsymbol{X}_0^{(k)}$。

令 $f_1=f(\boldsymbol{X}_0^{(k)}), f_2=f(\boldsymbol{X}_n^{(k)}), f_3=f(\boldsymbol{X}_3)$。

(5) 检验替换准则：式(4.4.1)，若满足做步骤(6)否则做步骤(7)。

(6) 沿 $\boldsymbol{S}^{(k)}$ 方向作一维优化搜索，得最优点 X^*，根据记录的 m 数值，按鲍威尔法的替换方式，替换搜索方向组。并取下一轮搜索的初始点 $\boldsymbol{X}_0^{k+1}=\boldsymbol{X}^*$，转步骤(8)。

图 4.13(a) 为 $\varDelta_m=f(\boldsymbol{X}_0^{(1)})-f(\boldsymbol{X}_1^{(1)})$，$m=1$ 时的情况；图 4.13(b) 为 $\varDelta_m=f(\boldsymbol{X}_1^{(1)})-f(\boldsymbol{X}_2^{(1)})$，$m=2$ 时的情况。

(7) 比较 f_3 与 f_2，若 $f_3<f_2$，则取 $\boldsymbol{X}_0^{(k+1)}=\boldsymbol{X}_3$，否则取 $\boldsymbol{X}_0^{(k+1)}=\boldsymbol{X}_n^{(k)}$。

(8) 检验终止准则，若满足则退出，否则 $k=k+1$ 转步骤(2)。

终止准则为 $\|\boldsymbol{X}_0^{(k)}-\boldsymbol{X}_n^{(k)}\|\leqslant\varepsilon_1$ 或 $|(f(\boldsymbol{X}_0^{(k)})-f(\boldsymbol{X}_n^{(k)}))/f(\boldsymbol{X}_n^{(k)})|\leqslant\varepsilon_2$。

4.4.4 鲍威尔法算法的 N-S 流程图及说明

与迭代计算相对应的 N-S 流程图如图 4.14 所示。鲍威尔法算法的 N-S 流程图主结构是一个直到型循环，其判断条件就是鲍威尔法的终止准则。循环体内嵌了一个计数循环和选择结构。计数循环体所完成的任务，是从方向组 $\boldsymbol{SS}$ 中顺序取出行元素作为搜索方向，调用一维优化方法，实现 n 次的一维优化搜索。选择结构体以鲍威尔法的替换方向准则为判断条件并作相应处理。N-S 流程图中有些变量、数组名在取名时已考虑到能与编程衔接。因此，流程图中的大部分代号可直接作为程序中的变量、数组名，如 D_m 可直接取名为 DM，f_1、f_2、f_3 直接取名为 F1、F2、F3。

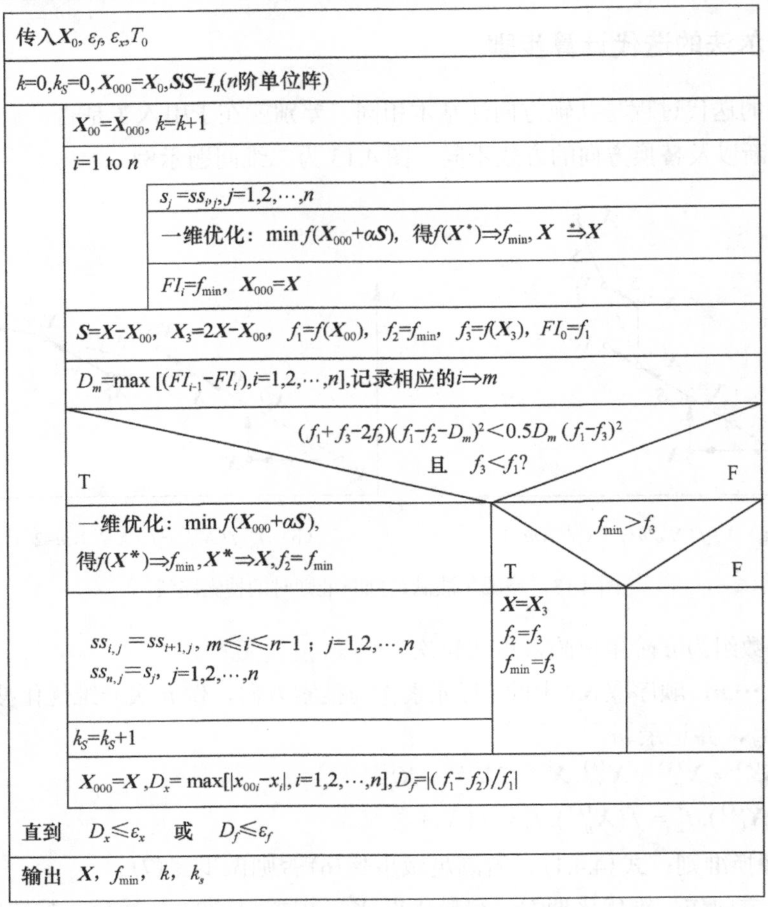

鲍威尔法算法的 N-S 流程图

图 4.14　鲍威尔法算法的 N-S 流程图

流程图中的主要代号的意义如下。

X_0——原始初始点；

X_{00}——每一轮开始时的初始点；

X_{000}——每一次一维优化时的初始点；

X——一维优化的最优点，当满足终止准则时，成为多维优化的最优点 X^*；

S——每次一维优化的搜索方向，并临时存放新构造的搜索方向 $S^{(k)}$；

SS——二维数组($n\times n$)，每行存放 1 个搜索方向，初始为 n 阶单位阵；

FI_i——一维数组 FI 中的第 i 个元素 $FI(i)$，存放本轮第 i 次的一维优化最优值；

k——搜索轮次的累计；

k_S——替换方向的次数累计；

D_m——Δ_m；

f_1、f_2、f_3 代号的意义与前述内容相同。

X_0、X_{00}、X_{000}、X、S 在程序中均为一维数组。

鲍威尔法在每一轮的 n 次一维优化计算后，还要用本轮开始时的初始点计算 X_3 和新方向，因此该初始点必须用一专用数组 $\boldsymbol{X}_{00}$ 来保留。而进入鲍威尔法时的原初始点，一般主调程序还需要使用，所以鲍威尔法程序结束时，原始初始点 $\boldsymbol{X}_0$ 必须保留。而每一次一维优化的初始点 $\boldsymbol{X}_{000}$，是在迭代中不断被替换的，所以在鲍威法程序中，需有 $\boldsymbol{X}_0$、$\boldsymbol{X}_{00}$、$\boldsymbol{X}_{000}$ 三个一维数组分别存放不同意义的初始点，这样也提高了程序的可读性。

4.4.5　鲍威尔法编程要点

鲍威尔法的程序总体结构并不复杂，但由于程序流程图中一些计算过程表达得较为简练，而且使用的变量、数组较多，因此必须在掌握、理解鲍威尔法迭代计算方法原理的基础上，再进行编程。而通过编程、调试又有助于进一步掌握好鲍威尔法。在编程时应注意以下几点。

(1) 鲍威尔法程序过程应作为一个独立的外部子过程(子程序、函数)。

(2) 流程图中凡用黑体字的代号，为优化计算中的向量，相应的计算语句是向量矩阵的计算，应采用数组及相应的程序语句如计数循环来实现。

(3) 流程图中的“一维极小化：$\min f(\boldsymbol{X}_{000}+\alpha\boldsymbol{S})$”表示调用一维优化方法，对目标函数 $f(\boldsymbol{X})$ 作以 $\boldsymbol{X}_{000}$ 为初始点，$\boldsymbol{S}$ 为搜索方向的一维优化。所以在该处应有相应的程序语句调用“进退法”确定一维优化区间[A, B]，调用“黄金分割法”或“二次插值”法计算最优步长，以得到最优值 $f(\boldsymbol{X}^*)$ 和最优点 $\boldsymbol{X}^*$。

(4) 确定 D_m 的要求是从已知的一组数中，找出最大的数，并记录其顺序号。这是程序设计中常见的问题，下面介绍一种通用的程序算法。

算法原理为：首先假设第一个数为最大，并将记录顺序号的变量置为 1，而后将假设的最大数依次与第一个以后的数比较，出现比假定最大数更大的数时，进行相应的更换，算法流程如下。

步骤 1　$D_m = f(\boldsymbol{X}_{00}) - FI_1, m = 1, i = 2$；

步骤 2　$D_{m1} = FI_{i-1} - FI_i$；

步骤 3　若 $D_m<D_{m1}$，则 $D_m = D_{m1}, m = i$，然后转步骤 4；否则直接进入步骤 4；

步骤 4　若 $i<n$，则 $i = i + 1$ 转步骤 2，否则结束。

其中步骤 2～步骤 4 可用计数循环体($i = 2, 3, \cdots, n$)来完成。

(5) 流程图中的计算表达式与算法，首先是考虑程序的可读性，对于有一定编程基础的学习者，亦可从提高程序的执行速度，减少存储量为出发点，作相应的修改，例如，D_m 与 m 的确定，可不需使用数组 FI 而放在流程图中的计数循环体内完成。

4.4.6　鲍威尔法应用中的若干问题

鲍威尔法是由共轭方向法改进而来的，虽然在新的搜索方向(共轭方向)的构造上，两者是相同的，但鲍威尔法增加了对搜索方向组中 n 个方向的线性独立性与共轭性的判断，以确保新一轮的搜索方向组的线性独立性、共轭性不低于旧的搜索方向组。即通过比较来决定新方向是否可用，以及替换方向的对象。因此，鲍威尔法对目标函数的适应性比共轭方向法更好，被认为是不用导数信息的优化方法中，最为有效的方法。

对于 n 维优化问题，采用鲍威尔法求解，一般都要进行 $n \times n$ 次以上的一维优化搜索。当目标函数的维数较高，函数构成复杂时，使用鲍威尔法就会有计算量大、收敛较慢的问题。一般建议该方法适用的目标函数的维数以低于 50 为宜。

此外，如果鲍威尔法的初始搜索方向组中的坐标轴方向不能及时被新构造的搜索方向所替换，或只作了很少替换，则整个优化搜索过程是坐标轮换法在起主要作用，这可能会导致难以收敛或最终结果不准确。这种情况有可能出现在目标函数的性态与正定二次函数相差很大时，因此对于复杂的目标函数，若采用鲍威尔法求解，最好记录搜索方向组替换的情况，以助于把握计算结果的准确程度。

4.4.7 鲍威尔法算例

【例 4.1】 用鲍威尔(Powell)法求函数 $f(\boldsymbol{X}) = 10(x_1 + x_2 - 5)^2 + (x_1 - x_2)^2$ 的极小值。

解 初始点取 $\boldsymbol{X}_0^{(1)} = \boldsymbol{X}^{(0)} = [0 \quad 0]^{\mathrm{T}}$，因此 $f(\boldsymbol{X}_0^{(1)}) = 250$。

第 1 轮搜索方向，取两坐标轴的单位向量。即取

$$\boldsymbol{S}_1^{(1)} = \boldsymbol{e}_1 = [1 \quad 0]^{\mathrm{T}}, \quad \boldsymbol{S}_2^{(1)} = \boldsymbol{e}_2 = [0 \quad 1]^{\mathrm{T}}$$

从初始点 $\boldsymbol{X}_0^{(1)} = [0 \quad 0]^{\mathrm{T}}$ 出发，首先沿 $\boldsymbol{S}_1^{(1)}$ 方向进行一维最优化搜索，求 $\boldsymbol{X}_1^{(1)}$ 点，即求解

$$f(\boldsymbol{X}_0^{(1)} + \alpha_1^{(1)}\boldsymbol{S}_1^{(1)}) = \min f(\boldsymbol{X}_0^{(1)} + \alpha\boldsymbol{S}_1^{(1)})$$

为此，需先求出最优步长 $\alpha_1^{(1)}$，而后代入式 $\boldsymbol{X}_1^{(1)} = \boldsymbol{X}_0^{(1)} + \alpha_1^{(1)}\boldsymbol{S}_1^{(1)}$，即可求出以 $\boldsymbol{X}_0^{(1)} = [0 \quad 0]^{\mathrm{T}}$ 为初始点，沿 $\boldsymbol{S}_1^{(1)}$ 方向进行一维优化求解的最优点 $\boldsymbol{X}_1^{(1)}$。

因为 $\boldsymbol{X}_0^{(1)}$、$\boldsymbol{S}_1^{(1)}$ 已知，由第 3 章的概念可得：$f(\boldsymbol{X}_0^{(1)} + \alpha\boldsymbol{S}_1^{(1)}) = F(\alpha)$。由于本例的目标函数较简单，所以，对 $\min f(\boldsymbol{X}_0^{(1)} + \alpha\boldsymbol{S}_1^{(1)}) = \min F(\alpha)$ 的求解，采用解析法求极值。

因为

$$\boldsymbol{X}_0^{(1)} + \alpha\boldsymbol{S}_1^{(1)} = \begin{bmatrix} 0 \\ 0 \end{bmatrix} + \alpha\begin{bmatrix} 1 \\ 0 \end{bmatrix} = \begin{bmatrix} \alpha \\ 0 \end{bmatrix} = [\alpha \quad 0]^{\mathrm{T}}$$

所以

$$\begin{aligned} F(\alpha) &= f(\boldsymbol{X}_0^{(1)} + \alpha\boldsymbol{S}_1^{(1)}) = 10(\alpha + 0 - 5)^2 + (\alpha - 0)^2 \\ &= 11\alpha^2 - 100\alpha + 250 \end{aligned}$$

令

$$\frac{\mathrm{d}F(\alpha)}{\mathrm{d}\alpha} = \frac{\mathrm{d}f(\boldsymbol{X}_0^{(1)} + \alpha\boldsymbol{S}_1^{(1)})}{\mathrm{d}\alpha} = 0$$

得

$$22\alpha - 100 = 0, \quad \alpha = 50/11 = \alpha_1^{(1)}$$

故可计算得

$$\boldsymbol{X}_1^{(1)} = \boldsymbol{X}_0^{(1)} + \alpha_1^{(1)}\boldsymbol{S}_1^{(1)} = \begin{bmatrix} 0 \\ 0 \end{bmatrix} + \frac{50}{11}\begin{bmatrix} 1 \\ 0 \end{bmatrix} = \begin{bmatrix} 4.5455 \\ 0 \end{bmatrix}$$

而函数值

$$f(\boldsymbol{X}_1^{(1)})=10(4.5455-5)^2+(4.5455)^2=22.7273$$

再从 $\boldsymbol{X}_1^{(1)}$ 点出发，沿 $\boldsymbol{S}_2^{(1)}=[0\quad 1]^{\mathrm{T}}$ 方向进行一维最优化搜索，求 $\boldsymbol{X}_2^{(1)}$ 点：

$$\boldsymbol{X}_1^{(1)}+\alpha\boldsymbol{S}_2^{(1)}=\begin{bmatrix}4.5455\\0\end{bmatrix}+\alpha\begin{bmatrix}0\\1\end{bmatrix}=\begin{bmatrix}4.5455\\\alpha\end{bmatrix}=[4.5455\quad \alpha]^{\mathrm{T}}$$

$$F(\alpha)=f(\boldsymbol{X}_1^{(1)}+\alpha\boldsymbol{S}_2^{(1)})=10(4.5455+\alpha-5)^2+(4.5455-\alpha)^2$$

令

$$\frac{\mathrm{d}f(\boldsymbol{X}_1^{(1)}+\alpha\boldsymbol{S}_2^{(1)})}{\mathrm{d}\alpha}=0$$

得

$$20(4.5455+\alpha-5)-2(4.5455-\alpha)=0,\alpha=0.8264=\alpha_2^{(1)}$$

故求得

$$\boldsymbol{X}_2^{(1)}=\boldsymbol{X}_1^{(1)}+\alpha_2^{(1)}\boldsymbol{S}_2^{(1)}=\begin{bmatrix}4.5455\\0\end{bmatrix}+0.8264\begin{bmatrix}0\\1\end{bmatrix}=\begin{bmatrix}4.5455\\0.8264\end{bmatrix}$$

而函数值 $f(\boldsymbol{X}_2^{(1)})=10(4.5455+0.8264-5)^2+(4.5455-0.8264)^2=15.2148$。

计算 $\boldsymbol{X}_3^{(1)}=2\boldsymbol{X}_2^{(1)}-\boldsymbol{X}_0^{(1)}$，得

$$\boldsymbol{X}_3^{(1)}=2\begin{bmatrix}4.5455\\0.8264\end{bmatrix}-\begin{bmatrix}0\\0\end{bmatrix}=\begin{bmatrix}9.0910\\1.6528\end{bmatrix}$$

$$f(\boldsymbol{X}_3^{(1)})=385.2392$$

计算各点函数值之差，并确定其中差值最大者 $\Delta_m^{(1)}$，即

$$f(\boldsymbol{X}_0^{(1)})-f(\boldsymbol{X}_1^{(1)})\ =250-22.7273=227.2727$$

$$f(\boldsymbol{X}_1^{(1)})-f(\boldsymbol{X}_2^{(1)})\ =22.7273-15.2148=7.5125$$

所以 $\Delta_m^{(1)}=f(\boldsymbol{X}_0^{(1)})-f(\boldsymbol{X}_1^{(1)})=227.2727, m=1$。

用判断准则式(4.4.1)检验

$$f_3=f(\boldsymbol{X}_3^{(1)})=385.2392>f_1=f(\boldsymbol{X}_0^{(1)})=250$$

式(4.4.1)中的第二式不必计算，即可判定第 2 轮搜索应仍用原方向组的方向 $\boldsymbol{S}_1^{(1)}$、$\boldsymbol{S}_2^{(1)}$，即 $\boldsymbol{S}_1^{(2)}=\boldsymbol{S}_1^{(1)}=\boldsymbol{e}_1=[1\quad 0]^{\mathrm{T}},\boldsymbol{S}_2^{(2)}=\boldsymbol{S}_2^{(1)}=\boldsymbol{e}_2=[0\quad 1]^{\mathrm{T}}$。

由于 $f_2<f_3$，第 2 轮搜索的初始点应定为

$$\boldsymbol{X}_2^{(1)}\text{，即 }\boldsymbol{X}_0^{(2)}=\boldsymbol{X}_2^{(1)}=[4.5455\quad 0.8264]^{\mathrm{T}}$$

$$f(\boldsymbol{X}_0^{(2)})=15.2148$$

迭代过程与第 1 轮相同，重复上述步骤进行计算。从 $\boldsymbol{X}_0^{(2)}$ 出发沿 $\boldsymbol{S}_1^{(2)}$ 方向进行一维最优化搜索，找到最优点 $\boldsymbol{X}_1^{(2)}=[3.8693\quad 0.8264]^{\mathrm{T}}$，再从 $\boldsymbol{X}_1^{(2)}$ 出发沿 $\boldsymbol{S}_2^{(2)}$ 方向进行一维最优化搜索，找到最优点 $\boldsymbol{X}_2^{(2)}=[3.8693\quad 1.3797]^{\mathrm{T}}$，并且算出

$$X_3^{(2)} = 2X_2^{(2)} - X_0^{(2)} = 2\times\begin{bmatrix}3.8693\\1.3797\end{bmatrix} - \begin{bmatrix}4.5455\\0.8264\end{bmatrix} = \begin{bmatrix}3.1931\\1.9330\end{bmatrix}$$

$$f_1 = f(X_0^{(2)}) = 15.2148$$

$$f_2 = f(X_2^{(2)}) = 6.8181$$

$$f_3 = f(X_3^{(2)}) = 1.7469$$

$$f(X_1^{(2)}) = 10.1852$$

计算各点函数之差，并确定其中差值最大者 $\Delta_m^{(2)}$，即

$$f(X_0^{(2)}) - f(X_1^{(2)}) = 15.2148 - 10.1852 = 5.0296$$

$$f(X_1^{(2)}) - f(X_2^{(2)}) = 10.1852 - 6.8181 = 3.3671$$

所以

$$\Delta_m^{(2)} = f(X_0^{(2)}) - f(X_1^{(2)}) = 5.0296, m = 1$$

用判断准则检验

$$f_3 = 1.7469 < f_1 = 15.2148$$

$$(f_1 - 2f_2 + f_3)(f_1 - f_2 - \Delta_m^{(2)})^2 = (15.2148 - 2\times 6.8181 + 1.7469)(15.2148 - 6.8181 - 5.0296)^2 = 37.7024$$

$$0.5\Delta_m^{(2)}(f_1 - f_3)^2 = 0.5\times 5.0296(15.2148 - 1.7469)^2 = 456.1453$$

所以

$$(f_1 - 2f_2 + f_3)(f_1 - f_2 - \Delta_m^{(2)})^2 < 0.5\Delta_m^{(2)}(f_1 - f_3)^2$$

式(4.4.1)所示的判断条件成立，需计算新方向，记为

$$S_3^{(2)} = X_2^{(2)} - X_0^{(2)} = \begin{bmatrix}3.8693\\1.3797\end{bmatrix} - \begin{bmatrix}4.5455\\0.8264\end{bmatrix} = \begin{bmatrix}-0.6762\\0.5533\end{bmatrix}$$

以 $X_2^{(2)}$ 为起点，沿 $S_3^{(2)}$ 方向进行一维优化，可求得

$$X_3^{(2)} = [2.500026 \quad 2.500128]^{\mathrm{T}}, \quad f(X_3^{(2)}) = 3.412\times 10^{-8}$$

检验终止准则，显然不满足(计算略)。需进行新一轮的优化搜索，新一轮的优化搜索应采用新的方向组，因为 $m = 1$，所以

$$S_1^{(3)} = S_2^{(2)} = e_2 = [0 \quad 1]^{\mathrm{T}}$$

$$S_2^{(3)} = S_3^{(2)} = [-0.6762 \quad 0.5533]^{\mathrm{T}}$$

即去掉了原方向组中与 $\Delta_m^{(2)}$ 相应的方向 $S_1^{(2)}$。

第 3 轮搜索的初始点 $X_0^{(3)}$ 应选在 $X_3^{(2)}$。

$$X_0^{(3)} = X_3^{(2)} = [2.500026 \quad 2.500128]^{\mathrm{T}}$$

最后求得最优点为(取小数点后六位)

$$X^* = [2.500000 \quad 2.500000]^T, \quad f(X^*) = 0.000000$$

由上述例题可见，虽然 Powell 法利用了共轭方向，在接近最优点附近具有二次收敛性，但计算速度并不很快。以二维函数为例，每轮要进行 2～3 次的一维优化搜索。不过该方法不需计算函数导数而只计算函数值，所以在工程应用中，仍然是很方便和有效的一种算法。

4.5　梯　度　法

4.5.1　基本方法

梯度法的基本方法是以目标函数的最速下降方向——负梯度方向为搜索方向，调用一维优化方法求得一维最优点，并求出该最优点上(第一次为初始点)的梯度，以该最优点为新的初始点再作一维优化，这样反复迭代直至满足终止准则，其迭代计算式为

$$\left.\begin{aligned} \boldsymbol{S}^{(k)} &= -\frac{\nabla f(\boldsymbol{X}^{(k)})}{\|\nabla f(\boldsymbol{X}^{(k)})\|} \\ \boldsymbol{X}^{(k+1)} &= \boldsymbol{X}^{(k)} + \alpha^{(k)}\boldsymbol{S}^{(k)} \\ f(\boldsymbol{X}^{(k+1)}) &= \min_{\alpha} f(\boldsymbol{X}^{(k)} + \alpha\boldsymbol{S}^{(k)}) \end{aligned}\right\} \tag{4.5.1}$$

梯度法迭代计算的 N-S 流程图如图 4.15 所示。

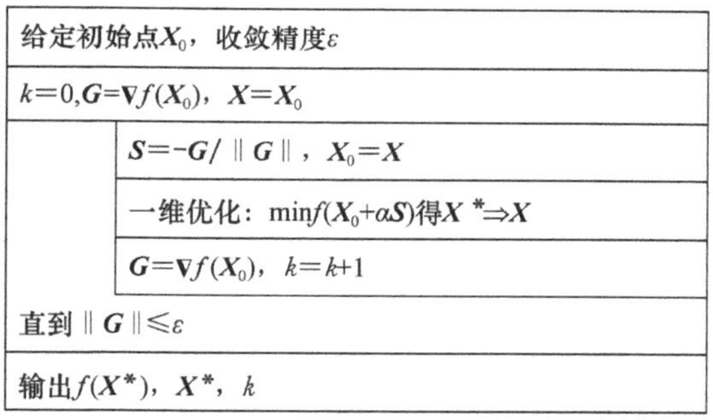
给定初始点X_0，收敛精度ε
$k=0, G=\nabla f(X_0)$，$X=X_0$
$S=-G/\|G\|$，$X_0=X$
一维优化：$\min f(X_0+\alpha S)$得$X^*\Rightarrow X$
$G=\nabla f(X_0)$，$k=k+1$
直到$\|G\|\leqslant\varepsilon$
输出$f(X^*)$，X^*，k

图 4.15　梯度法迭代计算的 N-S 流程图

4.5.2　梯度法的优化效能评价

梯度法的迭代路线如图 4.16 所示。由于相邻两次迭代的搜索方向是两相邻迭代点的负梯度方向，而且一维搜索是采用最优步长法，因此两搜索方向必正交，从而整个搜索过程的路线呈直角锯齿形状，并且越接近极小点，齿距越密，收敛速度就越慢。原因在于负梯度方向最速下降的局部性，即对某已知点 $\boldsymbol{X}^{(k)}$，其负梯度方向 $\boldsymbol{S}^{(k)}$ 的最速下降特性，仅仅是对该点而言的，$\boldsymbol{S}^{(k)}$ 方向不具有全程最速下降的性质。一旦离

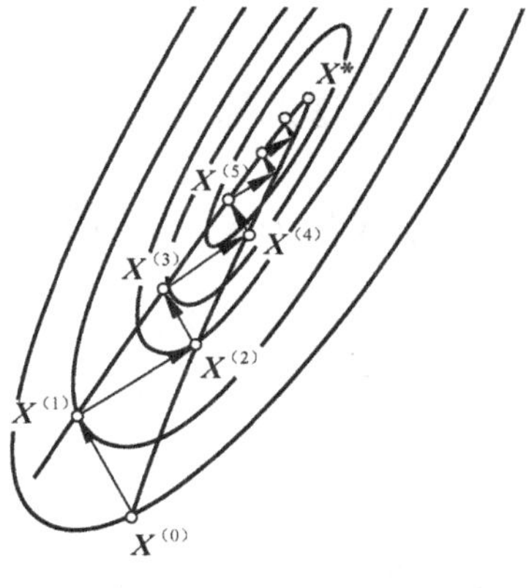

图 4.16　梯度法的收敛过程

开了 $\boldsymbol{X}^{(k)}$ 点，$\boldsymbol{S}^{(k)}$ 方向线上的各点均有各自的最速下降方向，因此沿该方向寻优，显然不可能是效益最高的结果。

梯度法的优点是迭代过程简单，要求的存储量少，而且在远离极小点时，函数下降比较快。因此，常将它与其他方法结合，在计算的前期使用负梯度方向，当接近极小点时，再改用其他方向。

4.6 牛 顿 法

4.6.1 牛顿法概述

牛顿法的基本思路为：根据已知点 $\boldsymbol{X}^{(k)}$，构造一条过 $(\boldsymbol{X}^{(k)},f(\boldsymbol{X}^{(k)}))$ 点的二次曲线，求出该曲线的极小点。若这一极小点与 $f(\boldsymbol{X})$ 的最优点($f(\boldsymbol{X})$ 的极小点)的误差太大，则以该极小点替换上述的 $\boldsymbol{X}^{(k)}$，重复以上步骤。这样，就可不断地用构造的二次曲线的极小点，逐步逼近到 $f(\boldsymbol{X})$ 的极小点，图 4.17 为 $n=1$ 时的示意图。

牛顿法的搜索路线

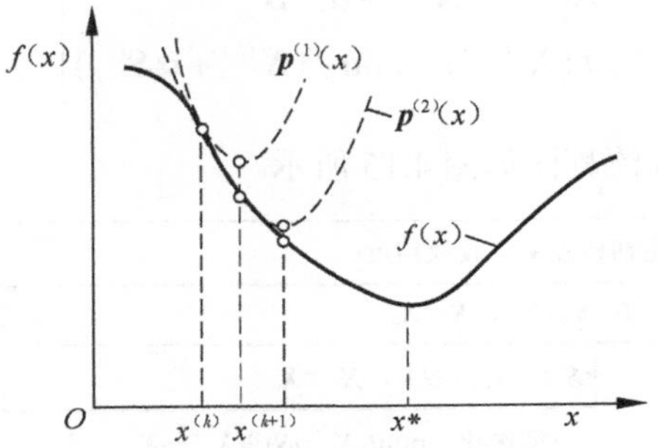

图 4.17　牛顿法的搜索路线

由上述基本思路及图 4.17 可以看出，牛顿法的关键为：

(1) 如何构造出过 $(\boldsymbol{X}^{(k)},f(\boldsymbol{X}^{(k)}))$ 点的二次曲线方程；

(2) 如何求取多元二次曲线的极值点。

4.6.2 节主要解决这两个问题。

4.6.2 牛顿法的原理与迭代式

1. 过 $(\boldsymbol{X}^{(k)},f(\boldsymbol{X}^{(k)}))$ 点的二次曲线方程

由第 2 章中的“多元函数的泰勒近似式”可知，多元函数在已知点附近可用二次曲线来近似。即在 $\boldsymbol{X}^{(k)}$ 点处对 $f(\boldsymbol{X})$ 用多元泰勒展开式展开，并取前两项

$$f(\boldsymbol{X})\approx f(\boldsymbol{X}^{(k)})+[\nabla f(\boldsymbol{X}^{(k)})]^{\mathrm{T}}\Delta\boldsymbol{X}+\frac{1}{2}\Delta\boldsymbol{X}^{\mathrm{T}}\boldsymbol{H}(\boldsymbol{X}^{(k)})\Delta\boldsymbol{X} \tag{4.6.1}$$

式(4.6.1)的右边，就是过 $(\boldsymbol{X}^{(k)},f(\boldsymbol{X}^{(k)}))$ 点且与 $f(\boldsymbol{X})$ 误差最小的二次曲线方程，将其用 $P(\boldsymbol{X})$

表示

$$\left.\begin{aligned} &P(\boldsymbol{X})=f(\boldsymbol{X}^{(k)})+[\nabla f(\boldsymbol{X}^{(k)})]^{\mathrm{T}}\Delta\boldsymbol{X}+\frac{1}{2}\Delta\boldsymbol{X}^{\mathrm{T}}\boldsymbol{H}(\boldsymbol{X}^{(k)})\Delta\boldsymbol{X} \\ &\Delta\boldsymbol{X}=\boldsymbol{X}-\boldsymbol{X}^{(k)} \end{aligned}\right\} \tag{4.6.2}$$

2. 求二次曲线 $P(\boldsymbol{X})$ 的极小点

注意到式(4.6.2)中，仅 $\Delta\boldsymbol{X}=\boldsymbol{X}-\boldsymbol{X}^{(k)}$ 为变量，由向量函数梯度公式可得

$$P'(\boldsymbol{X})=\nabla f(\boldsymbol{X}^{(k)})+\boldsymbol{H}(\boldsymbol{X}^{(k)})(\boldsymbol{X}-\boldsymbol{X}^{(k)})$$

令 $P'(\boldsymbol{X})=0$，则

$$\nabla f(\boldsymbol{X}^{(k)})+\boldsymbol{H}(\boldsymbol{X}^{(k)})(\boldsymbol{X}-\boldsymbol{X}^{(k)})=0 \tag{4.6.3}$$

若黑塞矩阵 $\boldsymbol{H}(\boldsymbol{X}^{(k)})$ 正定，则 $\boldsymbol{H}(\boldsymbol{X}^{(k)})$ 可逆，将 $[\boldsymbol{H}(\boldsymbol{X}^{(k)})]^{-1}$ 左乘式(4.6.3)可得

$$[\boldsymbol{H}(\boldsymbol{X}^{(k)})]^{-1}\nabla f(\boldsymbol{X}^{(k)})+\boldsymbol{I}_n(\boldsymbol{X}-\boldsymbol{X}^{(k)})=0$$

式中，$\boldsymbol{I}_n$ 表示 n 阶单位阵。

则 $P(\boldsymbol{X})$ 的极值点

$$\boldsymbol{X}'=\boldsymbol{X}^{(k)}-[\boldsymbol{H}(\boldsymbol{X}^{(k)})]^{-1}\nabla f(\boldsymbol{X}^{(k)}) \tag{4.6.4}$$

3. 牛顿法迭代式

因 $P(\boldsymbol{X})$ 的极值点 $\boldsymbol{X}'$ 是用于构造新的过 $(\boldsymbol{X}', f(\boldsymbol{X}'))$ 点的二次曲线的，即式(4.6.4)中的 $\boldsymbol{X}'$ 是一个新迭代点，所以可令 $\boldsymbol{X}^{(k+1)}=\boldsymbol{X}'$，由式(4.6.4)可得

$$\boldsymbol{X}^{(k+1)}=\boldsymbol{X}^{(k)}-[\boldsymbol{H}(\boldsymbol{X}^{(k)})]^{-1}\nabla f(\boldsymbol{X}^{(k)}) \tag{4.6.5}$$

式(4.6.5)即为牛顿法的基本迭代式。

4.6.3　广义牛顿法

由牛顿法的原理可知，当目标函数为二次函数时，因为泰勒近似式是二次函数的标准式，$P(\boldsymbol{X})=f(\boldsymbol{X})$，所以 $P(\boldsymbol{X})$ 的极值点 $\boldsymbol{X}'$ 就是目标函数的极值点 $\boldsymbol{X}^*$。这样，只需一次计算即可收敛于目标函数的极小点。若目标函数不是二次函数，由于是用二次函数去近似目标函数，那么，采用牛顿法迭代计算时，如果初始点选择不当，很可能无法收敛于目标函数极小点。因此，要求初始点 $\boldsymbol{X}^{(0)}$ 不能离目标函数极值点(最优点)太远，一般要求 $\|\boldsymbol{X}^{(0)}-\boldsymbol{X}^*\|<1$。针对牛顿法对初始点的选取较严格，可作如下改进。

分析式(4.6.4)，牛顿法迭代式 $\boldsymbol{X}^{(k+1)}=\boldsymbol{X}^{(k)}-[\boldsymbol{H}(\boldsymbol{X}^{(k)})]^{-1}\nabla f(\boldsymbol{X}^{(k)})$ 可等效为

$$\left.\begin{aligned} &\boldsymbol{X}^{(k+1)}=\boldsymbol{X}^{(k)}+\alpha^{(k)}\boldsymbol{S}^{(k)} \\ &\boldsymbol{S}^{(k)}=-[\boldsymbol{H}(\boldsymbol{X}^{(k)})]^{-1}\nabla f(\boldsymbol{X}^{(k)}) \\ &\alpha^{(k)}=1 \end{aligned}\right\} \tag{4.6.6}$$

若在迭代中对式(4.6.6)中的$\alpha^{(k)}$不取1，而是对$\alpha^{(k)}$求一维优化的最优步长，则式(4.6.6)改变为

$$\left.\begin{aligned}&\boldsymbol{X}^{(k+1)}=\boldsymbol{X}^{(k)}+\alpha^{(k)}\boldsymbol{S}^{(k)}\\&f(\boldsymbol{X}^{(k)}+\alpha^{(k)}\boldsymbol{S}^{(k)})=\min f(\boldsymbol{X}^{(k)}+\alpha\boldsymbol{S}^{(k)})\\&\boldsymbol{S}^{(k)}=-[\boldsymbol{H}(\boldsymbol{X}^{(k)})]^{-1}\nabla f(\boldsymbol{X}^{(k)})\end{aligned}\right\}\tag{4.6.7}$$

式(4.6.7)是牛顿法的一种改进形式，称为广义牛顿法或阻尼牛顿法。

4.7 变尺度法

4.7.1 引言——牛顿法的缺陷

广义牛顿法虽然改进了牛顿法对初始点要求严格的缺点。但由于牛顿法在每一个迭代点上，都需计算目标函数的全部二阶导数，以此构造黑塞矩阵，并计算黑塞矩阵的逆矩阵。这在实际应用中不仅十分麻烦，而且常常难以做到。另外，只要在某一个迭代点$\boldsymbol{X}^{(k)}$上，黑塞矩阵$\boldsymbol{H}(\boldsymbol{X}^{(k)})$非正定，就无法得到其逆矩阵$[\boldsymbol{H}(\boldsymbol{X}^{(k)})]^{-1}$，迭代计算就将终止而导致失败。为克服这些缺陷，产生了不用计算黑塞矩阵逆矩阵的广义牛顿法的改进形式——变尺度法。

4.7.2 变尺度法的方法原理

1. 基本思路

在应用广义牛顿法进行迭代时，不用计算黑塞矩阵和它的逆阵，而是构造一个近似矩阵$\boldsymbol{H}^{(k)}$来代替黑塞矩阵的逆矩阵$[\boldsymbol{H}(\boldsymbol{X}^{(k)})]^{-1}$，并在迭代过程中，不断修正$\boldsymbol{H}^{(k)}$(故称为变尺度矩阵)使其逐渐逼近$[\boldsymbol{H}(\boldsymbol{X}^{(k)})]^{-1}$。

2. 构造变尺度矩阵$\boldsymbol{H}^{(k)}$的基本要求

(1)$\boldsymbol{H}^{(k)}$必须使$\boldsymbol{S}^{(k)}=-\boldsymbol{H}^{(k)}\nabla f(\boldsymbol{X}^{(k)})$为函数值下降的方向。这一要求相应的条件为$\boldsymbol{S}^{(k)}$与$-\nabla f(\boldsymbol{X}^{(k)})$之间的夹角小于90°，即

$$-[\nabla f(\boldsymbol{X}^{(k)})]^{\mathrm{T}}\boldsymbol{S}^{(k)}>0\tag{4.7.1}$$

由于$\boldsymbol{S}^{(k)}=-\boldsymbol{H}^{(k)}\nabla f(\boldsymbol{X}^{(k)})$，代入式(4.7.1)整理可得

$$-[\nabla f(\boldsymbol{X}^{(k)})]^{\mathrm{T}}\boldsymbol{S}^{(k)}=[\nabla f(\boldsymbol{X}^{(k)})]^{\mathrm{T}}\boldsymbol{H}^{(k)}\nabla f(\boldsymbol{X}^{(k)})>0,\quad k=0,1,2,\cdots$$

所以只要构造的矩阵$\boldsymbol{H}^{(k)}$为对称正定矩阵，$\boldsymbol{S}^{(k)}$就是函数值下降方向。$\boldsymbol{H}^{(k)}$初始可取单位阵，相应的第一次搜索方向就是最速下降方向。

(2)$\boldsymbol{H}^{(k)}$应能够最终逼近到$[\boldsymbol{H}(\boldsymbol{X}^{*})]^{-1}$。这一要求的实质是$\boldsymbol{S}^{(k)}$最终要逼近牛顿方向$-[\boldsymbol{H}(\boldsymbol{X}^{(k)})]^{-1}\nabla f(\boldsymbol{X}^{(k)})$，所以称为拟牛顿条件。

将目标函数展开为泰勒近似式

$$f(\boldsymbol{X})\approx f(\boldsymbol{X}^{(k)})+[\nabla f(\boldsymbol{X}^{(k)})]^{\mathrm{T}}[\boldsymbol{X}-\boldsymbol{X}^{(k)}]+\frac{1}{2}[\boldsymbol{X}-\boldsymbol{X}^{(k)}]^{\mathrm{T}}\boldsymbol{H}(\boldsymbol{X}^{(k)})[\boldsymbol{X}-\boldsymbol{X}^{(k)}]$$

并求其梯度 $\nabla f(\boldsymbol{X})$，则

$$\nabla f(\boldsymbol{X}) \approx \nabla f(\boldsymbol{X}^{(k)}) + \boldsymbol{H}(\boldsymbol{X}^{(k)})[\boldsymbol{X} - \boldsymbol{X}^{(k)}] \tag{4.7.2}$$

令 $\boldsymbol{G} = \nabla f(\boldsymbol{X})$，并记 $\boldsymbol{G}^{(k)} = \nabla f(\boldsymbol{X}^{(k)})$，设 $\boldsymbol{X}^{(k+1)}$ 为极值点附近的第 $k+1$ 次的迭代点。由式(4.7.2)可得

$$\boldsymbol{G}^{(k+1)} = \nabla f(\boldsymbol{X}^{(k+1)}) = \boldsymbol{G}^{(k)} + \boldsymbol{H}(\boldsymbol{X}^{(k)})[\boldsymbol{X}^{(k+1)} - \boldsymbol{X}^{(k)}]$$

所以

$$\boldsymbol{G}^{(k+1)} - \boldsymbol{G}^{(k)} = \boldsymbol{H}(\boldsymbol{X}^{(k)})[\boldsymbol{X}^{(k+1)} - \boldsymbol{X}^{(k)}] \tag{4.7.3}$$

若 $\boldsymbol{H}(\boldsymbol{X}^{(k)})$ 可逆，用 $[\boldsymbol{H}(\boldsymbol{X}^{(k)})]^{-1}$ 左乘式(4.7.3)可得

$$[\boldsymbol{H}(\boldsymbol{X}^{(k)})]^{-1}(\boldsymbol{G}^{(k+1)} - \boldsymbol{G}^{(k)}) = \boldsymbol{X}^{(k+1)} - \boldsymbol{X}^{(k)} \tag{4.7.4}$$

式(4.7.4)表明了 $[\boldsymbol{H}(\boldsymbol{X}^{(k)})]^{-1}$ 与前后两个迭代点的向量差 $(\boldsymbol{X}^{(k+1)} - \boldsymbol{X}^{(k)})$ 和梯度向量差 $(\boldsymbol{G}^{(k+1)} - \boldsymbol{G}^{(k)})$ 之间的基本关系。

假设迭代过程已进行到第 $k+1$ 步，$\boldsymbol{X}^{(k+1)}$、$\boldsymbol{X}^{(k)}$ 和 $\boldsymbol{G}^{(k+1)}$、$\boldsymbol{G}^{(k)}$ 均已求得，构造变尺度矩阵引用的信息为当前已知的结果，按迭代次序记号，所构造的变尺度矩阵应为 $\boldsymbol{H}^{(k+1)}$，因要求变尺度矩阵最终逼近到 $[\boldsymbol{H}(\boldsymbol{X}^*)]^{-1}$，所以由 $\boldsymbol{X}^{(k+1)}$ 点及前一个点的信息构造的变尺度矩阵 $\boldsymbol{H}^{(k+1)}$ 就应该替代 $[\boldsymbol{H}(\boldsymbol{X}^{(k)})]^{-1}$ 并满足式(4.7.4)即

$$\boldsymbol{H}^{(k+1)}(\boldsymbol{G}^{(k+1)} - \boldsymbol{G}^{(k)}) = \boldsymbol{X}^{(k+1)} - \boldsymbol{X}^{(k)} \tag{4.7.5}$$

令

$$\Delta\boldsymbol{X}^{(k)} = \boldsymbol{X}^{(k+1)} - \boldsymbol{X}^{(k)}, \quad \Delta\boldsymbol{G}^{(k)} = \boldsymbol{G}^{(k+1)} - \boldsymbol{G}^{(k)}$$

则得

$$\boldsymbol{H}^{(k+1)}\Delta\boldsymbol{G}^{(k)} = \Delta\boldsymbol{X}^{(k)} \tag{4.7.6}$$

式(4.7.6)就是变尺度矩阵 $\boldsymbol{H}^{(k+1)}$ 应满足的基本关系式。称为 DFP 条件，或拟牛顿条件。这是构造变尺度矩阵的依据。同时，由式(4.7.6)可看出，若按拟牛顿条件来构造变尺度矩阵，则只要用到迭代点及其梯度的信息，即 $\Delta\boldsymbol{X}^{(k)}$ 和 $\Delta\boldsymbol{G}^{(k)}$，而不必计算二阶偏导数。

4.7.3　变尺度矩阵计算式及迭代公式

为适应迭代计算的需要，希望变尺度矩阵有如下递推形式，即

$$\boldsymbol{H}^{(k+1)} = \boldsymbol{H}^{(k)} + \boldsymbol{E}^{(k)}, \quad k = 0,1,2,\cdots \tag{4.7.7}$$

式中，$\boldsymbol{E}^{(k)}$ 称为第 k 次的校正矩阵，要求它只依赖当前的已知点 $\boldsymbol{X}^{(k+1)}$、$\boldsymbol{X}^{(k)}$ 及其梯度 $\boldsymbol{G}^{(k+1)}$、$\boldsymbol{G}^{(k)}$。当 $k=0$ 时，取 $\boldsymbol{H}^{(0)} = \boldsymbol{I}_n$，即第 1 步搜索是用负梯度方向。这样只要在接下来的迭代点上，按拟牛顿条件计算出校正矩阵 $\boldsymbol{E}^{(k)}$，式(4.7.7)的 $\boldsymbol{H}^{(k+1)}$ 就可求。

根据拟牛顿条件，Davidon 提出并经过 Fletcher 和 Powell 修改的求校正矩阵 $\boldsymbol{E}^{(k)}$ 的公式即所谓 DFP 公式为

$$\boldsymbol{E}^{(k)} = \frac{\Delta\boldsymbol{X}^{(k)}[\Delta\boldsymbol{X}^{(k)}]^{\mathrm{T}}}{[\Delta\boldsymbol{X}^{(k)}]^{\mathrm{T}}\Delta\boldsymbol{G}^{(k)}} - \frac{\boldsymbol{H}^{(k)}\Delta\boldsymbol{G}^{(k)}[\Delta\boldsymbol{G}^{(k)}]^{\mathrm{T}}\boldsymbol{H}^{(k)}}{[\Delta\boldsymbol{G}^{(k)}]^{\mathrm{T}}\boldsymbol{H}^{(k)}\Delta\boldsymbol{G}^{(k)}} \tag{4.7.8}$$

式中

$$\Delta \boldsymbol{X}^{(k)} = \boldsymbol{X}^{(k+1)} - \boldsymbol{X}^{(k)}$$
$$\Delta \boldsymbol{G}^{(k)} = \boldsymbol{G}^{(k+1)} - \boldsymbol{G}^{(k)}$$

利用式(4.7.8)求出校正矩阵 $\boldsymbol{E}^{(k)}$ 后，可按式(4.7.7)求出下一轮迭代的 $\boldsymbol{H}^{(k+1)}$。之后，便可按 $\boldsymbol{S}^{(k+1)} = -\boldsymbol{H}^{(k+1)}\nabla f(\boldsymbol{X}^{(k+1)})$ 的方法决定新的搜索方向。可以证明，这样产生的方向也是共轭方向，而且对于非二次函数来说，它比用其他方法产生的共轭方向的共轭性更好。

总结以上所述内容，可将 DFP 变尺度法的迭代公式归结为

$$\left.\begin{aligned}
&\boldsymbol{X}^{(k+1)} = \boldsymbol{X}^{(k)} - \alpha^{(k)}\boldsymbol{H}^{(k)}\nabla f(\boldsymbol{X}^{(k)}) = \boldsymbol{X}^{(k)} + \alpha^{(k)}\boldsymbol{S}^{(k)}\\
&f(\boldsymbol{X}^{(k)} + \alpha^{(k)}\boldsymbol{S}^{(k)}) = \min_{\alpha} f(\boldsymbol{X}^{(k)} + \alpha \boldsymbol{S}^{(k)})\\
&\boldsymbol{S}^{(k)} = -[\boldsymbol{H}^{(k)}]\nabla f(\boldsymbol{X}^{(k)})\\
&\boldsymbol{H}^{(k)} = \boldsymbol{H}^{(k-1)} + \boldsymbol{E}^{(k-1)}\\
&\boldsymbol{E}^{(k-1)} = \frac{\Delta \boldsymbol{X}^{(k-1)}[\Delta \boldsymbol{X}^{(k-1)}]^{\mathrm{T}}}{[\Delta \boldsymbol{X}^{(k-1)}]^{\mathrm{T}}\Delta \boldsymbol{G}^{(k-1)}} - \frac{\boldsymbol{H}^{(k-1)}\Delta \boldsymbol{G}^{(k-1)}[\Delta \boldsymbol{G}^{(k-1)}]^{\mathrm{T}}\boldsymbol{H}^{(k-1)}}{[\Delta \boldsymbol{G}^{(k-1)}]^{\mathrm{T}}\boldsymbol{H}^{(k-1)}\Delta \boldsymbol{G}^{(k-1)}}\\
&\Delta \boldsymbol{X}^{(k-1)} = \boldsymbol{X}^{(k)} - \boldsymbol{X}^{(k-1)}\\
&\Delta \boldsymbol{G}^{(k-1)} = \boldsymbol{G}^{(k)} - \boldsymbol{G}^{(k-1)}\\
&\boldsymbol{G}^{(k)} = \nabla f(\boldsymbol{X}^{(k)})
\end{aligned}\right\} \tag{4.7.9}$$

注意，在式(4.7.9)中，当 $k=0$ 时，$\boldsymbol{H}^{(k)} = \boldsymbol{I}_n$（单位矩阵）；当 $k \geqslant 1$ 时，$\boldsymbol{H}^{(k)}$ 按式中的表达式计算。

4.7.4　BFGS 变尺度法

DFP 变尺度法在函数 $f(\boldsymbol{X})$ 的梯度向量容易求出的情况下，是非常有效的。对于多维(n>100)问题，由于收敛快、效果亦佳，被认为是无约束极值问题最好的优化方法之一。但是计算 $\boldsymbol{H}^{(k)}$ 的程序较复杂，且需要较大的存储量，特别是在有舍入误差时，也存在数值稳定性不够理想的情况。为此，Broyden、Fletcher、Goldfarb 和 Shanno 又提出了另一种方法，称为 BFGS 变尺度法。BFGS 法具有较好的数值稳定性，这是 DFP 法所不及的。所以 BFGS 法是当前最成功的一种变尺度法。

BFGS 变尺度法的迭代关系与 DFP 变尺度法一样，也是通过校正矩阵 $\boldsymbol{E}^{(k)}$ 来求矩阵 $\boldsymbol{H}^{(k+1)}$，如式(4.7.9)所示，只是求 $\boldsymbol{E}^{(k)}$ 的公式与式(4.7.9)不同。Broyden 等提出的 BFGS 公式为

$$\begin{aligned}
\boldsymbol{E}^{(k)} = \frac{1}{[\boldsymbol{X}^{(k)}]^{\mathrm{T}}\Delta \boldsymbol{G}^{(k)}}\Bigg\{&\Delta \boldsymbol{X}^{(k)}[\Delta \boldsymbol{X}^{(k)}]^{\mathrm{T}} + \frac{\Delta \boldsymbol{X}^{(k)}[\Delta \boldsymbol{X}^{(k)}]^{\mathrm{T}}\cdot[\Delta \boldsymbol{G}^{(k)}]^{\mathrm{T}}\boldsymbol{H}^{(k)}\Delta \boldsymbol{G}^{(k)}}{[\Delta \boldsymbol{X}^{(k)}]\Delta \boldsymbol{G}^{(k)}}\\
&-\boldsymbol{H}^{(k)}\Delta \boldsymbol{G}^{(k)}[\Delta \boldsymbol{X}^{(k)}]^{\mathrm{T}} - \Delta \boldsymbol{X}^{(k)}[\Delta \boldsymbol{G}^{(k)}]^{\mathrm{T}}\boldsymbol{H}^{(k)}\Bigg\}
\end{aligned} \tag{4.7.10}$$

BFGS 法就是用这个公式计算校正矩阵 $\boldsymbol{E}^{(k)}$ 的一种变尺度法。

4.7.5　变尺度法的迭代计算步骤

(1) 选定初始点 $\boldsymbol{X}^{(0)}$ 并给定计算精度 ε，$K_{\lim}$（限制变尺度矩阵校正计算的次数）。

(2) 置 $k=0$，$\boldsymbol{H}^{(k)}=\boldsymbol{H}^{(0)}=\boldsymbol{I}_n$（单位矩阵），计算 $\boldsymbol{G}^{(0)}=\nabla f(\boldsymbol{X}^{(0)})$，$F_0=f(\boldsymbol{X}^{(0)})$。

(3) 计算搜索方向 $\boldsymbol{S}^{(k)}=-\boldsymbol{H}^{(k)}\nabla f(\boldsymbol{X}^{(k)})=-\boldsymbol{G}^{(0)}$（第一次搜索为梯度法）。

(4) 判断 $\boldsymbol{S}^{(k)}$ 是否是能使函数值下降的方向。若 $[\boldsymbol{S}^{(k)}]^{\mathrm{T}}\nabla f(\boldsymbol{X}^{(k)})>0$，则取 $\boldsymbol{S}^{(k)}=-\nabla f(\boldsymbol{X}^{(k)})=-\boldsymbol{G}^{(k)}$，$\boldsymbol{H}^{(k)}=\boldsymbol{I}_n$ 转下一步；否则直接转下一步。

(5) 进行一维优化搜索求 $\alpha^{(k)}$，使

$$f(\boldsymbol{X}^{(k)}+\alpha^{(k)}\boldsymbol{S}^{(k)})=\min f(\boldsymbol{X}^{(k)}+\alpha\boldsymbol{S}^{(k)})$$
$$\boldsymbol{X}^{(k+1)}=\boldsymbol{X}^{(k)}+\alpha^{(k)}\boldsymbol{S}^{(k)}$$

(6) 计算 $\boldsymbol{G}^{(k+1)}=\nabla f(\boldsymbol{X}^{(k+1)})$，$\Delta\boldsymbol{X}^{(k)}$，$\Delta\boldsymbol{G}^{(k)}$，如果 $\|\boldsymbol{G}^{(k+1)}\|<\varepsilon$，或 $\|\Delta\boldsymbol{X}^{(k)}\|<\varepsilon$，则将 $\boldsymbol{X}^{(k+1)}$ 作为极小点，停止迭代，否则转下一步。

(7) 计算 $\boldsymbol{E}^{(k)}$，$\boldsymbol{H}^{(k+1)}=\boldsymbol{H}^{(k)}+\boldsymbol{E}^{(k)}$，$\boldsymbol{S}^{(k+1)}=-\boldsymbol{H}^{(k+1)}\nabla f(\boldsymbol{X}^{(k+1)})=-\boldsymbol{H}^{(k+1)}\boldsymbol{G}^{(k+1)}$。

(8) 检查迭代次数，若 $k>K_{\lim}$ 则退出计算，否则再作如下判断：若 $F_0<f(\boldsymbol{X}^{(k)}+\alpha^{(k)}\boldsymbol{S}^{(k)})$，表明搜索失败，应退出计算，否则取 $\boldsymbol{X}^{(0)}=\boldsymbol{X}^{(k+1)}$，$F_0=f(\boldsymbol{X}^{(0)})$，令 $k=k+1$ 并转向步骤(4)。

4.7.6 变尺度法的迭代计算 N-S 流程图及编程说明

变尺度法的迭代计算 N-S 流程图如图 4.18 所示。其程序结构框架较简单，主结构为以终止准则为条件的直到型循环。为便于编程，图中大部分代号取自源程序中的变量名，数组名。需注意的是图中黑体的代号均表示向量或 n 阶矩阵，在程序中相应为一维或二维数组。图中部分代号意义如下。

DX——开始时存放初始点（$\boldsymbol{X}^{(0)}$ 或 $\boldsymbol{X}^{(k)}$），一维优化后存放前后两个迭代点的向量差，即代表 $\Delta\boldsymbol{X}^{(k)}$；

DG——开始时存放初始点（$\boldsymbol{X}^{(0)}$ 或 $\boldsymbol{X}^{(k)}$）处的梯度，一维优化后存放前后两个迭代点的梯度向量差，即代表 $\Delta\boldsymbol{G}^{(k)}$；

X——存放一维优化最优点，计算结束时为多维优化的最优点；

HDG——$\boldsymbol{H}^{(k)}\Delta\boldsymbol{G}^{(k)}$；

DGH——$[\Delta\boldsymbol{G}^{(k)}]^{\mathrm{T}}\boldsymbol{H}^{(k)}$；

$K_{\lim}$——限制变尺度矩阵校正计算次数的最大量。

变尺度法迭代计算中，最关键也最复杂的是校正矩阵 $\boldsymbol{E}^{(k)}$ 和 $\boldsymbol{H}^{(k+1)}$ 矩阵的计算，对应于图 4.18 中的

$$\boldsymbol{H}=\boldsymbol{H}+\boldsymbol{DX}\cdot[\boldsymbol{DX}]^{\mathrm{T}}/DXDG-\boldsymbol{HDG}\cdot[\boldsymbol{DGH}]^{\mathrm{T}}/DGHDG$$

部分。其相应的计算式为 $\boldsymbol{H}^{(k+1)}=\boldsymbol{H}^{(k)}+\boldsymbol{E}^{(k)}$，$\boldsymbol{E}^{(k)}$ 按式(4.7.8)计算。

注意　$\boldsymbol{DX}\times[\boldsymbol{DX}]^{\mathrm{T}}$ 和 $\boldsymbol{HDG}\times[\boldsymbol{DGH}]^{\mathrm{T}}$，对应的算法都是用一个 n 行 1 列的矩阵左乘一个 1 行 n 列的矩阵，得到的是一个 $n\times n$ 阶矩阵。因此在编程时应注意相应的矩阵相乘的算法。

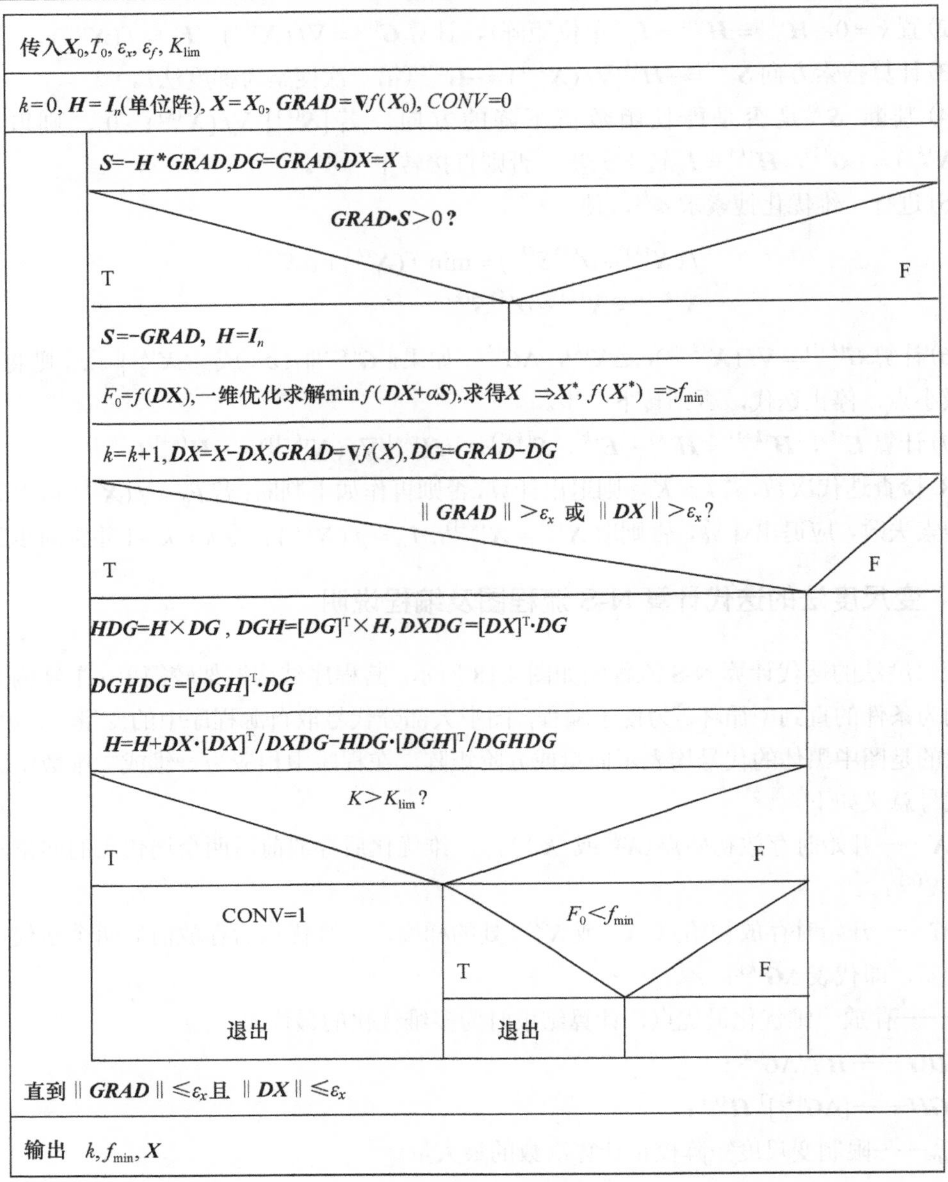

图 4.18　变尺度法的迭代算法 N-S 流程图

4.7.7　变尺度法算例

【例 4.2】　试用 DFP 变尺度法求解目标函数 $f(\boldsymbol{X})=4(x_1-5)^2+(x_2-6)^2$ 的极小值，设初始点 $\boldsymbol{X}^{(0)}=[8\quad 9]^{\mathrm{T}}$。

解　已知初始点 $\boldsymbol{X}^{(0)}=[8\quad 9]^{\mathrm{T}}$，取初始矩阵

$$\boldsymbol{H}^{(0)}=\boldsymbol{I}_2=\begin{bmatrix}1 & 0\\ 0 & 1\end{bmatrix}$$

初始点处的梯度为

$$\nabla f(\boldsymbol{X}^{(0)})=\begin{bmatrix}8(x_1-5)\\2(x_2-6)\end{bmatrix}=\begin{bmatrix}8\times(8-5)\\2\times(9-6)\end{bmatrix}=\begin{bmatrix}24\\6\end{bmatrix}$$

根据式(4.7.9)求搜索方向 $\boldsymbol{S}^{(0)}$

$$\boldsymbol{S}^{(0)}=-\boldsymbol{H}^{(0)}\nabla f(\boldsymbol{X}^{(0)})=-\begin{bmatrix}1&0\\0&1\end{bmatrix}\begin{bmatrix}24\\6\end{bmatrix}=-\begin{bmatrix}24\\6\end{bmatrix}$$

则第一轮的迭代点 $\boldsymbol{X}^{(1)}$ 为

$$\boldsymbol{X}^{(1)}=\boldsymbol{X}^{(0)}+\alpha^{(0)}\boldsymbol{S}^{(0)}=\begin{bmatrix}8\\9\end{bmatrix}-\alpha^{(0)}\begin{bmatrix}24\\6\end{bmatrix}=\begin{bmatrix}8-24\alpha^{(0)}\\9-6\alpha^{(0)}\end{bmatrix}=\begin{bmatrix}x_1^{(1)}\\x_2^{(1)}\end{bmatrix}$$

因为目标函数较简单，这里不用搜索法而用解析法来确定 $\alpha^{(0)}$。

$$f(\boldsymbol{X}^{(1)})=4[(8-24\alpha^{(0)})-5]^2+[(9-6\alpha^{(0)})-6]^2$$

令 $\dfrac{\mathrm{d}f(\boldsymbol{X}^{(1)})}{\mathrm{d}\alpha}=4680\alpha-612=0$，解得

$$\alpha^{(0)}=0.130769$$

于是得 $\boldsymbol{X}^{(1)}=[4.8615\quad 8.2154]^{\mathrm{T}},f(\boldsymbol{X}^{(1)})=4.9846$。

接下来求第二轮的迭代点，首先计算 $\boldsymbol{X}^{(1)}$ 点处的梯度，得

$$\nabla f(\boldsymbol{X}^{(1)})=[-1.1078\quad 4.431]^{\mathrm{T}}$$

按式(4.7.9)计算

$$\Delta\boldsymbol{G}^{(0)}=\nabla f(\boldsymbol{X}^{(1)})-\nabla f(\boldsymbol{X}^{(0)})=[-25.1078\quad -1.569]^{\mathrm{T}}$$

$$\Delta\boldsymbol{X}^{(0)}=\boldsymbol{X}^{(1)}-\boldsymbol{X}^{(0)}=[-3.1385\quad -0.7846]^{\mathrm{T}}$$

$$\boldsymbol{E}^{(0)}=\frac{\begin{bmatrix}-3.1385\\-0.7846\end{bmatrix}[-3.1385\quad -0.7846]}{[-3.1385\quad -0.7846]\begin{bmatrix}-25.1078\\-1.569\end{bmatrix}}$$

$$-\frac{\begin{bmatrix}1&0\\0&1\end{bmatrix}\begin{bmatrix}-25.1078\\-1.569\end{bmatrix}[-25.1078\quad -1.569]\begin{bmatrix}1&0\\0&1\end{bmatrix}}{[-25.1078\quad -1.569]\begin{bmatrix}1&0\\0&1\end{bmatrix}\begin{bmatrix}-25.1078\\-1.569\end{bmatrix}}$$

$$=\begin{bmatrix}-0.873&-0.03149\\-0.03149&0.0038\end{bmatrix}$$

将上式结果代入式(4.7.9)计算 $\boldsymbol{H}$ 矩阵得

$$\boldsymbol{H}^{(1)}=\boldsymbol{H}^{(0)}+\boldsymbol{E}^{(0)}=\begin{bmatrix}1&0\\0&1\end{bmatrix}+\begin{bmatrix}-0.873&-0.03149\\-0.03149&0.0038\end{bmatrix}=\begin{bmatrix}0.127&-0.03149\\-0.03149&1.0038\end{bmatrix}$$

计算新的迭代点

$$X^{(2)}=\begin{bmatrix}x_1^{(2)}\\x_2^{(2)}\end{bmatrix}=\begin{bmatrix}4.8615\\8.2154\end{bmatrix}-\alpha^{(1)}\begin{bmatrix}0.127 & -0.03149\\-0.03149 & 1.0038\end{bmatrix}\begin{bmatrix}-1.1078\\4.431\end{bmatrix}$$

用解析法求极值可得 $\alpha^{(1)}$ 和相应的极小值 $f(X^{(2)})$。重复以上的迭代过程。通过三次迭代，即可求得最优点。表 4.1 给出了计算结果，图 4.19 给出了搜索过程。由计算出的 $H^{(1)},H^{(2)},H^{(3)},\cdots$，可知 $H^{(k)}$ 是在迭代过程中逐次向 $[H(X^*)]^{-1}$ 逼近的。

表 4.1　用 DFP 法求解 $f(X)=4(x_1-5)^2+(x_2-6)^2$ 极小值的计算结果

k	$x_1^{(k)}$	$x_2^{(k)}$	$\partial f(X^{(k)})/\partial x_1$	$\partial f(X^{(k)})/\partial x_2$	$f(X^{(k)})$	$\alpha^{(k)}$
0	8.000	9.000	24.000	6.000	45.000	0.1307
1	4.862	8.215	−1.1078	4.431	4.985	0.4942
2	5.000	6.000	3.81×10^{-7}	2.55×10^{-9}	9.06×10^{-15}	1.000
3	5.000	6.000	0	0	0	

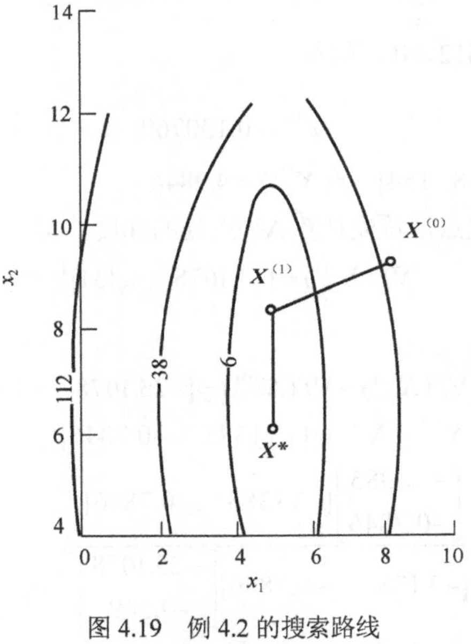

图 4.19　例 4.2 的搜索路线

4.8　习　　题

4.1　设目标函数

$$f(X)=4+4.5x_1-4x_2+x_1^2+2x_2^2-2x_1x_2+x_1^4-2x_1^2x_2$$

取初始点 $X^{(0)}=[2\quad 2.2]^T$，试求用坐标轮换法迭代两轮后的迭代点计算结果。

4.2　设目标函数 $f(X)=1.5x_1^2+0.5x_2^2-x_1x_2-2x_1$，取初始点 $X^{(0)}=[-2\quad 4]^T$，用 Powell 法求其最优点。

4.3　设目标函数 $f(X)=x_1^2-x_1x_2+3x_2^2$。

(1) 试用 Powell 法从 $\boldsymbol{X}^{(0)}=[1 \quad 2]^{\mathrm{T}}$ 点开始，求其最优解；

(2) 对于初始点 $\boldsymbol{X}^{(0)}=[1 \quad 2]^{\mathrm{T}}$，若采用共轭方向法(不加 Powell 法的判断共轭性条件)，试说明得不出最优解的原因。

4.4　试用梯度法求解 $f(\boldsymbol{X})=x_1^2+2x_2^2$ 的极小点，设初始点为 $\boldsymbol{X}^{(0)}=[4 \quad 4]^{\mathrm{T}}$，迭代三次，并验证相邻两次迭代的搜索方向为互相垂直。

4.5　用牛顿法求下列函数的极小点。

(1) $f(\boldsymbol{X})=x_1^2+4x_2^2+9x_3^2-2x_1+18x_3$；

(2) $f(\boldsymbol{X})=x_1^2-2x_1x_2+1.5x_2^2+x_1-2x_2$。

4.6　试用拟牛顿法求

$$f(\boldsymbol{X})=x_1^2-x_1x_2+x_2^2+2x_1-4x_2$$

的极小点，取初始点为 $\boldsymbol{X}^{(0)}=[2 \quad 2]^{\mathrm{T}}$。

4.7　试用变尺度法求解

$$f(\boldsymbol{X})=x_1^2+2x_2^2-4x_1-2x_1x_2$$

的极小点，设初始点为 $\boldsymbol{X}^{(0)}=[1 \quad 1]^{\mathrm{T}}$。

4.8　证明向量 $\boldsymbol{S}_1=[1 \quad 0]^{\mathrm{T}}$ 与 $\boldsymbol{S}_2=[1 \quad -2]^{\mathrm{T}}$ 是关于 $\boldsymbol{A}=\begin{bmatrix}2 & 1\\1 & 2\end{bmatrix}$ 共轭的，但不是正交的，而 $\boldsymbol{S}_1=[1 \quad 0]^{\mathrm{T}}$ 及 $\boldsymbol{S}_2=[0 \quad 1]^{\mathrm{T}}$ 是正交的，但不是关于 $\boldsymbol{A}=\begin{bmatrix}2 & 1\\1 & 2\end{bmatrix}$ 共轭的。

4.9　试用 Powell 法求解 $\min f(\boldsymbol{X})=x_1^2+2x_2^2-4x_1-2x_1x_2$，设 $\boldsymbol{X}^{(0)}=[1 \quad 1]^{\mathrm{T}}$，$\varepsilon \leqslant 0.01$。

第 5 章　约束优化方法

工程设计中大部分的设计参数取值都有一定的限制，相应的优化设计属于有约束的优化问题。与无约束优化问题不同，约束优化的最优值是满足约束条件下目标函数的最小值，它一般都不是目标函数的自然最小值，而是在约束条件限定的区域内求得的。如前所述，约束优化问题的求解过程可表示如下。

求一组设计变量

$$\boldsymbol{X}^* = [x_1^* \quad x_2^* \quad \cdots \quad x_n^*]^{\mathrm{T}}$$

满足约束条件

$$g_u(\boldsymbol{X}^*) \leqslant 0, \quad u = 1, 2, \cdots, q$$
$$h_v(\boldsymbol{X}^*) = 0, \quad v = 1, 2, \cdots, p$$

使函数值极小

$$\min f(\boldsymbol{X}) = f(\boldsymbol{X}^*), \quad \boldsymbol{X} \in \mathbf{R}^n$$

求解这类约束优化问题的方法，称为约束优化方法。目前，约束优化方法虽然不如无约束优化方法那样完善与深入，从数学理论的角度上看，还亟待提升与改进。但对于工程优化设计的求解，已具有足够的精确度和很强的实用性。

约束优化方法也可分为直接法和间接法两大类。直接法的基本思想，是在可行域内按照特定的模式与原则，直接搜索可行的最优点。这类方法只对仅含不等式约束条件的优化问题有效，本章介绍其中的随机方向法和复合形法。间接法的基本思想，是将约束优化问题通过变换，转化成为无约束优化问题，在迭代过程中应用无约束优化方法求解。本章介绍其中的惩罚函数法和拉格朗日乘子法。

5.1　本 章 导 读

本章在学习随机方向法和复合形法时，着重点与第 4 章相似，即注意两类方法的迭代模式和构造搜索方向的特点。惩罚函数法在工程设计中应用较广，是本章的重点内容。惩罚函数法可分为内点法、外点法和混合法 3 种。学习时，一方面要注意 3 种方法将约束优化问题通过变换，转化成为无约束优化问题时的数学表达形式以及 3 种方法的异同点；另一方面要注意理解惩罚函数法，在调用无约束优化方法求优时的迭代模式。

5.2　随机方向法

5.2.1　基本思路

随机方向法可用于无约束优化和有约束优化。它的基本思路是，应用计算机产生的伪随机数形成数个随机方向，将这些随机方向进行比较，选择其中最好的方向(目标函数值下降最大的)进行一维搜索。图 5.1 为随机搜索的一个典型路径，图中虚线箭头方向表示弃去的随机方向，实线箭头方向表示使目标函数值减小得最多的可行方向。

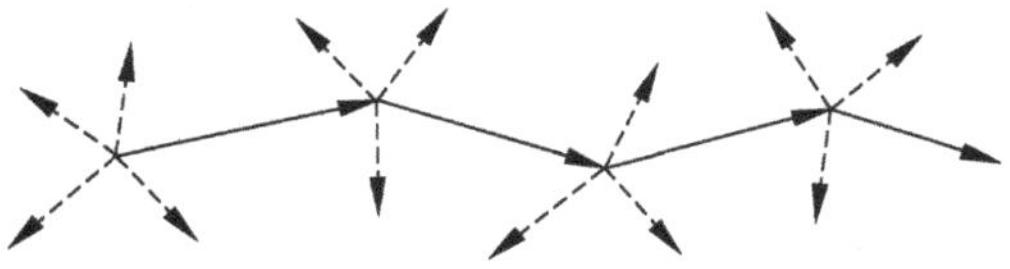

图 5.1　随机方向法的搜索路径

5.2.2　搜索过程

如图 5.2 所示，首先在可行域内选一初始点 $\boldsymbol{X}^{(0)}$ 和一适当的初始步长 $\alpha^{(0)}$，计算函数值 $f_0 = f(\boldsymbol{X}^{(0)})$。而后形成 k 个随机方向(即随机单位向量 $\boldsymbol{S}_i$，k 为事先给定的数值)，令 $\boldsymbol{X}_i = \boldsymbol{X}^{(0)} + \alpha^{(0)}\boldsymbol{S}_i$，$f_i = f(\boldsymbol{X}_i)(i=1,2,\cdots,k)$。判断点 $\boldsymbol{X}_i$ 是否在可行域内，并比较函数值 f_i 的大小。

设第 m 个点 $\boldsymbol{X}_m$ 在可行域内，并且相应函数值 f_m 为 $f_i(i=1,2,\cdots,k)$ 中的最小值，则取

$$\boldsymbol{S}_m = (\boldsymbol{X}_m - \boldsymbol{X}^{(0)})/\|\boldsymbol{X}_m - \boldsymbol{X}^{(0)}\|$$

为搜索方向，采用步长加速法进行一维搜索，因为在 k 个随机方向中，沿方向 $\boldsymbol{S}_m$ 目标函数值下降最快。在一维搜索中，当迭代点超出可行区域或者目标函数值不再下降时，退回到最后一次搜索成功的位置上，再重新形成 k 个单位随机方向，找出最好的试探方向 $\boldsymbol{S}_m$，再次进行一维搜索。如果在 k 个试探的随机方向上，不是 $f_i > f_0$ 就是 $\boldsymbol{X}_i$ 在可行区域以外，可把初始步长 $\alpha^{(0)}$ 减小，再重新形成随机方向进行搜索，重复以上过程，直到初始步长减小到满足精度要求。

这种方法实质上是在以 $\boldsymbol{X}^{(0)}$ 为圆心，以 $\alpha^{(0)}$ 为半径的超球面上(二维和三维时为圆及球)随机选取点 $\boldsymbol{X}_i$，用比较函数值的方法寻找较好的搜索方向 $\boldsymbol{S}_m$。这样确定的搜索方向的优化效能，往往好于负梯度方向，如图 5.3 所示。

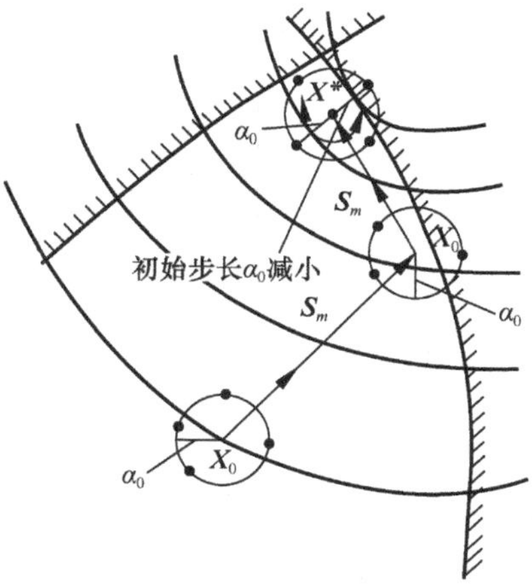

图 5.2　随机方向法的搜索过程

随机方向法的搜索过程

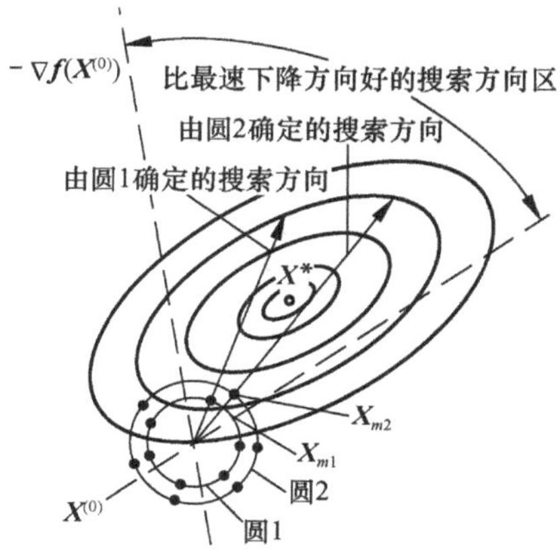

图 5.3　随机方向法的优化效能示意图

5.2.3　初始点的选择

随机方向法的初始点 $X^{(0)}$ 必须是一个可行点，即必须满足全部约束条件

$$g_u(X^{(0)}) \leqslant 0, \quad u = 1,2,\cdots,q$$

确定这样的一个点通常有如下两种方法。

(1) 人为给定：在设计的可行区域 $\mathscr{D}$ 内人为地确定一个可行的初始点。当约束条件比较简单时，这种方法是可行的。但当约束条件比较复杂时，人为选择这样一个能满足全部约束条件的点则比较困难。

(2) 随机选定：利用计算机产生的伪随机数来选择一个可行的初始点 $X^{(0)}$。此时需要对设计变量估计上限和下限值，以图 5.4 所示二维情况为例。

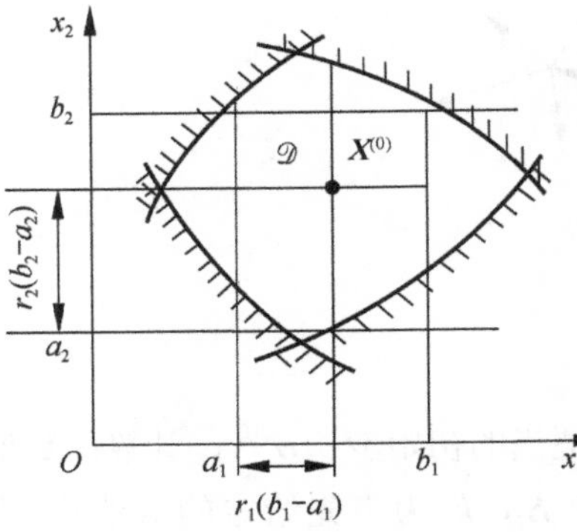

图 5.4　随机初始点的确定方法

$$X = [x_1 \quad x_2]^{\mathrm{T}}, \quad a_1 \leqslant x_1 \leqslant b_1, \quad a_2 \leqslant x_2 \leqslant b_2$$

在 (0, 1) 区间内产生两个随机数 r_1 和 r_2，$0<r_1<1$，$0<r_2<1$，以 $x_1^{(0)} = a_1 + r_1(b_1 - a_1)$，$x_2^{(0)} = a_2 + r_2(b_2 - a_2)$ 作分量，获得随机初始点 $X^{(0)} = [x_1^{(0)} \quad x_2^{(0)}]^{\mathrm{T}}$。

同理，若对 n 维变量估计上限和下限

$$a_i \leqslant x_i \leqslant b_i, \quad i = 1,2,\cdots,n$$

在 (0, 1) 区间内产生 n 个随机 $r_i, 0 \leqslant r_i \leqslant 1 (i = 1,2,\cdots,n)$，这样随机产生的初始点 $X^{(0)}$ 的各分量为

$$x_i^{(0)} = a_i + r_i(b_i - a_i), \quad i = 1,2,\cdots,n \tag{5.2.1}$$

式中，r_i 为 (0, 1) 区间内服从均匀分布的伪随机数列。计算机程序语言都有发生随机数的功能，可直接调用。

需要指出，这样产生的初始点 $X^{(0)} = [x_1^{(0)} \quad x_2^{(0)} \quad \cdots \quad x_n^{(0)}]^{\mathrm{T}}$ 虽能满足设计变量的边界条件，但不一定能满足所有的性能约束条件。因此这样产生的初始点还须经过可行性条件的检验，如都能满足，才可作为一个可行的初始点。否则，应重新按式 (5.2.1) 产生随机初始点，直到满足所有的约束条件。

5.2.4　随机搜索方向的产生

现以图 5.5 所示二维情况说明随机方向(向量)的产生。

设 y_1、y_2 是在区间 (−1, +1) 上的两个随机数。将它们分别作为随机向量在 x_1、x_2 坐标轴上的分量，则相应的随机单位向量为

$$S = \frac{1}{\sqrt{y_1^2 + y_2^2}} [y_1 \quad y_2]^{\mathrm{T}} \tag{5.2.2}$$

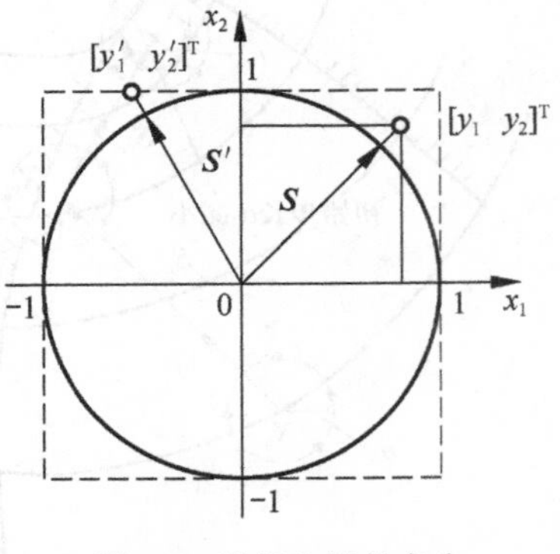

图 5.5　随机向量的产生

如 y_1'、y_2' 为区间 (−1, +1) 上的另外两个随机数，同样可相

应构成另一个二维随机向量 $\boldsymbol{S}'$。这些二维随机单位向量的端点，分布于半径为单位长的圆周上。

同理类推，对于一个 n 维优化问题，随机单位向量可按下式计算：

$$\boldsymbol{S}=\frac{1}{\sqrt{\sum_{i=1}^{n}y_i^2}}\begin{bmatrix}y_1 & y_2 & \cdots & y_n\end{bmatrix}^{\mathrm{T}} \tag{5.2.3}$$

式中，$y_i(i=1,2,\cdots,n)$ 由规定在 $(-1, 1)$ 区间的随机数构成。有些程序语言可直接产生 $(-1, 1)$ 区间的伪随机数，但有些程序语言只能产生 $(0, 1)$ 区间内的伪随机数，需要另编程序。如设 $r_i(i=1,2,\cdots,n)$ 为可获得 $(0, 1)$ 区间内服从均匀分布的随机数数列，则可通过

$$y_i=2r_i-1 \tag{5.2.4}$$

获得 $(-1, 1)$ 区间内服从均匀分布的随机数数列 y_i。

5.2.5　迭代计算步骤

事先给定产生随机方向(随机点)的数目 k，收敛精度 ε_1、ε_2 和初始步长 α_0。

(1) 在可行域内产生一初始点 $\boldsymbol{X}^{(0)}$，计算 $f_0=f(\boldsymbol{X}^{(0)})$；

(2) 保存初始点处的函数值 $f_{00}=f_0$，置搜索成功标志 $W=0$；

(3) 产生 k 个随机方向，寻找既满足约束条件而函数值又是最小(首先应小于 f_0)的那个随机方向，若能找到，则搜索成功，置 $W=1$，记录该方向为 S_w，转步骤(5)，否则转步骤(4)；

(4) 若 $W=0$ 且 $\alpha_0>\varepsilon_2$，则 $\alpha_0=0.7\alpha_0$，转步骤(3)，若 $W=1$ 且 $\alpha_0<\varepsilon_2$，则转步骤(6)；

(5) 沿 S_w 方向作一维搜索，得迭代点 $\boldsymbol{X}$，置 $\boldsymbol{X}^{(0)}=\boldsymbol{X}, f_0=f(\boldsymbol{X})$，转步骤(6)；

(6) 若 $|(f_{00}-f_0)/f_{00}|\leqslant\varepsilon_1$ 或 $W=0$ 输出 $\boldsymbol{X}^*$ 和 $f(\boldsymbol{X}^*)$，否则转步骤(3)。

5.2.6　随机方向法 N-S 流程图及说明

对应上述迭代计算步骤的 N-S 流程图见图 5.6。一维搜索采用加速步长法，成功时步长增加 30%，否则逐次将步长缩短 70%，直至步长小于或等于给定精度 ε_2。

N-S 流程图中的部分代号说明如下。

$\boldsymbol{A}$、$\boldsymbol{B}$——存储设计变量的上、下界的一维数组；

k_i——记录随机方向搜索成功的次数，如对于图 5.2，$k_i=3$；

T_0——初始步长；

$\boldsymbol{X}_0$——开始时为初始点，搜索成功后为当前最好点；

$\boldsymbol{X}_{00}$——保存用随机法产生的原始初始点；

f_0——开始时为初始点上的函数值，搜索成功后为当前最好点上的函数值；

r——分布于 $(0, 1)$ 之间的随机数。

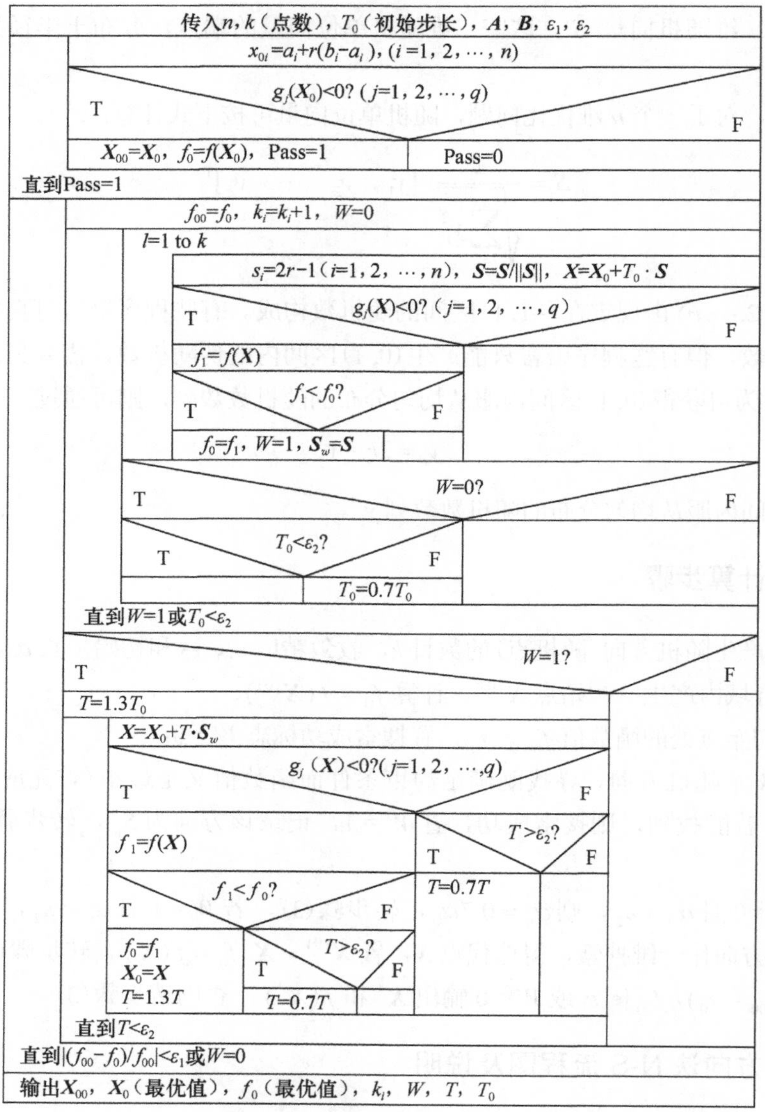

图 5.6　随机方向法 N-S 流程图

5.3　复 合 形 法

5.3.1　基本思路

目标函数的负梯度方向是目标函数值下降最快的方向，但求梯度时需对目标函数求偏导数，这对于有些问题有一定的困难。为了避免求导数，可先计算出若干个点的目标函数值，并将其进行比较，根据比较结果判断出对目标函数值下降有利的方向，作为迭代搜索方向，这就是复合形法的基本思路。所谓复合形是一个虚拟的多面体，指的是在有约束的 n 维设计空间内，形成 $k(k>n+1)$ 个可行点，以这 k 个点作为顶点所构成的多面体。在迭代过程中，将复合形各顶点的目标函数值逐一进行比较，弃去最坏点，换上一个既使目标函数值有所下降，又满足约束条件的新点，构成新的复合形。重复这个过程，就能够不断地构成新的复合形，并使复合形沿着目标函数值下降的方向(迭代搜索方向)移动并逼近最优点。

5.3.2　迭代过程

下面以二维问题 $n=2$ 和 $k=2n=4$，结合图 5.7 来说明复合形法的迭代过程。先在可行域内选择 4 个点，$\boldsymbol{X}_H^{(0)}$、$\boldsymbol{X}_G^{(0)}$、$\boldsymbol{X}_M^{(0)}$ 和 $\boldsymbol{X}_L^{(0)}$ (图 5.7)。设 $f(\boldsymbol{X}_H^{(0)})$ 最大，$f(\boldsymbol{X}_G^{(0)})$ 次之，$f(\boldsymbol{X}_L^{(0)})$ 最小。也就是说，在这 4 个点中，$\boldsymbol{X}_L^{(0)}$ 为最佳设计方案，$\boldsymbol{X}_G^{(0)}$ 为次坏设计方案，$\boldsymbol{X}_H^{(0)}$ 为最坏设计方案。复合形法的关键就是要找出一个替代 $\boldsymbol{X}_H^{(0)}$ 的好点。一般情况下，好点与坏点在某一方向线上相对某点是互为反向的。为此，先求出相对 $\boldsymbol{X}_H^{(0)}$ 而言是好点的 $\boldsymbol{X}_G^{(0)}$、$\boldsymbol{X}_M^{(0)}$ 和 $\boldsymbol{X}_L^{(0)}$ 三点所构成的三角形的中心 $\boldsymbol{X}_C^{(0)}$。如果三角形的中心 $\boldsymbol{X}_C^{(0)}$ 在可行域内，将 $\boldsymbol{X}_H^{(0)}$ 和 $\boldsymbol{X}_C^{(0)}$ 的连线作为寻求反向点(好点)的方向线，将 $\boldsymbol{X}_C^{(0)}$ 作为求取反向点的中点，在 $\boldsymbol{X}_H^{(0)}$ 和 $\boldsymbol{X}_C^{(0)}$ 连线的延长线上取一点 $\boldsymbol{X}_R^{(0)}$，使

$$\boldsymbol{X}_R^{(0)}-\boldsymbol{X}_C^{(0)}=\lambda(\boldsymbol{X}_C^{(0)}-\boldsymbol{X}_H^{(0)})$$

或

$$\boldsymbol{X}_R^{(0)}=\boldsymbol{X}_C^{(0)}+\lambda(\boldsymbol{X}_C^{(0)}-\boldsymbol{X}_H^{(0)}) \tag{5.3.1}$$

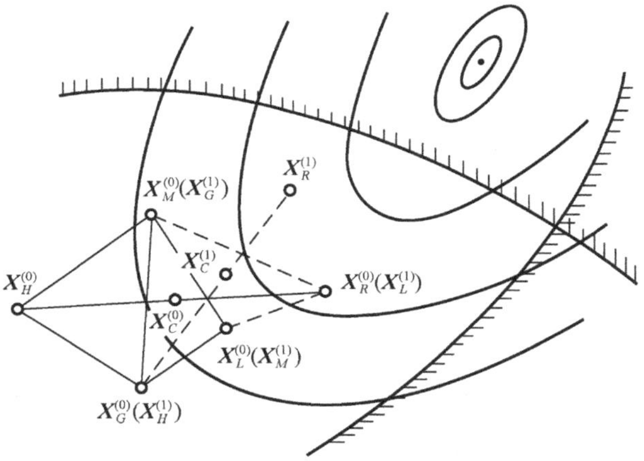

复合形法搜索过程

$\boldsymbol{X}_H^{(0)}$、$\boldsymbol{X}_G^{(0)}$、$\boldsymbol{X}_M^{(0)}$、$\boldsymbol{X}_L^{(0)}$ 为初始复合形；$\boldsymbol{X}_H^{(1)}$、$\boldsymbol{X}_G^{(1)}$、$\boldsymbol{X}_M^{(1)}$、$\boldsymbol{X}_L^{(1)}$ 为新构成的复合形

图 5.7　复合形法搜索过程

$\boldsymbol{X}_R^{(0)}$ 就是 $\boldsymbol{X}_H^{(0)}$ 以 $\boldsymbol{X}_C^{(0)}$ 为中间点的反射点，λ 称为反射系数。当 $\lambda=1$ 时，$\boldsymbol{X}_R^{(0)}$ 和 $\boldsymbol{X}_H^{(0)}$ 相对于点 $\boldsymbol{X}_C^{(0)}$ 对称，如图 5.7 所示。为加快迭代速度，λ 通常取 1.3。对反射点 $\boldsymbol{X}_R^{(0)}$ 进行检验，如果 $\boldsymbol{X}_R^{(0)}$ 在可行域内，并且 $f(\boldsymbol{X}_R^{(0)})<f(\boldsymbol{X}_H^{(0)})$，说明点 $\boldsymbol{X}_R^{(0)}$ 比 $\boldsymbol{X}_H^{(0)}$ 好。以好点 $\boldsymbol{X}_R^{(0)}$ 代替最坏点 $\boldsymbol{X}_H^{(0)}$，点 $\boldsymbol{X}_G^{(0)}$、$\boldsymbol{X}_M^{(0)}$ 和 $\boldsymbol{X}_L^{(0)}$ 保持不变，构成新的复合形(四边形)进行下一轮计算，图 5.7 中的 $\boldsymbol{X}_R^{(1)}$ 为第二次求得的反射点。如果 $\boldsymbol{X}_R^{(0)}$ 不在可行域内(图 5.8 中的 $\boldsymbol{X}_R$)，或者

$f(\boldsymbol{X}_R^{(0)}) \geqslant f(\boldsymbol{X}_H^{(0)})$，可将 λ 的值缩小，直到 $\boldsymbol{X}_R^{(0)}$ 位于可行域内并且满足 $f(\boldsymbol{X}_R^{(0)}) < f(\boldsymbol{X}_H^{(0)})$。也有可能已把 λ 缩至很小了(如达到 10^{-5})，$f(\boldsymbol{X}_R^{(0)}) < f(\boldsymbol{X}_H^{(0)})$ 仍不满足。说明之前找好点的方向不可行。这时，可用次坏点 $\boldsymbol{X}_G^{(0)}$ 代替最坏点 $\boldsymbol{X}_H^{(0)}$，将 $\boldsymbol{X}_G^{(0)}$ 和 $\boldsymbol{X}_C^{(0)}$ 的连线作为寻求反向点(好点)的方向线(图 5.9)，在此线的延长线上以相同的方法求反射点 $\boldsymbol{X}_R^{(0)}$ (图 5.9 中的 $\boldsymbol{X}_R'$)，而后再对 $\boldsymbol{X}_R^{(0)}$ 进行检验。

n 维的复合形构成方法及迭代过程与此相同。

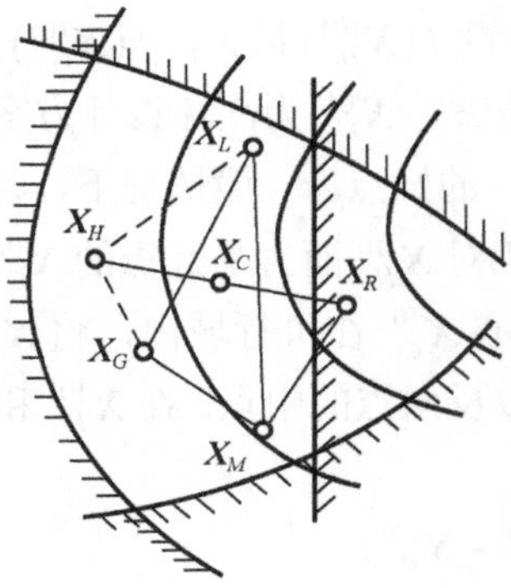

图 5.8　$\boldsymbol{X}_R$ 不在可行域内

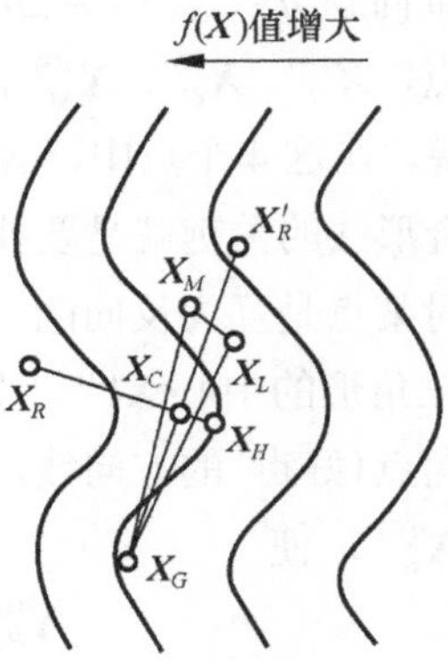

图 5.9　$f(\boldsymbol{X}_R) > f(\boldsymbol{X}_H)$

5.3.3　初始复合形的构成

为了构成复合形，首先需在可行域内产生 k 个初始顶点。初始顶点的产生有两种方法。

1) 决定性方法

在可行域内人为地选出 k 个顶点。问题比较简单时，这容易办到。问题复杂时(约束条件较多)，人为地选定 k 个可行点比较困难。

2) 随机方法

方法原理与 5.2.3 节相同。随机方法也是利用计算机产生的伪随机数来确定 k 个顶点的。设 a_i 和 $b_i\,(i=1,2,\cdots,n)$ 是 n 个设计变量的下界和上界，则第 j 个 $(j=1,2,\cdots,k)$ 顶点可表示为

$$x_{ij} = a_i + r(b_i - a_i),\quad i=1,2,\cdots,n \tag{5.3.2}$$

式中，r 是(0，1)区间内服从均匀分布的伪随机数。

虽然利用式(5.3.2)计算出来的顶点，都能满足边界约束，但不一定能满足全部的约束。假设随机选定的 k 个顶点已有 m 个顶点(m 必须大于或等于 1)满足全部约束条件，令这些点分别为 $\boldsymbol{X}_1, \boldsymbol{X}_2, \cdots, \boldsymbol{X}_m$，则可以求出这 m 个点的中心 $\boldsymbol{X}_{Cm}$。

$$\boldsymbol{X}_{Cm} = \frac{1}{S}\sum_{j=1}^{m} \boldsymbol{X}_j \tag{5.3.3}$$

或

$$x_{Cmi} = \frac{1}{S}\sum_{j=1}^{m} x_{ij},\quad i=1,2,\cdots,n \tag{5.3.4}$$

设第 $m+1$ 个顶点不满足约束条件，以 $\boldsymbol{X}_{Cm}$ 为中心，将点 $\boldsymbol{X}_{m+1}$ 向点 $\boldsymbol{X}_{Cm}$ 方向移动，移动距离为两点连线长度之半，即

$$\boldsymbol{X}_{m+1}=\boldsymbol{X}_{Cm}+0.5(\boldsymbol{X}_{m+1}-\boldsymbol{X}_{Cm})$$

然后，检查新点 $\boldsymbol{X}_{m+1}$ 是否满足约束条件。如果仍不满足，再向 $\boldsymbol{X}_{Cm}$ 移动两点连线长度之半。反复利用上式，直至 $\boldsymbol{X}_{m+1}$ 进入可行域内。

对 $\boldsymbol{X}_{m+2}, \boldsymbol{X}_{m+3}, \cdots, \boldsymbol{X}_k$ 点用同样的办法处理，最后可使 k 个顶点全部成为满足约束的可行点。如果可行域是凸集，按此法一般可以找到 k 个可行点。

如果可行域是非凸的，在搜索过程中，去掉最坏点 $\boldsymbol{X}_H$ 以后的 $k-1$ 个点的复合形中心 $\boldsymbol{X}_C$ 有可能不在可行域内(图 5.10)。这时，计算出的反射点 $\boldsymbol{X}_R$ 也可能不在可行域内，而且采用将 $\boldsymbol{X}_R$ 逐次向 $\boldsymbol{X}_C$ 靠近的办法也不能将 $\boldsymbol{X}_R$ 变为可行点。遇到这种情况，需要重新选择 k 个顶点进行计算。为了利用已得到的信息，可以把 x_{Ci} 和 $x_{Li}(i=1,2,\cdots,n)$ 作为 n 个设计变量的上界和下界，再利用伪随机数重新选点。

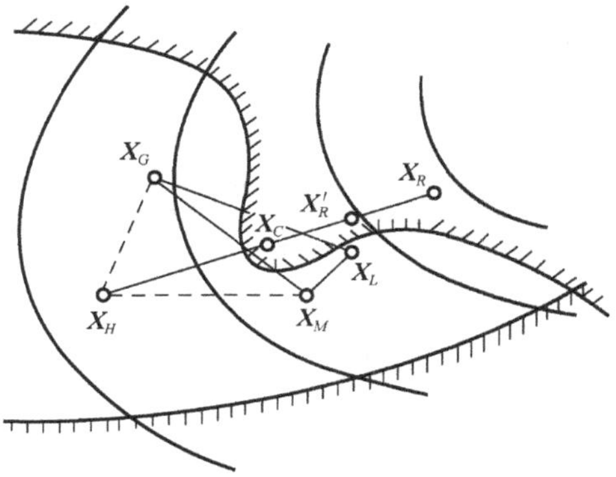

图 5.10　$\boldsymbol{X}_C$ 不在可行域内

5.3.4　迭代计算步骤

综上所述，复合形法的计算步骤如下。

(1) 产生 k 个满足 $g_u(\boldsymbol{X}_j)<0(u=1,2,\cdots,q)$ 的可行点 $\boldsymbol{X}_j(j=1,2,\cdots,k)$，并满足

$$g_u(\boldsymbol{X}_C)<0,\quad \boldsymbol{X}_C=\frac{1}{k}\sum_{j=1}^{k}\boldsymbol{X}_j$$

计算 k 个可行点 $\boldsymbol{X}_j$ 上 $f(\boldsymbol{X})$ 的数值。

(2) 计算 $f_C=f(\boldsymbol{X}_C)$。若

$$\left\{\frac{1}{k}\sum_{j=1}^{k}[f_C-f(\boldsymbol{X}_j)]^2\right\}^{\frac{1}{2}}<\varepsilon_1 \tag{5.3.5}$$

则输出最优解终止计算，否则进行步骤(3)。

(3) 比较 k 个 $\boldsymbol{X}_j$ 点上的 $f(\boldsymbol{X}_j)$ 值，记最坏点序号为 $H(1\leqslant H\leqslant k)$，计算去掉 $\boldsymbol{X}_H$ 后的 $k-1$ 个点的复合形形心 $\boldsymbol{X}_C$。

(4) 检验形心 $\boldsymbol{X}_C$ 是否可行点。如果 $\boldsymbol{X}_C$ 不是可行点。设 $\boldsymbol{X}_L$ 为 k 个点中的最好点 $(1\leqslant L\leqslant k)$，以 x_{Ci} 和 $x_{Li}(i=1,2,\cdots,n)$ 作为设计变量的上下界，重新利用随机法构成复合形，即如果 $x_{Li}<x_{Ci}$，令 $a_i=x_{Li}, b_i=x_{Ci}$；否则，$a_i=x_{Ci}, b_i=x_{Li}(i=1,2,\cdots,n)$，转至步骤(1)。

如果 $\boldsymbol{X}_C$ 是可行点，则转至步骤(5)。

(5) 计算反射点 $\boldsymbol{X}_R=\boldsymbol{X}_C+\lambda(\boldsymbol{X}_C-\boldsymbol{X}_H)$，若 $g_u(\boldsymbol{X}_R)<0(u=1,2,\cdots,q)$ 不满足，则减小 λ 直至满足。

(6)若 $f(\boldsymbol{X}_R)<f(\boldsymbol{X}_H)$，则 $\boldsymbol{X}_H=\boldsymbol{X}_R, f_H=f_R$ 转步骤(2)，否则，若 $\lambda>\varepsilon_2$，则将 λ 减半，直至 $f(\boldsymbol{X}_R)<f(\boldsymbol{X}_H)$，转步骤(2)；若 $\lambda<\varepsilon_2$，则以次坏点代替 $\boldsymbol{X}_H$，转步骤(5)。

5.3.5　复合形法 N-S 流程图及说明

复合形法迭代计算的 N-S 流程图如图 5.11 所示，由图中可看出，复合形的程序结构较为复杂，在一个条件循环内，嵌套了 6 层选择结构和一个条件循环。几点说明如下。

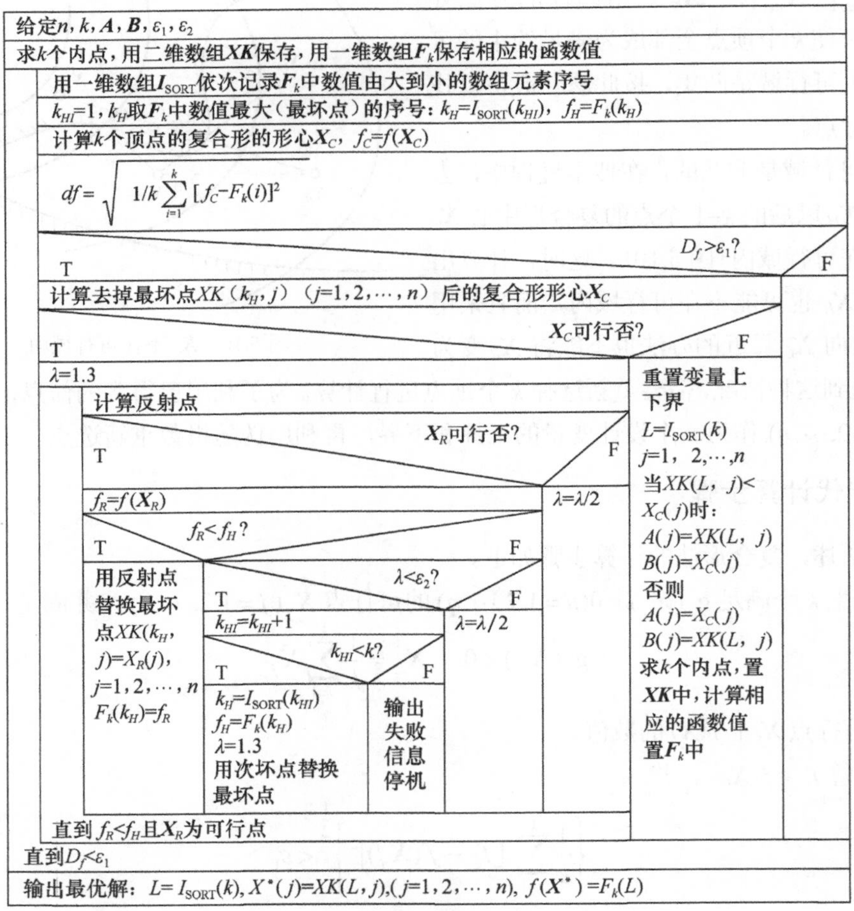

图 5.11　复合形法 N-S 流程图

(1)在上述的迭代计算步骤(4)中，若去掉最坏点的复合形形心 $\boldsymbol{X}_C$ 不是内点时，调整变量的上、下界，跳转步骤(1)，重新产生内点。因步骤(1)对应于图 5.11 的第二栏，考虑到结构化编程时的方便、可读性、跳转入口尽量少，以及求 k 个内点可作为一个独立的外部程序单位(子程序或函数)。因此，在 N-S 流程图中将其改为在重置变量上、下界后，直接求 k 个内点及函数值，再转向外层循环的开头，这相当于转向 5.3.4 节中的步骤(2)，省去了一层循环，简化了程序结构，并提高了可读性。

(2)当反射点 $\boldsymbol{X}_R$ 搜索失败时，应先用次坏点替代最坏点，重构复合形，再试探新的 $\boldsymbol{X}_R$。

若再失败则应再作替代，所以 N-S 流程图中设置了 k_{HI} 变量，用于记录、指引替代的对象与次数，最多可替代 k–1 次。

(3) 图中“用一维数组 $\boldsymbol{I}_{\text{SORT}}$ 依次记录 $\boldsymbol{F}_k$ 中数值由大到小的数组元素的序号”的解释。

如 $k=4$，则数组 $\boldsymbol{F}_k$ 中存有复合形 4 个顶点上的函数值，假设为 $F_k(1)=3.2$，$F_k(2)=5.1$，$F_k(3)=2.9$，$F_k(4)=4.2$，这 4 个数组元素的顺序号与数组 $\boldsymbol{XK}$ 的行号相对应，即函数值 $F_k(i)$ 与变量数组 $\boldsymbol{XK}$ 中的第 i 行变量

$$XK(i,j),\quad j=1,2,\cdots,n$$

相对应。按数值大小 $F_k(1)=3.2$、$F_k(2)=5.1$、$F_k(3)=2.9$、$F_k(4)=4.2$ 的排序为 $F_k(2)$、$F_k(4)$、$F_k(1)$、$F_k(3)$，即按数值大小作序号的排序情况为 2、4、1、3。则 $\boldsymbol{I}_{\text{SORT}}$ 记录的情况为

$$I_{\text{SORT}}(1)=2,\quad I_{\text{SORT}}(2)=4,\quad I_{\text{SORT}}(3)=1,\quad I_{\text{SORT}}(4)=3$$

(4) 由步骤(3)的示例可看出，$F_k(I_{\text{SORT}}(k))$ 的值是数组 $\boldsymbol{F}_k$ 中的最小值，即上例中 $k=4$，$I_{\text{SORT}}(k)=I_{\text{SORT}}(4)=3$，$F_k(I_{\text{SORT}}(k))=F_k(I_{\text{SORT}}(4))=F_k(3)=2.9$。相应的变量为 $\boldsymbol{XK}$ 中的第 $I_{\text{SORT}}(k)$ 行元素，也就是 $XK(I_{\text{SORT}}(k),j)$，$j=1,2,\cdots,n$。

(5) 图中对变量 $\boldsymbol{X}_C$、$\boldsymbol{X}_R$ 是否为可行点的判断，在编程时应专门编写一个子程序(或函数)，由该子程序(或函数)完成判断并返回一个标志值(或函数值)如 Pass = 1 表示该点为可行点，Pass = 0 表示该点不是可行点。

(6) 产生 k 个可行点即求初始复合形顶点，也是一个较为复杂的程序过程，宜单独编写为子程序(或函数)，如上所述，在图 5.11 中有两处需调用此过程。相应的 N-S 流程图为图 5.12，整个算法与 5.3.3 节所述的一致。

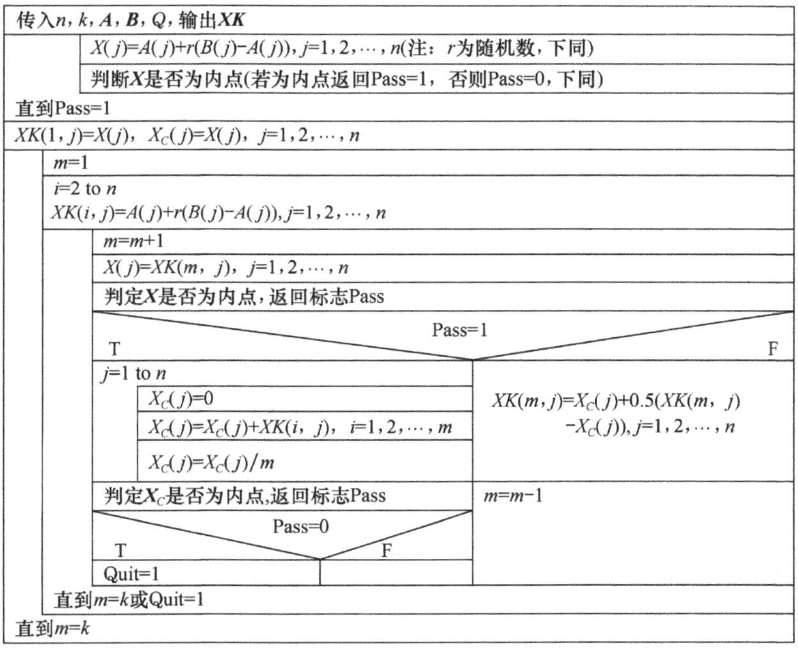

图 5.12　求初始复合形顶点的 N-S 流程图

5.4　惩罚函数法

5.4.1　惩罚函数法概述

1. 惩罚函数法的基本思路

对于约束优化问题

$$\begin{aligned} \min \quad & f(\boldsymbol{X}), \qquad \boldsymbol{X} \in \mathbf{R}^n \\ \text{s.t.} \quad & g_u(\boldsymbol{X}) \leqslant 0, \quad u=1,2,\cdots,q \\ & h_v(\boldsymbol{X}) \leqslant 0, \quad v=1,2,\cdots,p<n \end{aligned}$$

惩罚函数法的基本思路，是将以上的目标函数和所有约束函数，组合构造成一个新的目标函数。

$$\varphi(\boldsymbol{X},r)=f(\boldsymbol{X})+rP(\boldsymbol{X}) \tag{5.4.1}$$

式中，$P(\boldsymbol{X})$为由所有约束函数$g_u(\boldsymbol{X})$、$h_v(\boldsymbol{X})$定义的某种形式的泛函数；r为按给定规律变化的惩罚因子；$rP(\boldsymbol{X})$称为惩罚项，其作用是确保或促使最优解为可行解。

由于式(5.4.1)含有了原目标函数与约束条件的所有信息，因此，原约束优化问题就可转化为对式(5.4.1)的优化问题，即转化为

$$\min \quad \varphi(\boldsymbol{X},r)=\{f(\boldsymbol{X})+rP(\boldsymbol{X})\} \tag{5.4.2}$$

式(5.4.2)是一无约束优化模型，可以采用无约束优化方法来求解。这样，就把原先有约束的优化求解问题转变成了无约束优化求解问题。

2. 构造 $rP(\boldsymbol{X})$ 的要求

(1)为确保式(5.4.2)与原约束优化问题等效，则应要求当迭代点$\boldsymbol{X}^{(k)}$违反约束或有违反约束倾向时，$rP(\boldsymbol{X})$项的值变大，使得$\varphi(\boldsymbol{X},r)$函数值变大。这样就反馈给了优化求解方法，$\boldsymbol{X}^{(k)}$不是一个好点，即$\boldsymbol{X}^{(k)}$点因函数值变大而不可取。从而对迭代点违反约束的移动倾向起到惩罚作用，或引导迭代点朝满足约束条件的方向移动。

(2)$\varphi(\boldsymbol{X},r)$函数的最优解应同时为原约束优化问题的最优解。分析式(5.4.2)可看出，这一要求可等效为：当$\boldsymbol{X}^{(k)}\to\boldsymbol{X}^{*}$时，应有$rP(\boldsymbol{X}^{(k)})\to 0$，则$\varphi(\boldsymbol{X}^{(k)},r)\to f(\boldsymbol{X}^{(k)})$，且满足于

$$\begin{aligned} & g_u(\boldsymbol{X}^{(k)}) \leqslant 0, \quad u=1,2,\cdots,q \\ & h_v(\boldsymbol{X}^{(k)}) = 0, \quad v=1,2,\cdots,p \end{aligned}$$

根据上述要求，采用不同的方法(形式)来构造$rP(\boldsymbol{X})$，就产生了不同的惩罚函数法。并根据$P(\boldsymbol{X})$所定义的区域(可行域或非可行域)，分为内点惩罚函数法、外点惩罚函数法和混合惩罚函数法三种，有时简称为内点法、外点法和混合法。

5.4.2　内点惩罚函数法

1. 内点惩罚函数法的基本原理

内点法将新目标函数定义于可行区域内，这样它的初始点及后面产生的迭代点序列，均

限制在可行区域内。它是求解不等式约束优化设计问题中一种十分有效的方法。

先用一个简单的例子来说明内点法的一些概念。

例如，求解

$$\begin{aligned} \min \quad & f(\boldsymbol{X}) = x, \quad \boldsymbol{X} \in \mathbf{R}^1 \\ \text{s.t.} \quad & g(\boldsymbol{X}) = 1 - x \leqslant 0 \end{aligned}$$

的约束最优解。如图 5.13 所示，这个问题的约束最优解为 $\boldsymbol{X}^* = 1, f(\boldsymbol{X}^*) = 1$。下面讨论，如何用内点惩罚函数法来求解此约束优化问题。为此，先在可行区域内构造一个惩罚函数

$$\varphi(\boldsymbol{X}, r^{(k)}) = x - \frac{r^{(k)}}{1 - x}$$

式中，$(1-x)$ 为不等式约束条件中的约束函数，即 $P(\boldsymbol{X}) = -1/g(\boldsymbol{X}) = -1/(1-x)$。当惩罚因子 $r^{(k)}$ 取不同的数值时，惩罚函数 $\varphi(\boldsymbol{X}, r^{(k)})$ 相应的函数曲线如图 5.13 所示。

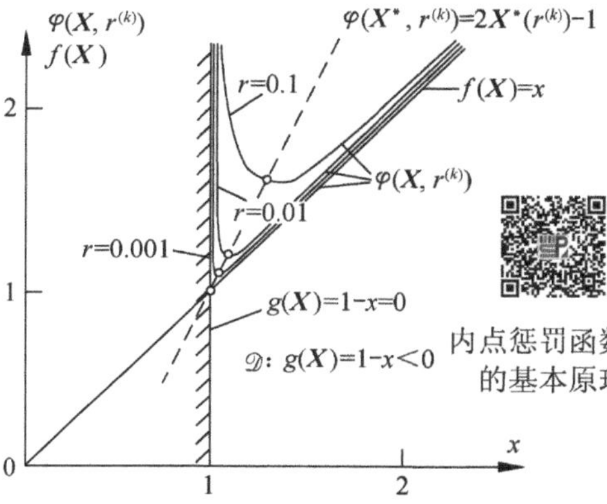

内点惩罚函数法
的基本原理

图 5.13　内点惩罚函数法的基本原理

对新目标函数求关于 x 的一阶导数，并令其为零，可求得其极值点的表达式为

$$\boldsymbol{X}^*(r^{(k)}) = 1 + \sqrt{r^{(k)}}$$

惩罚函数的极值为

$$\varphi(\boldsymbol{X}^*(r^{(k)}), r^{(k)}) = 1 + 2\sqrt{r^{(k)}}$$

在表 5.1 中列出了对惩罚因子赋予不同值时的 $\boldsymbol{X}^*(r^{(k)})$ 和 $\varphi(\boldsymbol{X}^*, r^{(k)})$ 值。由此可见，当惩罚因子为一个递减数列时，其极值点 $\boldsymbol{X}^*(r^{(k)})$ 离约束最优点 $\boldsymbol{X}^*$ 越来越近。图 5.13 表明，随着 $r^{(k)}$ 值的减小，极值点将沿一直线轨迹 $\varphi(\boldsymbol{X}^*(r^{(k)}), r^{(k)}) = 2\boldsymbol{X}^*(r^{(k)}) - 1$，在约束区内向最优点 $\boldsymbol{X}^*$ 收敛，且当 $r^{(k)} \to 0$ 时，$f(\boldsymbol{X}^*) = 1$，最后惩罚函数 $\varphi(\boldsymbol{X}^*(r^{(k)}), r^{(k)})$ 的无约束优化最优解，将收敛于原目标函数的约束最优解。

表 5.1　一元惩罚函数内点法的无约束最优解

$r^{(k)}$		0.1	0.01	0.001	0
$\boldsymbol{X}^*(r^{(k)})$	2	1.316	1.1	1.032	1
$\varphi(\boldsymbol{X}^*(r^{(k)}),\ r^{(k)})$	3	1.632	1.2	1.063	1

通过这个例子可同时看出，惩罚函数法就是以不同的惩罚因子 $r^{(k)}$ 来构造一系列无约束的新目标函数，并同步求出这一序列目标函数的无约束极值点 $\boldsymbol{X}^*(r^{(k)})$，使它逐渐逼近原约束问题的最优解。所以惩罚函数法又称为 SUMT 法，它是序列无约束极小化技术(sequential unconstrained minimization technique)的英文缩写。

2. 内点法惩罚函数的形式

1) $P(X)$的构造

根据上例的分析和对构造$rP(X)$项的要求，$P(X)$项在内点法中的作用，是确保迭代点在可行域。因此，当迭代点$X^{(k)}$靠向边界时，$P(X^{(k)})$数值必须增大，$X^{(k)}$离边界越近，$P(X^{(k)})$数值越大——惩罚越厉害，以防止$X^{(k)}$越界。即函数$P(X)$起到防止$X^{(k)}$越界的障碍作用。这一思路等效为：

当$g_u(X)\to 0$时，$P(X)\to\infty$。如5.4.2节中$P(X)=-1/g(X)$，当$g(X)\to 0$(由负数趋向0)时，有$P(X)\to\infty$。

由此可得，当约束方程为$g_u(X)\leqslant 0, u=1,2,\cdots,q$时，可取

$$P(X)=-\sum_{u=1}^{q}\frac{1}{g_u(X)} \tag{5.4.3}$$

或

$$P(X)=-\sum_{u=1}^{q}\ln(-g_u(X)) \tag{5.4.4}$$

2) 罚因子r

为确保当$X^{(k)}\to X^*$时，$rP(X^{(k)})\to 0$，r应取递减序列，即

$$r^{(0)}>r^{(1)}>r^{(2)}\cdots 且 \lim_{k\to\infty} r^{(k)}=0$$

若令C为递减系数($C<1$)，则$r^{(k+1)}=Cr^{(k)}<r^{(k)}$。

所以，对于$g_u(X)\leqslant 0, u=1,2,\cdots,q$的优化问题，其内点法的惩罚函数形式为

$$\varphi(X,r^{(k)})=f(X)-r^{(k)}\sum_{u=1}^{q}\frac{1}{g_u(X)} \tag{5.4.5}$$

或

$$\varphi(X,r^{(k)})=f(X)-r^{(k)}\sum_{u=1}^{q}\ln(-g_u(X)) \tag{5.4.6}$$

3. 内点法的迭代步骤

(1) 取初始惩罚因子$r^{(0)}>0$(如取$r^{(0)}=1$)，允许误差$\varepsilon_1>0$，$\varepsilon_2>0$。

(2) 在可行域$\mathscr{D}$内选取初始点$X^{(0)}$，令$k=0$。

(3) 以$X^{(0)}$点为初始点，用无约束最优化方法求解$\min\varphi(X,r^{(k)})$的极值点$X^*(r^{(k)})$。

(4) 检验迭代终止准则，如果满足

$$\|X^*(r^{(k)})-X^*(r^{(k-1)})\|\leqslant\varepsilon_1=10^{-7}\sim 10^{-5} \tag{5.4.7}$$

$$\left|\frac{\varphi(X^*,r^k)-\varphi(X,r^{(k-1)})}{\varphi(X^*,r^{(k-1)})}\right|\leqslant\varepsilon_2=10^{-4}\sim 10^{-3} \tag{5.4.8}$$

则停止迭代计算，并以$X^*(r^{(k)})$为原目标函数$f(X)$的约束最优解，否则转入步骤(5)。

(5) 取 $r^{(k+1)}=Cr^{(k)}$，$\boldsymbol{X}^{(0)}=\boldsymbol{X}^{*}(r^{(k)})$，$k=k+1$，转步骤(3)。

内点法的计算 N-S 流程图如图 5.14 所示。

传入 $r^{(0)}, \varepsilon_1, \varepsilon_2, C$	
在可行域内选取初始点 $\boldsymbol{X}^{(0)}$	
$f_{\min}=\varphi(\boldsymbol{X}^{(0)}, r^{(0)})$，$r=r^{(0)}/C$，$\boldsymbol{X}=\boldsymbol{X}^{(0)}$	
	$r=Cr$，$\boldsymbol{X}_{00}=\boldsymbol{X}$，$f_0=f_{\min}$
	$\min\varphi(\boldsymbol{X}, r)$，得 $\boldsymbol{X}^{*}(r)\Rightarrow\boldsymbol{X}$，$\varphi(\boldsymbol{X}^{*}(r), r)\Rightarrow f_{\min}$
	$D_f=\lvert(f_0-f_{\min})\rvert/\lvert f_0\rvert$，$D_X=\lVert\boldsymbol{X}_{00}-\boldsymbol{X}\rVert$
直到 $D_f\leqslant\varepsilon_1$ 且 $D_X\leqslant\varepsilon_2$	
输出 $\boldsymbol{X}$，$f(\boldsymbol{X})$	

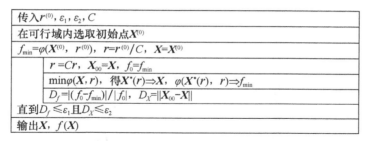

图 5.14 内点法算法的 N-S 流程图

4. 采用内点法时应注意的问题

1) 初始点 $\boldsymbol{X}^{(0)}$ 的选择

因为内点法将惩罚函数定义于可行域内，故要求 $\boldsymbol{X}^{(0)}$ 严格满足全部约束条件，且应避免 $\boldsymbol{X}^{(0)}$ 位于边界上，即应使 $g_u(\boldsymbol{X}^{(0)})<0(u=1,2,\cdots,q)$ 在优化设计中，只要不顾及函数值的大小，这种点还是容易取得的。但当约束条件多而且复杂时，要确定一个初始可行点也并不十分容易。为此可采用下述三种方法。

(1) 随机选择初始点的方法(见 5.2.3 节)。用这种方法虽然程序设计比较简单，但有时选出的初始点离约束边界太近，易造成计算溢出，影响计算过程的正常进行。

(2) 搜索初始点的方法。先任意给出一个初始点，这一点可能违反了 T 个约束条件。把这 T 个约束排列在其余的 $q-T$ 个约束条件的前面，并按其约束函数值大小排序号

$$g_T(\boldsymbol{X}^{(0)})\geqslant g_{T-1}(\boldsymbol{X}^{(0)})\geqslant\cdots\geqslant g_1(\boldsymbol{X}^{(0)})\geqslant 0$$

然后取其最大函数值的约束条件为目标函数，即求

$$\begin{aligned}
\min\quad & g_T(\boldsymbol{X}), && \boldsymbol{X}\in\mathbf{R}^n\\
\text{s.t.}\quad & g_u(\boldsymbol{X})-g_u(\boldsymbol{X}^{(0)})\leqslant 0, && u=1,2,\cdots,T-1\\
& g_u(\boldsymbol{X})\leqslant 0, && u=T+1,T+2,\cdots,q
\end{aligned}$$

问题的约束最优解，当其目标函数变为负值，即 $g_T(\boldsymbol{X})<0$ 时，便可立即停止搜索，并重新检验所取得的所求设计点的可行性，重复这个过程，直到所有约束均得到满足。最后，将所得的设计点 $\boldsymbol{X}$ 取为初始点 $\boldsymbol{X}^{(0)}$。

(3) 在 5.4.3 节中，还将介绍一种应用外点惩罚函数法产生初始内点的方法，该方法的原理十分简单，比上两种方法更可靠，特别适用于数学模型较为复杂的优化问题。但该方法需有外点惩罚函数法的求解程序支持。

2) 初始罚因子 $r^{(0)}$ 的选择

在内点罚函数法的应用中，初始罚因子 $r^{(0)}$ 的选择十分重要，$r^{(0)}$ 选择的好坏对收敛速度，甚至对方法的成败有很大影响。下面以二维问题为例，用图 5.15 来说明罚因子对搜索过程的

影响和新目标函数的变化规律。在图 5.15 中，图(a)是图(b)的正剖切视图，剖切面过目标函数 $f(\boldsymbol{X})$ 的约束极小点 $\boldsymbol{X}^*$ 和无约束极小点 $\boldsymbol{X}^{**}$，图(b)中实线表示原目标函数的等值线，虚线表示新目标函数 $\varphi(\boldsymbol{X}, r^{(k)})$ 的等值线。这一等值线与图(a)中最下边一条虚线所表示的 $\varphi(\boldsymbol{X}, r^{(k)})$ 函数相对应。

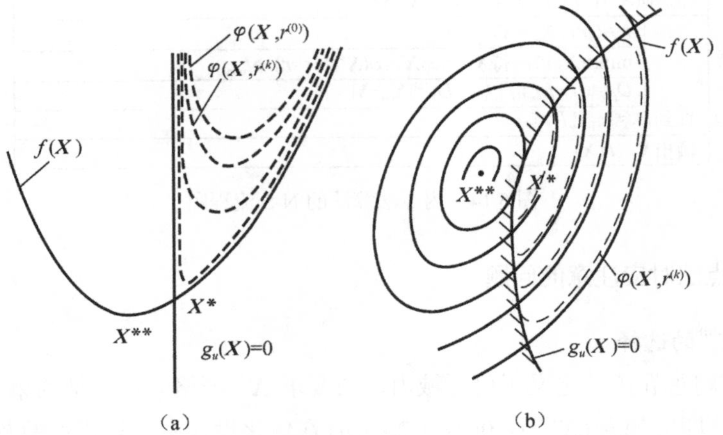

图 5.15　罚因子的影响

因为罚因子在迭代过程中，是由初始罚因子 $r^{(0)}$ 开始不断递减变小的。罚因子每变小一次，就构造出一新的 $\varphi(\boldsymbol{X}, r^{(k)})$ 函数。如图 5.15(a)中有 4 条虚线，分别对应 4 个不同的罚因子时的 $\varphi(\boldsymbol{X}, r^{(k)})$ 函数曲线。由图 5.15(a)可看出，随着罚因子 r 的变化，$\varphi(\boldsymbol{X}, r^{(k)})$ 函数的形态也随之变化，其相对极小点的位置也不断变化。

随着迭代过程的进行，当罚因子 r 逐渐趋近于零时，新目标函数 $\varphi(\boldsymbol{X}, r^{(k)})$ 的极小点趋近原目标函数 $f(\boldsymbol{X})$ 的约束极小点 $\boldsymbol{X}^*$，如图 5.15(a)最下边一条虚线所示。

从图 5.15(a)可看出，如果开始搜索时的初始罚因子 $r^{(0)}$ 值取得过大，则新目标函数 $\varphi(\boldsymbol{X}, r^{(0)})$ 的等值面必将抬得过高，相对极小点将远离原目标函数的约束极小点，需要进行多次减小罚因子的迭代，才能逼近原目标函数的约束极值点。因此，收敛速度较慢，计算效率较低。但如果初始罚因子 $r^{(0)}$ 取得过小，则一开始形成的新目标函数 $\varphi(\boldsymbol{X}, r^{(0)})$ 的相对极小点，就十分接近原目标函数的约束极值点，如图 5.15(a)最下面的一条虚线，表示 $r^{(0)}$ 取得过小时的 $\varphi(\boldsymbol{X}, r^{(0)})$ 曲线。这时，由于新目标函数的几何形态，在紧靠约束界面的可行区一侧，新目标函数的等值面形成一个沿着约束边界分布的尖底窄长峡谷。搜索点进入这个峡谷区后，进一步的搜索只能沿峡谷的纵向(图 5.15(b)中的边界线的切向)进行，即当步长尚未减小到足够小时，只有沿峡谷的纵向搜索才是可行方向。而寻找这样的唯一的可行方向，既费时又可能失败。因为，在寻找可行方向时，一旦步长稍大，就可能跨过约束边界而进入非可行区。根据内点罚函数的定义式，一旦跨越约束边界，惩罚项 $rP(\boldsymbol{X})$ 将不起罚函作用，这将导致搜索的失败。因此，初始罚因子 $r^{(0)}$ 又不能取得过小。

一般初始罚因子的值可取在 $r^{(0)} = 1 \sim 50$。通常，如果初始点离约束边界较远，可以这样

来选择 $r^{(0)}$ 值，即设法使初始点的惩罚 $\left\{-r\sum_{u=1}^{q}1/g_u(\boldsymbol{X}^{(0)})\right\}$ 项不要在惩罚函数中起支配作用。由此得到一种选择 $r^{(0)}$ 的方法是

$$r^{(0)}=\frac{L}{100}\left|f(\boldsymbol{X}^{(0)})\sum_{u=1}^{q}\frac{1}{g_u(\boldsymbol{X}^{(0)})}\right| \tag{5.4.9}$$

实际上，用这个办法通常能得到相当合理的初始值，式中的 L 是所选的百分比值。一般推荐值 $L=10$；对于非凸约束的情况，L 的典型值取 1～50 较为合适。但是当初始点 $\boldsymbol{X}^{(0)}$ 接近某个或数个约束边界时，按式(5.4.9)算得的初值 $r^{(0)}$ 就显得太小了，这时建议取 $L=100$，或者取更大的 L 值。

当目标函数与约束函数的非线性程度不高时，直接取 $r^{(0)}=1$ 也能进行正常计算。

以上选取初始值 $r^{(0)}$ 的方法，不能认为是一成不变的，因为 $r^{(0)}$ 值的大小是与函数 $f(\boldsymbol{X})$ 与 $g_u(\boldsymbol{X})$ 的边界位置密切相关的。所以在实际计算时往往需要通过几次试算，才能选得比较合适的 $r^{(0)}$ 值。

3) 惩罚因子的递减系数 C

在序列无约束极小化的过程中，惩罚因子将是一个按简单关系递减的数，即

$$r^{(k)}=Cr^{(k-1)},\quad k=1,2,\cdots$$

式中，C 为递减系数，$C<1.0$。一般的看法是，C 值的大小不是决定性的。如果选取的 C 值较小，则以较少的循环次数就可以获得一定精度，但是求解各序列惩罚函数无约束最优值所需的迭代次数可能会相对多些。实践证明，如取较大的 C 值，其构造惩罚函数的次数就较多，但总的所需的迭代次数大致是差不多的。C 的典型值是 $C=0.02$～0.1，但是，当 C 值取得较小时，从某一个 $r^{(k)}$ 值的惩罚函数变到 $r^{(k+1)}$ 值的惩罚函数，其等值线形状变化较快，造成无约束极小化的困难。遇到这种情况，建议把 C 值取大一点，如 $C_{\max}=0.5$～0.7。

4) 收敛准则

当对一系列 $r^{(k)}$ 值的惩罚函数 $\varphi(\boldsymbol{X},r)$ 进行极小化时，得到无约束最优点的序列为

$$\boldsymbol{X}^*(r^{(1)}),\boldsymbol{X}^*(r^{(2)}),\cdots,\boldsymbol{X}^*(r^{(k)}),\cdots$$

那么计算到什么程度可以认为 $\boldsymbol{X}^*(r^{(k)})$ 已接近约束最优解 $\boldsymbol{X}^*$？从工程实际意义来说，一个简单的准则是：相邻两个 r 值的惩罚函数值的相对变化量应满足

$$\left|\frac{\varphi(\boldsymbol{X}^*(r^{(k)}),r^{(k)})-\varphi(\boldsymbol{X}^*(r^{(k-1)}),r^{(k-1)})}{\varphi(\boldsymbol{X}^*(r^{(k-1)}),r^{(k-1)})}\right|\leqslant\varepsilon_1 \tag{5.4.10}$$

和极值点向量的模应满足

$$\|\boldsymbol{X}^*(r^{(k)})-\boldsymbol{X}^*(r^{(k-1)})\|\leqslant\varepsilon_2 \tag{5.4.11}$$

此时表明已接近极值点，可以停止计算。

内点法是工程优化设计中一般愿意采用的方法。因为这种方法有一个诱人的特点，就是给定一个可行的初始方案之后，它能给出一系列逐步得到改进的可行的设计方案。因此，只

要设计要求允许，可以选用其中任一个无约束最优解 $X^*(r^{(k)})$，而不一定取最后的约束最优解 X^*，使设计方案具有一定的储备，便于选择一个综合指标最优的方案。

【例 5.1】　用内点惩罚函数法求

$$\begin{aligned} \min \quad & f(X) = x_1^2 + x_2^2, \quad X \in \mathbf{R}^2 \\ \text{s.t.} \quad & g(X) = 1 - x_1 \leqslant 0 \end{aligned}$$

问题的约束最优解。

解　按式(5.4.6)构造内点惩罚函数

$$\varphi(X, r^{(k)}) = x_1^2 + x_2^2 - r^{(k)} \ln(-(1 - x_1))$$

对于任意给定的惩罚因子 $r^{(k)}>0$，函数 $\varphi(X, r^{(k)})$ 是凸的。令函数 $\varphi(X, r^{(k)})$ 的一阶偏导数为 0，可得其无约束极值点

$$\frac{\partial \varphi}{\partial x_1} = 2x_1 - \frac{r^{(k)}}{(x_1 - 1)} = 0$$

$$\frac{\partial \varphi}{\partial x_2} = 2x_2 = 0$$

解上两式得

$$x_1^*(r^{(k)}) = \frac{1 \pm \sqrt{1 + 2r^{(k)}}}{2}$$

$$x_2^*(r^{(k)}) = 0$$

对于 $1 - \sqrt{1 + 2r^{(k)}}$，因为 $x_1 = \dfrac{1 - \sqrt{1 + 2r^{(k)}}}{2} < 0$，不满足 $1-x_1 \leqslant 0$ 约束条件，因此其无约束极值点为

$$X^*(r^{(k)}) = \begin{bmatrix} \dfrac{1 + \sqrt{1 + 2r^{(k)}}}{2} & 0 \end{bmatrix}^{\mathrm{T}}$$

当 $r^{(k)}$ 分别取值 $1, 0.1, 0.01, 0.001, \cdots, \to 0$ 时，$X^*(r^{(k)}) = [1.366 \quad 0]^{\mathrm{T}}, [1.047 \quad 0]^{\mathrm{T}}, [1.004 \quad 0]^{\mathrm{T}}, \cdots, [1 \quad 0]^{\mathrm{T}}$。$X^*(r^{(k)})$ 点的移动方向见图 5.16。由此可得约束最优解 $X^* = [1 \quad 0]^{\mathrm{T}}, f(X^*) = 1$。

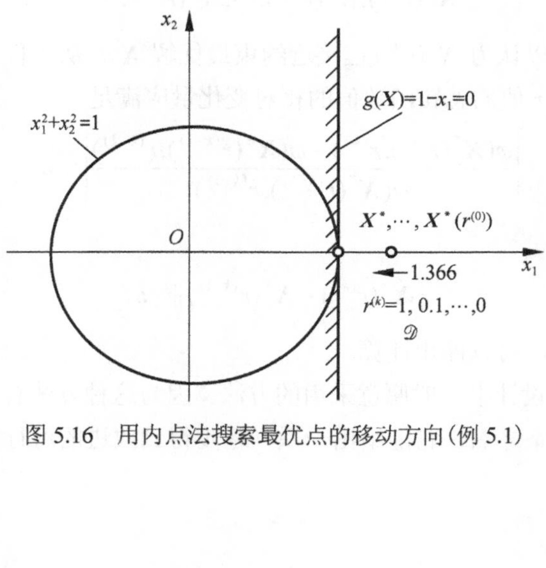

图 5.16　用内点法搜索最优点的移动方向(例 5.1)

5.4.3　外点惩罚函数法

1. 外点惩罚函数法的基本原理

内点法是将惩罚函数定义于可行域内，外点法则与内点法相反，是将惩罚项函数 $P(\boldsymbol{X})$ 定义于可行区域的外部。

下面用与内点法相同的引例，说明外点惩罚函数法的基本方法。

例如，求解

$$\begin{aligned} \min \quad & f(\boldsymbol{X}) = x, \qquad \boldsymbol{X} \in \mathbf{R}^1 \\ \text{s.t.} \quad & g(\boldsymbol{X}) = 1 - x \leqslant 0 \end{aligned}$$

的约束优化问题，如图 5.17 所示。取外点法惩罚函数为

$$\varphi(\boldsymbol{X}, r^{(k)}) = x + r^{(k)}\{\max[(1-x),\quad 0]\}^2 = \begin{cases} x + r^{(k)}(1-x)^2, & x<1 \\ x, & x \geqslant 1 \end{cases}$$

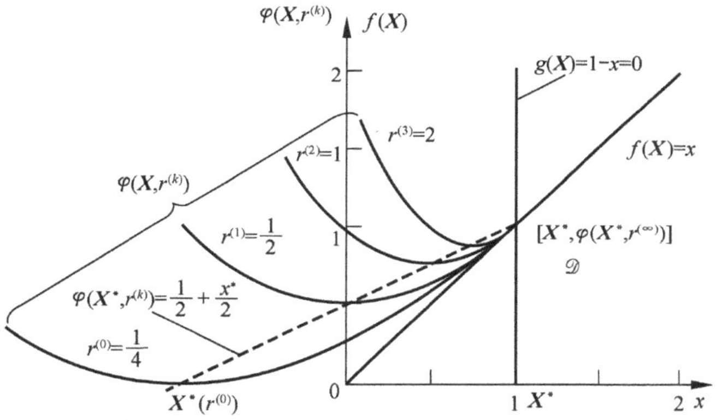

外点惩罚函数法的基本原理

图 5.17　外点惩罚函数法的基本原理

对于任意给定的惩罚因子 $r^{(k)}>0$，函数 $\varphi(\boldsymbol{X}, r^{(k)})$ 是凸的。令函数 $\varphi(\boldsymbol{X}, r^{(k)})$ 的一阶导数为零，可得其无约束极值点 $\boldsymbol{X}^*(r^{(k)}) = 1 - \dfrac{1}{2r^{(k)}}$ 和惩罚函数值为

$$\varphi(\boldsymbol{X}^*(r^{(k)}), r^{(k)}) = 1 - \frac{1}{4r^{(k)}}$$

在表 5.2 中列出了当惩罚因子赋予不同值时的最优解。由表 5.2 可看出，当惩罚因子递增时，其极值点 $\boldsymbol{X}^*(r^{(k)})$ 离约束最优点 $\boldsymbol{X}^*$ 越来越近。当 $r^{(k)} \to \infty$时，$\boldsymbol{X}^*(r^{(k)}) \to \boldsymbol{X}^* = 1$，趋于真正的约束最优点。因此，无约束极值点 $\boldsymbol{X}^*(r^{(k)})$ 将沿直线 $\varphi(\boldsymbol{X}^*(r^{(k)}), r^{(k)}) = 0.5 + 0.5\boldsymbol{X}^*$ 从约束区域外向最优点 $\boldsymbol{X}^*$ 收敛，如图 5.17 所示。

表 5.2　一元惩罚函数外点法的无约束最优解

$r^{(k)}$	0.25	0.5	1	2	…	∞
$\boldsymbol{X}^*(r^{(k)})$	−1	0	0.5	0.75	…	1
$\varphi(\boldsymbol{X}^*(r^{(k)}),\ r^{(k)})$	0	0.5	0.75	0.875	…	1

所以，外点惩罚函数也是通过求一序列惩罚因子$\{r^{(k)},k=0,1,2,\cdots\}$的函数$\varphi(\boldsymbol{X},r^{(k)})$的序列无约束极值来逼近原来问题最优化解的一种方法。

2．外点法惩罚函数的形式

1) $P(\boldsymbol{X})$的构造

由上例分析可以看出，外点法的迭代过程是在可行域的外部进行的，根据 5.4.1 节中对$P(\boldsymbol{X})$的构造要求，在外点法惩罚函数中，$P(\boldsymbol{X})$应具有下述函数特点：当迭代点在可行域外时，$P(\boldsymbol{X})$值变大，以起惩罚作用，并且离可行域越远，$P(\boldsymbol{X})$值越大——惩罚作用越大；而当迭代点在可行域内时，$P(\boldsymbol{X})$不起惩罚作用，即当$g_u(\boldsymbol{X})\leqslant 0,u=1,2,\cdots,q$时，$\varphi(\boldsymbol{X}^{(k)},r)=f(\boldsymbol{X}^{(k)})$。根据这一思路，对于$g_u(\boldsymbol{X})\leqslant 0(u=1,2,\cdots,q)$，$P(\boldsymbol{X})$可取为

$$P(\boldsymbol{X})=\sum_{u=1}^{q}\{\max[0,g_u(\boldsymbol{X})]\}^{\beta} \tag{5.4.12}$$

式中，β为构造惩罚项函数的指数，其值将影响函数$\varphi(\boldsymbol{X},r)$等值线在约束面处的性质，一般取$\beta=2$。

式(5.4.12)中的 max 运算可作如下等效：

$$\max[g_u(\boldsymbol{X}),0]=\frac{g_u(\boldsymbol{X})+|g_u(\boldsymbol{X})|}{2}=\begin{cases}g_u(\boldsymbol{X}), & g_u(\boldsymbol{X})>0\\ 0, & g_u(\boldsymbol{X})\leqslant 0\end{cases} \tag{5.4.13}$$

当约束条件中还包括$h_v(\boldsymbol{X})=0\ (v=1,2,\cdots,p)$的等式约束时，根据式(5.4.12)的构造思路与特点，很容易想到$P(\boldsymbol{X})$只要再加入$\sum_{v=1}^{p}[h_v(\boldsymbol{X})]^{\beta}$即可。若取$\beta=2$，则可得

$$P(\boldsymbol{X})=\sum_{u=1}^{q}\left\{\frac{g_u(\boldsymbol{X})+|g_u(\boldsymbol{X})|}{2}\right\}^2+\sum_{v=1}^{p}[h_v(\boldsymbol{X})]^2 \tag{5.4.14}$$

2) 惩罚因子 r

为迫使迭代点由非可行域逐步向可行域移动，同时要求当迭代点$\boldsymbol{X}^{(k)}$位于可行域内时，应有$P(\boldsymbol{X}^{(k)})=0$，以确保惩罚函数与原目标函数等效。所以$r$的取值只需考虑随着迭代次数增加，$rP(\boldsymbol{X})$的惩罚作用也加大，基于这一思路，$r$应取递增序列。

$$0<r^{(0)}<r^{(1)}<\cdots<r^{(k)}\text{且}\lim_{k\to\infty}r^{(k)}=\infty$$

即

$$r^{(k)}=Cr^{(k-1)} \tag{5.4.15}$$

式中，C为递增系数，一般$C=5\sim10$。和内点惩罚函数法相反，如果一开始$r^{(0)}$的值选得较大，会使函数$\varphi(\boldsymbol{X},r^{(0)})$的等值线形状变形或者偏心，造成求函数$\varphi(\boldsymbol{X},r^{(0)})$的极值很困难。因为在这种情况下，任何微小步长的误差和搜索方向的变动，都会使计算过程很不稳定。但若$r^{(0)}$取得太小，由于$r^{(k)}$趋于相当大值时才达到约束边界，这就会增加计算时间。所以在外点法中$r^{(0)}$的合理选择，也是很重要的。计算经验表明，若取$r^{(0)}=1$和$C=10$还是可以得到满

意的结果。通常可以按下式来取

$$r^{(0)}=\max\{r_u^{(0)}\},\quad 1\leqslant u\leqslant q \tag{5.4.16}$$

式中

$$r_u^{(0)}=\frac{0.02}{qg_u(\boldsymbol{X}^{(0)})f(\boldsymbol{X}^{(0)})}$$

由上述可得，对于约束优化问题

$$\begin{aligned}\min\quad & f(\boldsymbol{X}), && \boldsymbol{X}\in\mathbf{R}^n\\ \text{s.t.}\quad & g_u(\boldsymbol{X})\leqslant 0, && u=1,2,\cdots,q\\ & h_v(\boldsymbol{X})=0, && v=1,2,\cdots,p\end{aligned}$$

外点法的惩罚函数形式为

$$\varphi(\boldsymbol{X},r^{(k)})=f(\boldsymbol{X})+r^{(k)}\sum_{u=1}^{q}\left\{\frac{g_u(\boldsymbol{X})+|g_u(\boldsymbol{X})|}{2}\right\}^2+r^{(k)}\sum_{v=1}^{p}[h_v(\boldsymbol{X})]^2 \tag{5.4.17}$$

3．外点法的迭代步骤

(1)选择参数。初始惩罚因子 $r^{(0)}>0$(如取 $r^{(0)}=1$)；允许误差 ε_1、ε_2(ε_1、ε_2 均大于零)；递增系数 C($C=5\sim10$，可试取 8)；初始点 $\boldsymbol{X}^{(0)}$(可在可行域外或内部任意选择，不论怎样选择，初始时 $\varphi(\boldsymbol{X},r^{(k)})$ 的无约束极值点均在可行域外，如图 5.17 所示)；惩罚因子的控制量 $R_{\max}$，为避免 r 过大溢出，$R_{\max}$ 取一个较大的数(如 $R_{\max}=10^8$ 或更大)。当 $r^{(k)}>R_{\max}$ 时，且已达到收敛精度要求，则可退出优化计算。

令计算次数 $k=1$。

(2)以 $\boldsymbol{X}^{(0)}$ 点作为初始点，用无约束最优化方法求解

$$\min\quad \varphi(\boldsymbol{X},r^{(k)})$$

得

$$\boldsymbol{X}^*(r^{(k)})$$

其中 $\varphi(\boldsymbol{X},r^{(k)})$ 按式(5.4.17)构造。

(3)计算 $\boldsymbol{X}^*(r^{(k)})$ 点违反约束的最大量

$$\begin{aligned}&Q_1=\max\{g_u(\boldsymbol{X}^*(r^{(k)})),u=1,2,\cdots,q\}\\&Q_2=\max\{|h_v(\boldsymbol{X}^*(r^{(k)}))|,v=1,2,\cdots,p\}\\&Q=\max[Q_1,Q_2]\end{aligned}$$

(4)检验迭代终止准则。如果满足

$$Q\leqslant\varepsilon_1=10^{-4}\sim10^{-3} \tag{5.4.18}$$

则可以认为 $\boldsymbol{X}^*(r^{(k)})$ 点已接近约束边界，停止迭代。否则转入步骤(5)。

(5)检验 $r^{(k)}>R_{\max}$?

若 $r^{(k)}>R_{\max}$，再用靠近约束面附近的条件极值点的移动距离作为迭代终止准则来检验，

即当

$$\| X^*(r^{(k-1)}) - X^*(r^{(k)}) \| \leqslant \varepsilon_2 = 10^{-7} \sim 10^{-5} \tag{5.4.19}$$

时，停止迭代。

若 $r^{(k)} \ngtr R_{\max}$ 或式(5.4.19)不成立，则取 $r^{(k+1)} = Cr^{(k)}, X^{(0)} = X^*(r^{(k)}), k = k+1$，并转向步骤(2)。

外点法的计算 N-S 流程图如图 5.18 所示。

4. 外点惩罚函数法使用中的注意点

外点惩罚函数法的初始点 $X^{(0)}$，可以任意选择。因为不论初始点在可行域内或外，只要 $f(X)$ 的无约束极值点不在可行域内，其函数 $\varphi(X, r^{(k)})$ 的极值点都将在约束可行域外。这样，当惩罚因子的增大倍数不太大时，用前一次求得的无约束极值点 $X^*(r^{(k-1)})$ 作为下次求解 $\min\varphi(X, r^{(k)})$ 的初点 $X^{(0)}$，对于加快搜索速度是有好处的，特别是对于采用具有较高收敛速度的无约束最优化方法，初始点离极值点越近，其收敛速度越快。

传入 $r^{(0)}, \varepsilon_1, \varepsilon_2, C, X^{(0)}, R_{\max}, n$	
X=$X^{(0)}$，r=$r^{(0)}/C$	
	r=Cr，$X^{(0)}$=X
	$\min\varphi(X, r)$，得 $X^*(r) \to X$
	Q_1=max[$g_u(X)$，u=1, 2, …, q]
	Q_2=max[$\lvert h_v(X)\rvert$, v=1, 2, …, p]
	Q=max(Q_1，Q_2)
	D_X=$\lVert X - X^{(0)} \rVert$
直到 $Q \leqslant \varepsilon_1$ 或($r > R_{\max}$ 且 $D_X \leqslant \varepsilon_2$)	
输出 X, $f(X)$	

图 5.18　外点法的计算 N-S 流程图

在外点法中，判断无约束极值点 $X^*(r^{(k)})$ 是否为最优点 X^*，要看 $X^*(r^{(k)})$ 点离约束面的距离，若 $X^*(r^{(k)})$ 点处于边界上，则 $g_u(X^*(r^{(k)}))=0$，但实际上只有当迭代次数 $k\to\infty$ 才能达到，这就需要花费大量的计算时间，是很不经济的。因此，通常规定某一精度值 $\delta_0 = 10^{-5} \sim 10^{-3}$，对于 $g_u(X) \leqslant 0$ 约束，只要 $X^*(r^{(k)})$ 点满足

$$Q = \max\{g_u(X^*(r^{(k)})),\quad u = 1,2,\cdots,q\} \leqslant \delta_0 \tag{5.4.20}$$

就认为已经达到了约束边界。这样，只能取得一个接近于可行域的非可行设计方案。当要求严格满足不等式约束条件(如强度、刚度等性能约束)时，为了最终能取得一个可行的最优设计方案，必须对那些要求严格满足的约束条件，增加一个约束裕量 δ，这就是说，定义新的约束条件

$$g_u'(X) = g_u(X) + \delta_u,\quad \delta_u > 0,\quad u = 1,2,\cdots,q$$

如图 5.19 所示，这样可以用新约束函数构成的惩罚函数求其极小化，所求得的最优设计方案 X^*，可以使原不等式约束条件严格满足 $g_u(X)<0$。当然，δ 值不宜选取过大以避免所得结果与最优点相差过远，一般 $\delta = 10^{-4} \sim 10^{-3}$。

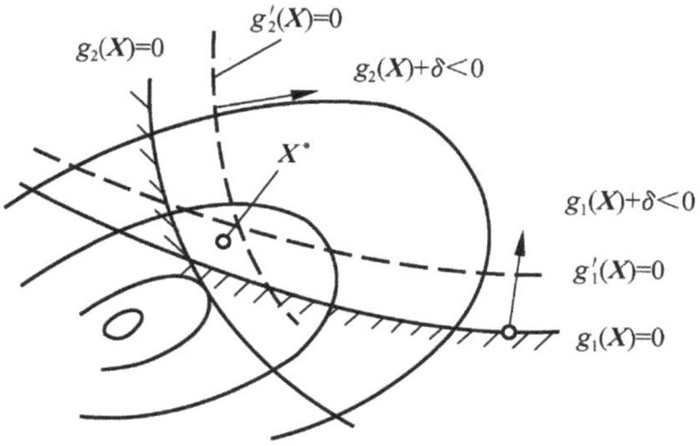

图 5.19　用约束裕量——δ 取得可行设计方案

5．应用外点惩罚函数法产生初始内点

对于数学模型复杂(维数高、约束条件多)的优化问题，可应用外点法的惩罚项产生内点惩罚函数法或后述的混合惩罚函数法所需的初始内点，方法如下。

取罚函数为

$$\varphi(\boldsymbol{X},r^{(k)})=r^{(k)}\sum_{u=1}^{q}\left\{\frac{g_u(\boldsymbol{X})+|g_u(\boldsymbol{X})|}{2}\right\}^2 \tag{5.4.21}$$

求解罚函数可得 $\boldsymbol{X}^*$，显然对于 $\boldsymbol{X}^*$有 $g_u(\boldsymbol{X}^*)\leqslant 0,u=1,2,\cdots,q$ 。故可取内点惩罚函数法或混合惩罚函数法的初始内点为

$$\boldsymbol{X}^{(0)}=\boldsymbol{X}^*$$

若某一 $g_j(\boldsymbol{X}^*)<0(j=1,2,\cdots,g)$ 不完全满足，或恰好 $g_j(\boldsymbol{X}^*)=0$，则可相应加入约束裕量 δ_j。

【例 5.2】　用外点法求解

$$\begin{aligned}&\min\quad f(\boldsymbol{X})=x_1^2+x_2^2\\&\text{s.t.}\quad g(\boldsymbol{X})=1-x_1\leqslant 0\end{aligned}$$

的约束最优解。

解　构造外点法惩罚函数

$$\begin{aligned}\varphi(\boldsymbol{X},r^{(k)})&=x_1^2+x_2^2+r^{(k)}\{\max[(1-x_1),0]\}^2\\&=\begin{cases}x_1^2+x_2^2+r^{(k)}(1-x_1)^2, & x_1<1\\ x_1^2+x_2^2, & x_1\geqslant 1\end{cases}\end{aligned}$$

对于任意给定的惩罚因子 $r^{(k)}>0$，函数 $\varphi(\boldsymbol{X},r^{(k)})$ 都是凸的。令函数 $\varphi(\boldsymbol{X}^*,r^{(k)})$ 的一阶偏导数为零，可得其无约束极值点

$$\frac{\partial\varphi}{\partial x_1}=\begin{cases}2x_1-2r^{(k)}(1-x_1), & x_1<1\\ 2x_1 & x_1\geqslant 1\end{cases}$$

$$\frac{\partial\varphi}{\partial x_2}=2x_2\text{，不论 } x_1\geqslant 1 \text{ 还是 } x_1<1$$

令 $\dfrac{\partial \varphi}{\partial x_1}=\dfrac{\partial \varphi}{\partial x_2}=0$，后得

$$x_1^*(r^{(k)})=\frac{r^{(k)}}{1+r^{(k)}}$$
$$x_2^*(r^{(k)})=0$$

所以最优点为

$$\boldsymbol{X}^*(r^{(k)})=\begin{bmatrix}\dfrac{r^{(k)}}{1+r^{(k)}} & 0\end{bmatrix}^{\mathrm{T}}$$

当 $r^{(k)}=1,10,100,\cdots,\to\infty$ 时

$$\boldsymbol{X}^*(r^{(k)})=[1/2\quad 0]^{\mathrm{T}},[10/11\quad 0]^{\mathrm{T}},[100/10\quad 10]^{\mathrm{T}},\cdots,[1\quad 0]^{\mathrm{T}}$$

最优解为 $\boldsymbol{X}^*=[1\quad 0]^{\mathrm{T}}, f(\boldsymbol{X})=1$。最优点的移动方向如图 5.20 所示。

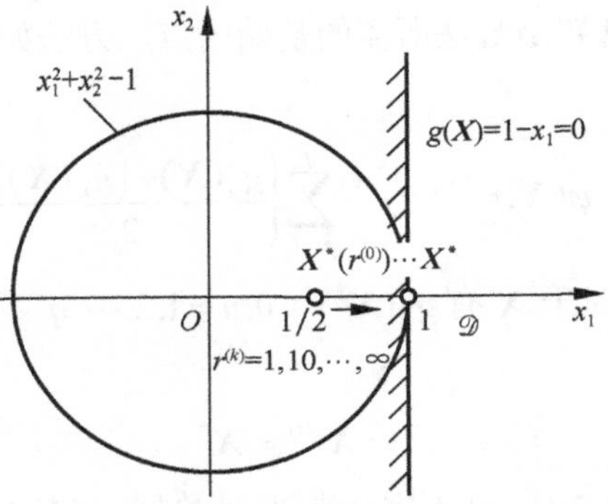

图 5.20　用外点法搜索最优点的移动方向

5.4.4　混合惩罚函数法

由于内点法容易处理不等式约束优化问题，而外点法又容易处理具有等式约束的优化问题，因而可将内点法与外点法结合起来，充分发挥内、外点法的优点，处理同时具有不等式约束和等式约束的优化问题。这样的方法称为混合惩罚函数法。

1. 混合法惩罚函数的形式

对约束优化问题

$$\begin{aligned}
\min\quad & f(\boldsymbol{X}), && \boldsymbol{X}\in\mathbf{R}^n\\
\text{s.t.}\quad & g_u(\boldsymbol{X})\leqslant 0, && u=1,2,\cdots,q\\
& h_v(\boldsymbol{X})=0, && v=1,2,\cdots,p
\end{aligned}$$

根据上述混合法的基本思想，作为新目标函数的惩罚函数，其惩罚项由两部分组成，一部分反映不等式约束的影响并以内点法的构造形式列出；另一部分反映等式约束的影响并以外点法的构造形式列出，即混合法惩罚函数的一般表达式为

$$\left.\begin{aligned}&\varphi(\boldsymbol{X},r^{(k)})=f(\boldsymbol{X})-r^{(k)}\sum_{u=1}^{q}\frac{1}{g_u(\boldsymbol{X})}+\frac{1}{\sqrt{r^{(k)}}}\sum_{v=1}^{p}[h_v(\boldsymbol{X})]^2\\&r^{(0)}>r^{(1)}>r^{(2)}>\cdots>0,\quad \lim_{k\to\infty}r^{(k)}\to 0\end{aligned}\right\}\tag{5.4.22}$$

或

$$\left.\begin{aligned}&\varphi(\boldsymbol{X},r^{(k)})=f(\boldsymbol{X})-r^{(k)}\sum_{u=1}^{q}\ln(-g_u(\boldsymbol{X}))+\frac{1}{\sqrt{r^{(k)}}}\sum_{v=1}^{p}[h_v(\boldsymbol{X})]^2\\&r^{(0)}>r^{(1)}>r^{(2)}>\cdots>0,\quad \lim_{k\to\infty}r^{(k)}\to 0\end{aligned}\right\}\tag{5.4.23}$$

混合法与内点法及外点法一样，属于序列无约束极小化方法中的一种。利用式(5.4.22)或式(5.4.23)构造混合法的惩罚函数时，其求解方法具有内点法的特点。所以，初始点 $\boldsymbol{X}^{(0)}$ 应为内点；$r^{(0)}$ 值可参照内点法选取；迭代程序与内点法的类似。

2．混合法的迭代步骤

(1) 选择初始惩罚因子 $r^{(0)}$ 的值，常取 $r^{(0)}=1$。规定允许误差 ε_1、ε_2。

(2) 在可行域 $\mathscr{D}$ 内选择一个严格满足所有不等式约束的初始点 $\boldsymbol{X}^{(0)}$。

(3) 求解 $\min\varphi(\boldsymbol{X},r^{(k)})$，得 $\boldsymbol{X}^*(r^{(k)})$。

(4) 检验迭代终止准则，如果满足式(5.4.7)和式(5.4.8)要求，则停止迭代，并以 $\boldsymbol{X}^*(r^{(k)})$ 为原目标函数 $f(\boldsymbol{X})$ 的约束最优解，否则转入步骤(5)。

(5) 取 $r^{(k+1)}=Cr^{(k)},\boldsymbol{X}^{(0)}=\boldsymbol{X}^*(r^k),k=k+1$，转向步骤(3)。常取 $C=0.1$。

混合法的计算 N-S 流程图与内点法的相同，如图 5.14 所示。

5.5　拉格朗日乘子法

工程优化设计中的问题，绝大部分是约束优化问题，一般较为复杂。随着优化技术在工程上的日渐推广使用和优化工作者的不断深入研究探索，目前已有不少较为成熟的求解约束优化问题的方法。但在通用性、可靠性、计算速度以及精度等方面还有一定的局限性，到目前为止尚没有适用于求解一切约束优化问题的算法。

前面讲过的惩罚函数法是一种流行算法，该方法简单好用。但使用该方法时，各参数选取的恰当与否对收敛的速度会产生很大的影响，而且当罚因子 $r^{(k)}$ 不断减小(或增大)，在靠近约束边界处惩罚函数的变化越来越剧烈，函数的病态程度增加，使得求取无约束问题的解变得很困难，或结果误差太大。针对这一问题，许多学者和优化工作者相应提出了一些更为有效的优化方法，拉格朗日乘子法就是其中的一种，是目前解决一般约束优化问题的可靠而有效的方法之一，受到人们的普遍重视。

拉格朗日乘子法是以约束最优解的一阶必要条件作为理论基础的。它也是一种将约束问题转化为无约束问题的求优方法。基本思想是在原约束优化问题中引入一些待定系数(称为乘子)，使之构成一个无约束的新目标函数，且该新目标函数的无约束最优解就是原约束问题的最优解。

5.5.1　等式约束问题的拉格朗日乘子法

该方法是由 Powell 与 Hestenes 针对等式约束优化问题提出的。

若有等式约束优化问题

$$\left.\begin{aligned}\min\quad & f(\boldsymbol{X}), \qquad \boldsymbol{X}\in\mathbf{R}^n\\ \text{s.t.}\quad & h_v(\boldsymbol{X})=0, \quad v=1,2,\cdots,p\end{aligned}\right\} \tag{5.5.1}$$

引入 p 个拉格朗日乘子 μ_v，$v=1,2,\cdots,p$，即引入乘子向量 $\mu=[\mu_1\quad \mu_2\quad \cdots\quad \mu_p]^{\mathrm{T}}$，对于有 p 个等式约束条件的 n 维优化问题，其拉格朗日函数为

$$L(\boldsymbol{X},\boldsymbol{\mu})=f(\boldsymbol{X})+\sum_{v=1}^{p}\mu_v h_v(\boldsymbol{X}) \tag{5.5.2}$$

式中

$$\boldsymbol{X}=[x_1\quad x_2\quad \cdots\quad x_n]^{\mathrm{T}}$$
$$\boldsymbol{\mu}=[\mu_1\quad \mu_2\quad \cdots\quad \mu_p]^{\mathrm{T}}$$

若把 p 个特定乘子 $\mu_v(v=1,2,\cdots,p)$ 也作为变量，则拉格朗日函数 $L(\boldsymbol{X},\boldsymbol{\mu})$ 极值存在的必要条件为

$$\left.\begin{aligned}&\frac{\partial L}{\partial x_i}=0, \quad i=1,2,\cdots,n\\ &\frac{\partial L}{\partial \mu_v}=0, \quad v=1,2,\cdots,p\end{aligned}\right\} \tag{5.5.3}$$

式(5.5.2)中的未知数为 $x_i(i=1,2,\cdots,n)$ 及 $\mu_v(v=1,2,\cdots,p)$ 共有 $n+p$ 个。式(5.5.3)方程组中含有 $n+p$ 个方程。因此，可通过解该方程组求出 $n+p$ 个变量数值，即 $x_1^*,x_2^*,\cdots,x_n^*$，$\mu_1^*,\mu_2^*,\cdots,\mu_p^*$，其中 $\boldsymbol{X}^*=[x_1^*\quad x_2^*\quad \cdots\quad x_n^*]^{\mathrm{T}}$ 即为具有等式约束优化问题的解。

【例 5.3】　用拉格朗日乘子法求下面优化问题的最优解

$$\begin{aligned}\min\quad & f(\boldsymbol{X})=x_1^2+x_2^2-x_1x_2-10x_1-4x_2+60\\ \text{s.t.}\quad & h_1(\boldsymbol{X})=x_1+x_2-8=0\end{aligned}$$

解　构造拉格朗日函数

$$L(\boldsymbol{X},\boldsymbol{\mu})=f(\boldsymbol{X})+\mu_1h_1(\boldsymbol{X})=x_1^2+x_2^2-x_1x_2-10x_1-4x_2+60+\mu_1(x_1+x_2-8)$$

再求偏导数并令其等于零，即

$$\frac{\partial L}{\partial x_1}=2x_1-x_2-10+\mu_1=0$$

$$\frac{\partial L}{\partial x_2}=2x_2-x_1-4+\mu_1=0$$

$$\frac{\partial L}{\partial \mu_1}=x_1+x_2-8=0$$

解上面方程组得

$$x_1 = 5,\quad x_2 = 3,\quad \mu_1 = 3$$

即得最优解

$$\boldsymbol{X}^* = [x_1^* \quad x_2^*]^{\mathrm{T}} = [5 \quad 3]^{\mathrm{T}},\quad f(\boldsymbol{X}^*) = 17$$

综上所述，对于求解等式约束的拉格朗日乘子法，其算法可归结为

(1) 给定目标函数 $f(\boldsymbol{X})$ 及等式约束 $h_v(\boldsymbol{X})$ $(v = 1, 2, \cdots, p)$。

(2) 按式(5.5.2)构造拉格朗日函数。

(3) 解含有 $x_i(i = 1, 2, \cdots, n)$，$\mu_v(v = 1, 2, \cdots, p)$ 共 $n + p$ 个未知数的如下方程组：

$$\left.\begin{aligned} &\frac{\partial L}{\partial x_i} = 0, \quad i = 1, 2, \cdots, n \\ &\frac{\partial L}{\partial \mu_v} = 0, \quad v = 1, 2, \cdots, p \end{aligned}\right\}$$

(4) 设其解为 $(x_1^*, x_2^*, \cdots, x_n^*, \mu_1^*, \mu_2^*, \cdots, \mu_p^*)$，则其中的 $\boldsymbol{X}^* = [x_1^* \quad x_2^* \quad \cdots \quad x_n^*]^{\mathrm{T}}$ 就是原约束优化问题的最优解。

5.5.2　含不等式约束优化问题的拉格朗日乘子法

设含有不等式约束的优化问题数学模型为

$$\left.\begin{aligned} \min\quad & f(\boldsymbol{X}), && \boldsymbol{X} \in \mathbf{R}^n \\ \text{s.t.}\quad & g_u(\boldsymbol{X}) \leqslant 0, && u = 1, 2, \cdots, q \\ & h_v(\boldsymbol{X}) = 0, && v = 1, 2, \cdots, p \end{aligned}\right\} \tag{5.5.4}$$

为了将 q 个不等式约束转化为等式约束，引入 q 个松弛变量 $Z_u(u = 1, 2, \cdots, q)$，将式(5.5.4)改写成仅含等式约束的数学模型

$$\left.\begin{aligned} \min\quad & f(\boldsymbol{X}), && \boldsymbol{X} \in \mathbf{R}^n \\ \text{s.t.}\quad & g_u(\boldsymbol{X}) + Z_u^2 = 0, && u = 1, 2, \cdots, q \\ & h_v(\boldsymbol{X}) = 0, && v = 1, 2, \cdots, p \end{aligned}\right\} \tag{5.5.5}$$

式中的松弛变量 Z_u 以 Z_u^2 出现，是为了对新变量 Z_u 不再作 $Z_u>0$ 的限定。

对式(5.5.5)沿用解等式约束问题的拉格朗日乘子法，引入 $q + p$ 个拉格朗日乘子，即 $\lambda_u(u = 1, 2, \cdots, q)$ 及 $\mu_v(v = 1, 2, \cdots, p)$，构造式(5.5.5)优化问题的拉格朗日函数

$$L(\boldsymbol{X}, \boldsymbol{\mu}, \boldsymbol{\lambda}, \boldsymbol{Z}) = f(\boldsymbol{X}) + \sum_{v=1}^{p} \mu_v h_v(\boldsymbol{X}) + \sum_{u=1}^{q} \lambda_u [g_u(\boldsymbol{X}) + Z_u^2] \tag{5.5.6}$$

对式(5.5.6)求偏导数并令其等于 0，得方程组

$$\left.\begin{aligned}&\frac{\partial L}{\partial x_i}=0, \quad i=1,2,\cdots,n\\&\frac{\partial L}{\partial \mu_v}=0, \quad v=1,2,\cdots,p\\&\frac{\partial L}{\partial \lambda_u}=0, \quad u=1,2,\cdots,q\\&\frac{\partial L}{\partial Z_u}=0, \quad u=1,2,\cdots,q\end{aligned}\right\} \tag{5.5.7}$$

式(5.5.7)的解为$(x_1^*,x_2^*,\cdots,x_n^*,\mu_1^*,\mu_2^*,\cdots,\mu_p^*,\lambda_1^*,\lambda_2^*,\cdots,\lambda_q^*,Z_1^*,Z_2^*,\cdots,Z_q^*)$。则其中的$\boldsymbol{X}^*=[x_1^* \quad x_2^* \quad \cdots \quad x_n^*]^{\mathrm{T}}$就是含有不等式约束的优化问题的最优解。

以上方法实际上是一种增加变量总数，将约束优化求解转化为求解非线性方程组的方法。

5.5.3　增广拉格朗日乘子法

1．概述

上面讨论了具有一般约束优化问题的拉格朗日乘子法，方法在理论上已很成熟，但其应用的局限性很大。其原因在于不少情况下拉格朗日函数的黑塞矩阵并不是正定的，因而拉格朗日函数关于$\boldsymbol{X}$的极小值常常是不存在的，此情况下就不能通过求拉格朗日函数的无约束极小点来求解原约束优化问题的最优解。为此，Powell 和 Hestenes 提出增广拉格朗日乘子法(Augmented Lagrange Method, ALM)。该方法在收敛速度和数值稳定性上都比惩罚函数法优越。

增广拉格朗日乘子法的主要思想，是把罚函数法与拉格朗日乘子法结合起来，在罚函数中引入拉格朗日乘子，或者说在拉格朗日函数中引入惩罚项，当采用外点罚函数形式时，试图在惩罚因子$r^{(k)}$不超过某个适当大的正数情况下，通过调节拉格朗日乘子，逐次求解无约束优化问题的最优解，使之逼近原约束问题的最优解，从而避免在惩罚函数中出现数值计算上的困难。下面分两种情况加以介绍。

2．解等式约束优化问题的 ALM 法

如式(5.5.1)的等式约束优化，式(5.5.2)为该问题的拉格朗日函数，在此基础上按外点法形式增加惩罚项$r^{(k)}\sum_{v=1}^{p}[h_v(\boldsymbol{X})]^2$，从而构成了增广拉格朗日函数

$$\begin{aligned}A(\boldsymbol{X},\boldsymbol{\mu},r^{(k)}) &= L(\boldsymbol{X},\boldsymbol{\mu})+r^{(k)}\sum_{v=1}^{p}[h(\boldsymbol{X})]^2\\&=f(\boldsymbol{X})+\sum_{v=1}^{p}\mu_v h_v(\boldsymbol{X})+r^{(k)}\sum_{v=1}^{p}[h_v(\boldsymbol{X})]^2\end{aligned} \tag{5.5.8}$$

求解步骤同外点罚函数法，随着罚因子的不断增大使序列无约束的最优点逐渐逼近原问题的最优解。

3. 解一般约束优化问题的ALM法

对于按式(5.5.4)表示的一般约束优化问题，求解思路如下。

(1)引入松弛变量Z_u将不等式约束转化为等式约束，见式(5.5.5)。

(2)引入拉格朗日乘子$\mu_v(v=1,2,\cdots,p)$及$\lambda_u(u=1,2,\cdots,q)$构造拉格朗日函数，见式(5.5.6)。

(3)增加惩罚项

$$r^{(k)}\left\{\sum_{v=1}^{p}[h_v(\boldsymbol{X})]^2+\sum_{u=1}^{q}[g_u(\boldsymbol{X})+Z_u^2]^2\right\}$$

而构成增广拉格朗日函数

$$A(\boldsymbol{X},\boldsymbol{\mu},\boldsymbol{\lambda},\boldsymbol{Z},r^{(k)})=L(\boldsymbol{X},\boldsymbol{\mu},\boldsymbol{\lambda},\boldsymbol{Z})+r^{(k)}\left\{\sum_{v=1}^{p}[h_v(\boldsymbol{X})]^2+\sum_{u=1}^{q}[g_u(\boldsymbol{X})+Z_u^2]\right\}^2 \tag{5.5.9}$$

式中，$L(\boldsymbol{X},\boldsymbol{\mu},\boldsymbol{\lambda},\boldsymbol{Z})$代表式(5.5.4)的拉格朗日函数，具体形式见式(5.5.6)；$A(\boldsymbol{X},\boldsymbol{\mu},\boldsymbol{\lambda},\boldsymbol{Z},r^{(k)})$则代表式(5.5.4)的增广拉格朗日函数。

通过求式(5.5.9)的无约束优化问题的最优解$(\boldsymbol{X}^*,\boldsymbol{\mu}^*,\boldsymbol{\lambda}^*,\boldsymbol{Z}^*)$，从该解中取出分量

$$\boldsymbol{X}^*=[x_1^* \quad x_2^* \quad \cdots \quad x_n^*]^{\mathrm{T}}$$

即为原约束优化问题式(5.5.4)的最优解。

可以证明，在某些并不苛刻的条件下，必定存在一个R，对于一切满足$r^{(k)}>R$的参数，$A(\boldsymbol{X},\boldsymbol{\mu},\boldsymbol{\lambda},\boldsymbol{Z},r^{(k)})$的黑塞矩阵总是正定的，因此增广拉格朗日函数式(5.5.9)的极值问题总是有解的。通过对增广拉格朗日函数的序列无约束优化，所得的解就是原约束优化问题的解。于是，求解式(5.5.4)的约束优化问题就转化为求式(5.5.9)无约束优化问题，即求其增广拉格朗日函数的极值问题。

由上述可知ALM方法有以下特点。

(1)ALM方法中的惩罚项是沿用外点法形式，所以对初始点的选择无限制，迭代点序列可以从可行域外部逼近约束最优点。

(2)罚因子$r^{(k)}$对方法的影响并不敏感，一般不需要将$r^{(k)}$无限增加就可得到问题的解，这样就可降低函数的病态，所以比惩罚函数法有更好的效果。

(3)ALM方法的迭代流程可参考文献(刘唯信，1995)。

5.6 习　　题

5.1　设约束优化问题的数学模型

$$\begin{aligned}
\min \quad & f(\boldsymbol{X})=1-2x_1-x_2^2 \\
\text{s.t.} \quad & g_1(\boldsymbol{X})=x_1+x_2-6\leqslant 0 \\
& g_2(\boldsymbol{X})=-x_1\leqslant 0 \\
& g_3(\boldsymbol{X})=-x_2\leqslant 0
\end{aligned}$$

试用两个随机数 $y_1 = -0.1, y_2 = 0.85$ 构成随机方向 $\boldsymbol{S}^{(k)}$，并由 $\boldsymbol{X}^{(k)} = [3 \quad 1]^{\mathrm{T}}$ 沿该方向取步长 $\alpha^{(k)} = 2$ 计算各迭代点，确定最后一个适用可行点 $\boldsymbol{X}^{(k+1)}$。

5.2 已知约束优化问题的数学模型

$$\begin{aligned} \min \quad & f(\boldsymbol{X}) = (x_1+20)^3 + (x_2+20)^2 \\ \text{s.t.} \quad & g_1(\boldsymbol{X}) = -(x_1+30) \leqslant 0 \\ & g_2(\boldsymbol{X}) = -(x_1+x_2+20) \leqslant 0 \\ & g_3(\boldsymbol{X}) = -(x_2+30) \leqslant 0 \\ & g_4(\boldsymbol{X}) = x_1^2 - x_2^2 - 6400 \leqslant 0 \end{aligned}$$

试计算经 5 次复合形(不包括初始复合形)搜索后，获得的最优点。已选定初始复合形顶点 $\boldsymbol{X}^{(1)} = [-10 \quad 65]^{\mathrm{T}}, \boldsymbol{X}^{(2)} = [65 \quad 40]^{\mathrm{T}}, \boldsymbol{X}^{(3)} = [50 \quad 10]^{\mathrm{T}}$，反射系数 $\alpha = 1$。

5.3 已知不等式约束优化问题

$$\begin{aligned} \min \quad & f(\boldsymbol{X}) = x_1 + x_2 \\ \text{s.t.} \quad & g_1(\boldsymbol{X}) = x_1^2 - x_2 \leqslant 0 \\ & g_2(\boldsymbol{X}) = x_1 \leqslant 0 \end{aligned}$$

试写出内点罚函数与外点罚函数，并选出内点法与外点法的初始点。

5.4 已知约束优化问题的数学模型

$$\begin{aligned} \min \quad & f(\boldsymbol{X}) = x_1^2 + x_2^2 + x_3^2 + 2x_1x_4 - x_2x_3 \\ \text{s.t.} \quad & g_1(\boldsymbol{X}) = x_3 - x_1 - x_4 + 8 \leqslant 0 \\ & g_2(\boldsymbol{X}) = -(x_2 + x_1x_4 + 1) \leqslant 0 \\ & h(\boldsymbol{X}) = 2x_1 + x_2 - 6 = 0 \end{aligned}$$

试写出其混合罚函数。

5.5 已知目标函数为 $f(\boldsymbol{X}) = x_2\sin x_2 - 4x_1$，受约束于 $1 \leqslant x_1 \leqslant 4, 0 \leqslant x_2 \leqslant 5$，$x_2\sin x_2 - x_1^3 = 0$，试写出其混合罚函数。

5.6 试用惩罚函数内点法求解

$$\begin{aligned} \min \quad & f(\boldsymbol{X}) = 10x \\ \text{s.t.} \quad & g(\boldsymbol{X}) = 5 - x \leqslant 0 \end{aligned}$$

并绘图表示。问随着 $r^{(k)}$ 的改变，惩罚函数的最小值 $\boldsymbol{X}^*(r^{(k)})$ 是沿着怎样一条轨迹趋向于 $f(\boldsymbol{X})$ 的约束最优点的，写出该轨迹的表达式。

5.7 试用惩罚函数外点法求解问题

$$\begin{aligned} \min \quad & f(\boldsymbol{X}) = x_1 + 2x_2^2 \\ \text{s.t.} \quad & g(\boldsymbol{X}) = x_1 - x_2 + 1 \leqslant 0 \end{aligned}$$

并将其对于不同 $r^{(k)}$ 值时的极值点轨迹，表示在设计空间中。

5.8 试用拉格朗日乘子法求解问题

$$\begin{aligned} \min \quad & f(\boldsymbol{X}) = x_1^2 + x_2^2 - x_1x_2 - 10x_1 - 4x_2 + 60 \\ \text{s.t.} \quad & h(\boldsymbol{X}) = x_1 - 6 = 0 \end{aligned}$$

5.9 试用拉格朗日乘子法求解问题

$$
\begin{aligned}
\min\quad & f(\boldsymbol{X}) = x_1^2 + 4x_2^2 \\
\text{s.t.}\quad & g_1(\boldsymbol{X}) = x_1 - 2x_2 + 1 \leqslant 0 \\
& g_2(\boldsymbol{X}) = -x_1 + x_2 \leqslant 0 \\
& g_3(\boldsymbol{X}) = -x_1 \leqslant 0
\end{aligned}
$$

5.10 将下列的约束优化问题的数学模型，改写为增广拉格朗日乘子法函数。

$$
\begin{aligned}
\min\quad & f(\boldsymbol{X}) = 4x_1 - x_2^2 - 12 \\
\text{s.t.}\quad & g_1(\boldsymbol{X}) = x_1^2 + x_2^2 - 10x_1 - 10x_2 + 34 \leqslant 0 \\
& g_2(\boldsymbol{X}) = -x_1 \leqslant 0 \\
& g_3(\boldsymbol{X}) = -x_2 \leqslant 0 \\
& h(\boldsymbol{X}) = x_1^2 + x_2^2 - 25 = 0
\end{aligned}
$$

第 6 章　多目标优化设计

6.1　本 章 导 读

多目标优化设计的求解理论与方法，要比单目标优化复杂得多，并且亟待完善。为此，本章试图简要而不失系统性地介绍求解多目标优化设计的理论基础，并介绍求解工程类的多目标优化设计的一些实用方法。前者试图为进一步研究奠定基础，同时有助于设计者把握好多目标优化设计求解结果的质量；后者则面向应用。6.2 节理论性较强，其中有效解的概念，是求解多目标优化设计的最重要的概念；6.3 节介绍的方法简便易行，又与单目标优化求解方法能很好地衔接。读者可酌情选学本章。

6.2　求解多目标优化设计的理论基础

6.2.1　多目标优化的数学模型

如第 1 章所述，若设计追求的指标数目不止一个，即有多个目标函数的优化问题，称为多目标优化设计。先来看一个简单的例子。

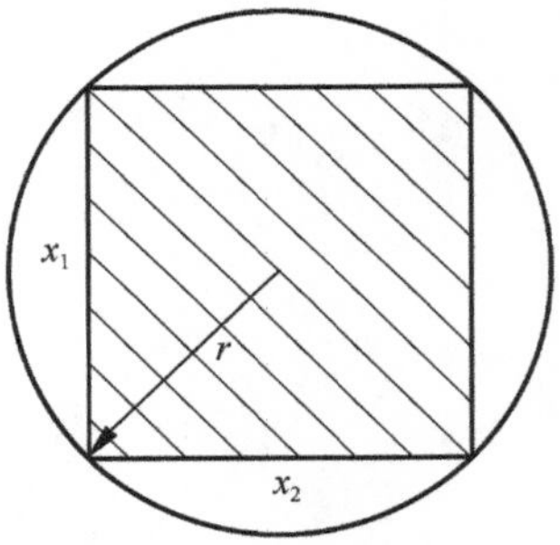

图 6.1　圆形树干加工成矩形横截面

【例 6.1】　把横截面为圆形的树干加工成矩形横截面的木梁(图 6.1)。为使木梁满足一定的规格、应力及强度条件，要求木梁的高度不超过 H，横截面的惯性矩不小于给定值 W，并且横截面的高度要介于其宽度和宽度的 4 倍之间。现问应如何确定木梁截面的尺寸，可使木梁的重量最轻，并且成本最低。

解　设所设计的木梁横截面的高为 x_1，宽为 x_2。

为使具有一定长度的木梁重量最轻，应要求其横截面面积 x_1x_2 为最小，即要求

$$x_1x_2 \to \text{最小}$$

由于矩形横截面的木梁是由横截面为圆形的树干加工而成的，故其成本与树干横截面面积的大小

$$\pi r^2 = \pi\left[\left(\frac{x_1}{2}\right)^2 + \left(\frac{x_2}{2}\right)^2\right]$$

成正比。由此，为使木梁的成本最低还应要求 $\frac{\pi}{4}(x_1^2 + x_2^2)$ 尽可能小，即 $(x_1^2 + x_2^2) \to$ 最小。

另外，按问题的要求，木梁的高度不超过 H，并且要满足给定的应力和强度条件，以及尺寸等要求，应有

$$
\begin{aligned}
&x_1 \leqslant H \\
&x_1^2 x_2 \geqslant W \\
&x_2 \leqslant x_1 \leqslant 4x_2 \\
&x_1 \geqslant 0 \text{和} x_2 \geqslant 0
\end{aligned}
$$

根据上面的讨论，确定木梁最优尺寸问题的数学模型为

$$
\left.\begin{aligned}
\min \quad & f_1(\boldsymbol{X}) = x_1 x_2 \\
\min \quad & f_2(\boldsymbol{X}) = (x_1^2 + x_2^2) \\
\text{s.t.} \quad & g_1(\boldsymbol{X}) = x_1 - H \leqslant 0 \\
& g_2(\boldsymbol{X}) = W - x_1^2 x_2 \leqslant 0 \\
& g_3(\boldsymbol{X}) = x_2 - x_1 \leqslant 0 \\
& g_4(\boldsymbol{X}) = x_1 - 4x_2 \leqslant 0 \\
& g_5(\boldsymbol{X}) = -x_1 \leqslant 0 \\
& g_6(\boldsymbol{X}) = -x_2 \leqslant 0
\end{aligned}\right\} \tag{6.2.1}
$$

设 m 为多目标优化的目标函数数目，由式(6.2.1)可得，多目标优化(极小化，下同)的数学模型可表达为

$$
\begin{aligned}
\min \quad & f_1(\boldsymbol{X}) \\
& \vdots \\
\min \quad & f_m(\boldsymbol{X}) \\
\text{s.t.} \quad & g_u(\boldsymbol{X}) \leqslant 0, \quad u = 1, 2, \cdots, q \\
& h_v(\boldsymbol{X}) = 0, \quad v = 1, 2, \cdots, p
\end{aligned} \tag{6.2.2}
$$

与第 1 章中用向量形式来表示设计变量相同的原理，可以再用向量形式来表示 m 个目标函数

$$
\boldsymbol{f}(\boldsymbol{X}) = [f_1(\boldsymbol{X}) \quad \cdots \quad f_m(\boldsymbol{X})]^{\mathrm{T}} \tag{6.2.3}
$$

并称 $\boldsymbol{f}(\boldsymbol{X})$ 为多目标优化数学模型的向量目标函数。

结合式(6.2.2)、式(6.2.3)可得多目标优化数学模型的一般形式为

$$
\left.\begin{aligned}
\min \quad & \boldsymbol{f}(\boldsymbol{X}) = [f_1(\boldsymbol{X}) \quad \cdots \quad f_m(\boldsymbol{X})]^{\mathrm{T}} \\
\text{s.t.} \quad & g_u(\boldsymbol{X}) \leqslant 0, \quad u = 1, 2, \cdots, q \\
& h_v(\boldsymbol{X}) = 0, \quad v = 1, 2, \cdots, p
\end{aligned}\right\} \tag{6.2.4}
$$

式中，$\min \boldsymbol{f}(\boldsymbol{X})$ 表示向量极小化，即向量目标函数 $\boldsymbol{f}(\boldsymbol{X}) = [f_1(\boldsymbol{X}) \quad \cdots \quad f_m(\boldsymbol{X})]^{\mathrm{T}}$ 中的各个目标函数被同等地极小化。

6.2.2　目标空间、可行解、像集

在几何空间，设计变量 $\boldsymbol{X} = [x_1 \quad x_2 \quad \cdots \quad x_n]^{\mathrm{T}}$ 的一组确定值，对应 n 维欧氏空间 $\mathbf{R}^n$ 中的

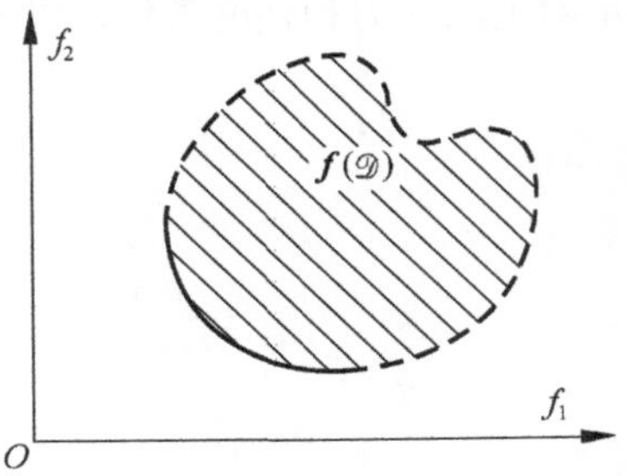

图 6.2　目标空间中的像集示意图

一个点，而相应的$\boldsymbol{f}(\boldsymbol{X})$则可对应一个 m 维的目标函数空间 $\mathbf{R}^m$ 的一个点。即向量目标函数$\boldsymbol{f}(\boldsymbol{X})$对应的是由设计变量空间 $\mathbf{R}^n$ 到目标函数空间 $\mathbf{R}^m$ 的一个映射

$$\boldsymbol{f}:\mathbf{R}^n \to \mathbf{R}^m$$

简称 $\mathbf{R}^m$ 为目标空间。

与单目标优化同理，把满足约束条件的点称为相应多目标优化数学模型的可行解或可行点，由所有可行解所组成的集合称为可行域或约束集，并记为$\mathscr{D}$ 。

有时亦称$\boldsymbol{f}(\boldsymbol{X})$为 $\boldsymbol{X}$ 在目标空间 $\mathbf{R}^m$ 的一个映像或**像点**，由可行域$\mathscr{D}$通过映射$\boldsymbol{f}$得到目标空间中的集合记为$\boldsymbol{f}(\mathscr{D})$，称$\boldsymbol{f}(\mathscr{D})$为$\mathscr{D}$在目标空间中的**像集**，$m=2$ 时的图形如图 6.2 所示。

6.2.3　向量序的定义

根据上述关于模型的分析，多目标优化问题与通常的单目标优化问题的最大差别是，单目标优化问题的目标函数是一个标量函数，可直接通过函数值大小比较择优；而多目标优化问题的目标函数是一个向量函数，无法通过函数数值大小进行择优比较。为此，首先需要引进向量空间中向量之间的比较关系，此即“序”的关系。下面给出一组最基本的向量序的定义。

定义　设$\boldsymbol{A}=[a_1 \quad \cdots \quad a_m]^{\mathrm{T}}, \boldsymbol{B}=[b_1 \quad \cdots \quad b_m]^{\mathrm{T}}$是 m 维欧氏空间 $\mathbf{R}^m$ 中的两个向量。

(1)若 $a_i=b_i(i=1,2,\cdots,m)$，则称向量$\boldsymbol{A}$ 等于向量$\boldsymbol{B}$，记作$\boldsymbol{A}=\boldsymbol{B}$。

(2)若 $a_i\leqslant b_i(i=1,2,\cdots,m)$，则称向量$\boldsymbol{A}$ 小于等于向量$\boldsymbol{B}$，记作$\boldsymbol{A}\leqslant\boldsymbol{B}$ 或$\boldsymbol{B}\geqslant\boldsymbol{A}$。

(3)若 $a_i\leqslant b_i(i=1,2,\cdots,m)$，并且其中至少有一个是严格不等式，则称向量$\boldsymbol{A}$ 小于向量$\boldsymbol{B}$，记作$\boldsymbol{A}\leq\boldsymbol{B}$ 或$\boldsymbol{B}\geq\boldsymbol{A}$。

(4)若 $a_i<b_i(i=1,2,\cdots,m)$，则称向量$\boldsymbol{A}$ 严格小于向量$\boldsymbol{B}$，记作$\boldsymbol{A}<\boldsymbol{B}$ 或$\boldsymbol{B}>\boldsymbol{A}$。

由上述比较关系所定义的向量之间的序，称为向量的自然序。

简单地说，在自然序的意义下，向量 $\boldsymbol{A}$ 等于向量 $\boldsymbol{B}$ 就是它们的所有分量都对应地相等；向量$\boldsymbol{A}$ 严格小于(小于等于)向量 $\boldsymbol{B}$，就是 $\boldsymbol{A}$ 的所有分量都小于(小于等于)$\boldsymbol{B}$ 的对应分量；向量$\boldsymbol{A}$ 小于向量$\boldsymbol{B}$，则是$\boldsymbol{A}$ 的所有分量都不大于 $\boldsymbol{B}$ 的对应分量，并且$\boldsymbol{A}$ 至少有一个分量小于 $\boldsymbol{B}$ 的对应分量。例如，图 6.3 中的 2 维向量$\boldsymbol{A}$ 与$\boldsymbol{B}$、$\boldsymbol{C}$、$\boldsymbol{D}$ 之间有自然序关系：$\boldsymbol{A}<\boldsymbol{B}, \boldsymbol{A}\leq\boldsymbol{C}, \boldsymbol{A}\leq\boldsymbol{D}$，而$\boldsymbol{B}$、$\boldsymbol{C}$、$\boldsymbol{D}$ 之间无自然序关系。

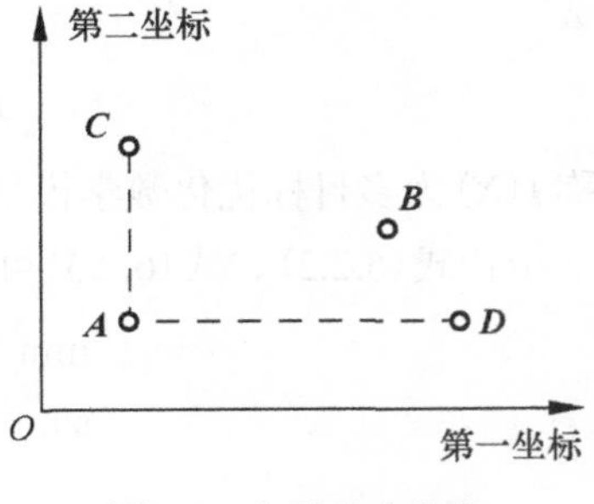

图 6.3　向量的自然序

特别地，当 $m=1$ 时，上述定义的自然序和实数序是一致的。只不过这时$\leq$和$\leqslant$的意义相同。

6.2.4　绝对最优解、有效解、弱有效解、有效点

有了向量的自然序，就可进行向量大小的比较，下面给出极小化形式的一般多目标优化数学模型的几个解的概念。

1．绝对最优解

设$\mathscr{D}$为多目标优化的可行域，$\boldsymbol{f}(\boldsymbol{X})$为多目标优化的向量目标函数。若$\boldsymbol{X}^* \in \mathscr{D}$，并且

$$\boldsymbol{f}(\boldsymbol{X}^*) \leqslant \boldsymbol{f}(\boldsymbol{X}),\ \forall \boldsymbol{X} \in \mathscr{D} \tag{6.2.5}$$

则称$\boldsymbol{X}^*$是多目标优化模型的**绝对最优解**。

式(6.2.5)与向量序定义的(2)对应。若设$\boldsymbol{f}(\boldsymbol{X}^*)=[f_1(\boldsymbol{X}^*)\ \ \cdots\ \ f_m(\boldsymbol{X}^*)]^{\mathrm{T}}, \boldsymbol{f}(\boldsymbol{X})=[f_1(\boldsymbol{X})\ \ \cdots\ \ f_m(\boldsymbol{X})]^{\mathrm{T}}$，则式(6.2.5)等效为

$$f_i(\boldsymbol{X}^*) \leqslant f_i(\boldsymbol{X}),\quad i=1,2,\cdots,m \tag{6.2.6}$$

由式(6.2.6)可得，多目标优化模型的绝对最优解，同时是$\boldsymbol{f}(\boldsymbol{X})$中的每一分目标函数的单目标优化的最优解。由全部绝对最优解所组成的集合称为多目标优化模型的绝对最优解集。图 6.4 画出了当$n=1$和$m=2$时的绝对最优解或绝对最优解集的几种情况。当多目标优化模型的绝对最优解$\boldsymbol{X}^*$存在时，由$\boldsymbol{f}$映射到目标空间$\mathbf{R}^m$中的像点$\boldsymbol{f}(\boldsymbol{X}^*)$，称为绝对最优点。图 6.5 说明了在$m=2$时，像点$\boldsymbol{f}(\boldsymbol{X}^*)$在目标空间中的像集$\boldsymbol{f}(\mathscr{D})$中的位置。

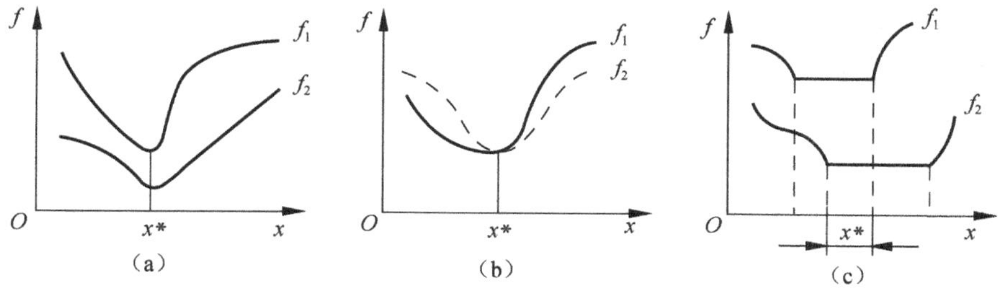

图 6.4　绝对最优解与绝对最优解集

从式(6.2.6)可知，多目标优化的绝对最优解只能在$\boldsymbol{f}(\boldsymbol{X})=[f_1(\boldsymbol{X})\ \ \cdots\ \ f_m(\boldsymbol{X})]^{\mathrm{T}}$的每一分目标函数的单目标优化的最优解都存在，并且它们正好是同一解的情况下才存在。这显然只是很特殊的情况时才会发生。因此，在一般情况下，一个给定的多目标优化模型的绝对最优解往往是不存在的，所以转而寻求下述的有效解。

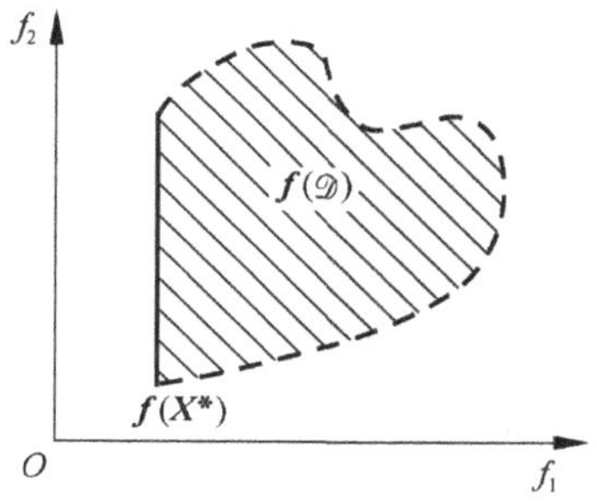

图 6.5　绝对最优解的像点

2．有效解

设$\mathscr{D}$为多目标优化的可行域，$\boldsymbol{f}(\boldsymbol{X})$为多目标优化的向量目标函数，若$\tilde{\boldsymbol{X}} \in \mathscr{D}$，并且不存在$\boldsymbol{X} \in \mathscr{D}$使得

$$\boldsymbol{f}(\boldsymbol{X}) \leqslant \boldsymbol{f}(\tilde{\boldsymbol{X}}) \tag{6.2.7}$$

则称$\tilde{\boldsymbol{X}}$是多目标优化(极小化)模型的有效解。

这个定义是基于“反例”作出的，对于初学者，较难理解与把握。下面分两步来分析。上述定义的语义从字面上可作这样的诠释：对于$\tilde{\boldsymbol{X}} \in \mathscr{D}$，若在$\mathscr{D}$上不能找到比它更好的解，则$\tilde{\boldsymbol{X}}$就是所求解的多目标优化模型的一个有效解。接下来的就是这一诠释中的“比它更好”，

应如何从数学上予以理解。根据向量序定义中的(3)，对式(6.2.7)分析可得，对于$X \in \mathscr{D}$，若X是比$\tilde{X}$更好的解，则应满足以下两个方面：

(1) $f(X)=[f_1(X) \quad \cdots \quad f_m(X)]^T$ 中的每一个分目标值，都不能比 $f(\tilde{X})=[f_1(\tilde{X}) \quad \cdots \quad f_m(\tilde{X})]^T$ 中的相应值大，即应有

$$f_i(X) \leqslant f_i(\tilde{X}), \quad i=1,2,\cdots,m$$

(2) $f(X)=[f_1(X) \quad \cdots \quad f_m(X)]^T$ 中，至少要有一个分目标函数的值，小于 $f(\tilde{X})=[f_1(\tilde{X}) \quad \cdots \quad f_m(\tilde{X})]^T$ 中的相应值，即上述的 $f_i(X) \leqslant f_i(\tilde{X}) (i=1,2,\cdots,m)$ 中，至少要有一个是严格不等式。若在$\mathscr{D}$上找不到X能同时满足上面的①、②两项，则$\tilde{X}$就是一个有效解。

有效解也称为帕雷托(Pareto)最优解，它是多目标优化研究中，一个最基本的概念。从上述有效解的定义可以看到，有效解仅仅是多目标优化模型的一个“不坏”的解，故也称为非劣解或可接受解。由有效解的这一意义可知，对于一个多目标优化(极小化)模型，一般它不会像单目标优化问题那样，仅仅只具有唯一的或不多的几个解，而常常总是具有很多个有效解。

把全部有效解所组成的集合称为有效解集，简记为$\boldsymbol{E}$。图6.6分别画出了$n=1$，$m=2$ 和 $n=2$，$m=2$ 时，相应的有效解集示意图。图中集合$\boldsymbol{E}$上的任一点都是有效解，而$\boldsymbol{E}$以外的点不是有效解。图6.7为$m=2$时，有效解集$\boldsymbol{E}$经过f映射到目标空间中的像集$f(\boldsymbol{E})$的示意图。

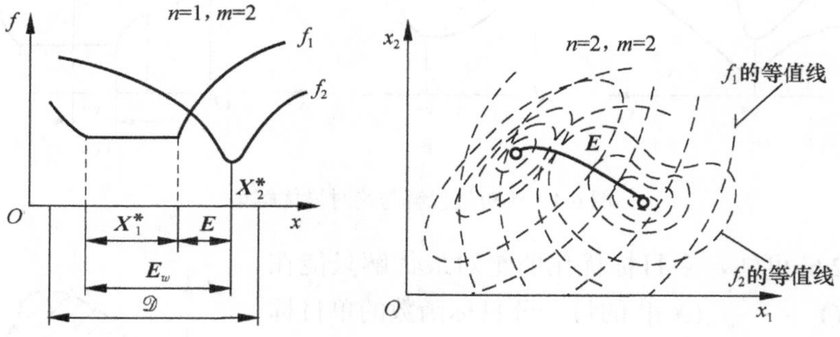

图 6.6　有效解与弱有效解

把上述有效解定义中的条件稍为放宽，可以给出下面的弱有效解的概念。

3. 弱有效解

设$\mathscr{D}$为多目标优化的可行域，$f(X)$为多目标优化的向量目标函数，若$\tilde{X} \in \mathscr{D}$，并且不存在$X \in \mathscr{D}$使得

$$f(X) < f(\tilde{X}) \tag{6.2.8}$$

则称$\tilde{X}$是多目标优化(极小化)模型的弱有效解。

与有效解定义相对比，弱有效解定义的差别仅在于式(6.2.8)的向量序的比较符为<。这个定义仍是基于“反例”做出的，但反例成立的条件比有效解定义中反例成立的条件更严格，相应地反例不成立即$\tilde{X}$为弱有效解的条件就放宽了。按向量序定义中的(4)，式(6.2.8)为向量序中的严格小，等效为

$$f_i(\boldsymbol{X}) < f_i(\tilde{\boldsymbol{X}}),\quad i=1,2,\cdots,m$$

这就是说，若 $\tilde{\boldsymbol{X}}$ 是多目标优化的弱有效解，则在 $\mathscr{D}$ 上找不到一个 $\boldsymbol{X}$，使得 $\boldsymbol{f}(\boldsymbol{X})=[f_1(\boldsymbol{X})\ \ \cdots\ \ f_m(\boldsymbol{X})]^{\mathrm{T}}$ 中的每一个分目标值，都比 $\boldsymbol{f}(\tilde{\boldsymbol{X}})=[f_1(\tilde{\boldsymbol{X}})\ \ \cdots\ \ f_m(\tilde{\boldsymbol{X}})]^{\mathrm{T}}$ 中的相应值更小。注意，对于有效解，则是要求在 $\mathscr{D}$ 上找不到一个 $\boldsymbol{X}$，使 $\boldsymbol{f}(\boldsymbol{X})=[f_1(\boldsymbol{X})\ \ \cdots\ \ f_m(\boldsymbol{X})]^{\mathrm{T}}$ 中的每一个分目标值，都不比 $\boldsymbol{f}(\tilde{\boldsymbol{X}})=[f_1(\tilde{\boldsymbol{X}})\ \ \cdots\ \ f_m(\tilde{\boldsymbol{X}})]^{\mathrm{T}}$ 中的相应值大，且至少应有 $f(\boldsymbol{X})$ 的一个分目标值，小于 $\boldsymbol{f}(\tilde{\boldsymbol{X}})$ 的相应值，即至少有一个 $f_j(\boldsymbol{X})\leqslant f_j(\tilde{\boldsymbol{X}})(1\leqslant j\leqslant m)$ 成立。显然，对于给定的一个多目标优化模型，它一般都具有许多个弱有效解，全部弱有效解所组成的集合称为弱有效解集，简记为 $\boldsymbol{E}_w$。如图 6.6 中的 $\boldsymbol{E}_W$ 就是弱有效解集，图 6.7 中的 $\boldsymbol{f}(\boldsymbol{E}_w)$ 则表示 $\boldsymbol{E}_w$ 的像集。

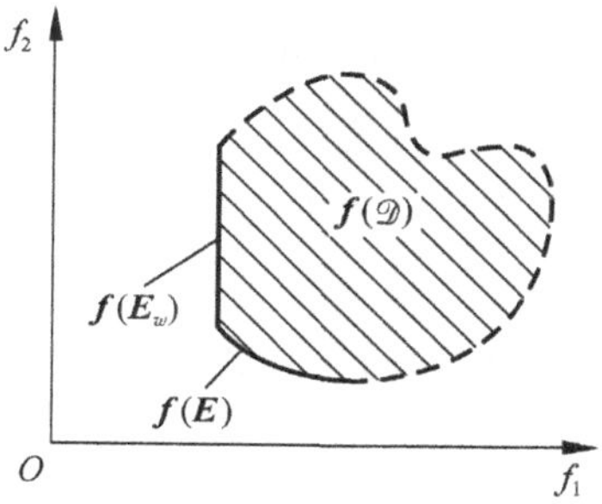

图 6.7　像集 $\boldsymbol{f}(\boldsymbol{E})$、$\boldsymbol{f}(\boldsymbol{E}_w)$

根据向量序的定义(4)和(3)，若 $\boldsymbol{f}(\boldsymbol{X})\leqslant\boldsymbol{f}(\tilde{\boldsymbol{X}})$ 不成立，可以推出 $\boldsymbol{f}(\boldsymbol{X})<\boldsymbol{f}(\tilde{\boldsymbol{X}})$ 一定不成立，反之不然。因此，由有效解和弱有效解的定义知道，一个多目标优化模型的有效解必为同一模型的弱有效解，即有

$$\boldsymbol{E}\subseteq\boldsymbol{E}_w$$

图 6.6 就直观地表示了有效解集和弱有效解集的这种包含关系。

4. 有效点

有效解 $\tilde{\boldsymbol{X}}$ 经 $\boldsymbol{f}$ 映像到目标空间中的对应像点 $\boldsymbol{f}(\tilde{\boldsymbol{X}})$，称为多目标优化模型的一个**有效点**。像集 $\boldsymbol{f}(\mathscr{D})$ 中所有的有效点，在目标空间构成了像集 $\boldsymbol{f}(\mathscr{D})$ 的边界超曲面。$m=2$ 时，有效点集为一边界曲线，如图 6.7 中所示的 $\boldsymbol{f}(\boldsymbol{E})$ 曲线。

根据以上的介绍，对于有效解和弱有效解，可做这样的理解：

(1) 若 $\boldsymbol{X}^{(1)}$、$\boldsymbol{X}^{(2)}$ 是两个有效解，则对于 $\boldsymbol{f}(\boldsymbol{X}^{(1)})=[f_1(\boldsymbol{X}^{(1)})\ \ \cdots\ \ f_m(\boldsymbol{X}^{(1)})]^{\mathrm{T}},\boldsymbol{f}(\boldsymbol{X}^{(2)})=[f_1(\boldsymbol{X}^{(2)})\ \ \cdots\ \ f_m(\boldsymbol{X}^{(2)})]^{\mathrm{T}}$ 应满足如下的必要条件。

至少有一个 $f_i(\boldsymbol{X}^{(1)})<f_i(\boldsymbol{X}^{(2)})$ 成立，同时还至少有一个 $f_j(\boldsymbol{X}^{(1)})>f_j(\boldsymbol{X}^{(2)})$ 成立 $(i,j=1,2,\cdots,m,i\neq j)$。也就是 $\boldsymbol{f}(\boldsymbol{X}^{(1)})$ 与 $\boldsymbol{f}(\boldsymbol{X}^{(2)})$ 之间无自然序关系。

例如，对于某一 $m=3$ 的给定问题，已知 $\boldsymbol{f}(\boldsymbol{X}^{(1)})=[0.1\ \ 0.2\ \ 0.3]^{\mathrm{T}},\boldsymbol{f}(\boldsymbol{X}^{(2)})=[0.2\ \ 0.1\ \ 0.3]^{\mathrm{T}}$，$\boldsymbol{f}(\boldsymbol{X}^{(3)})=[0.2\ \ 0.2\ \ 0.3]^{\mathrm{T}}$，并且已知 $\boldsymbol{X}^{(1)}$ 为有效解。

根据有效解定义，$\boldsymbol{X}^{(3)}$ 不是有效解，因为 $f_i(\boldsymbol{X}^{(1)})\leqslant f_i(\boldsymbol{X}^{(3)})(i=1,2,3)$，而对于 $\boldsymbol{X}^{(2)}$，则无法判定是否为有效解。

(2) 若 $\boldsymbol{X}^{(1)}$、$\boldsymbol{X}^{(2)}$ 是两个弱有效解，则对于 $\boldsymbol{f}(\boldsymbol{X}^{(1)})=[f_1(\boldsymbol{X}^{(1)})\ \ \cdots\ \ f_m(\boldsymbol{X}^{(1)})]^{\mathrm{T}},\boldsymbol{f}(\boldsymbol{X}^{(2)})=[f_1(\boldsymbol{X}^{(2)})\ \ \cdots\ \ f_m(\boldsymbol{X}^{(2)})]^{\mathrm{T}}$，至少应有一个 $f_i(\boldsymbol{X}^{(1)})=f_i(\boldsymbol{X}^{(2)})$ 成立 $i=1,2,\cdots,m$。如上例中的 $\boldsymbol{X}^{(2)}$、$\boldsymbol{X}^{(3)}$ 有可能是两个弱有效解。

(3) 若无前提条件，对数个优化解 $\boldsymbol{X}^{(1)},\cdots,\boldsymbol{X}^{(k)}$，一般只能判定其中的非有效解。

6.2.5　本节小结

本节内容理论性较强，但又是多目标优化设计的理论基础。通过本节学习，应把握好以下一些概念。

多目标优化设计的目标函数为向量目标函数，相应的数学模型为向量极小化模型，其数学意义是，要求各分目标函数被同等地极小化。

由于多目标优化的目标函数为向量目标函数，所以，比起单目标优化，多目标优化问题多了一个目标空间。

多目标优化的解，有可行解、弱有效解、有效解、绝对最优解等概念。

对于一个给定的多目标优化设计问题，要求在某一个设计点上，各分目标函数值同时达到极小，是不太可能的，所以，多目标优化的绝对最优解一般不存在。

作为多目标优化的解，必须是有效解，至少应是弱有效解。

有效解是多目标优化可行解中的一个子集，所以，多目标优化的解不唯一。

根据以上的小结，我们可导出求解多目标优化时须解决的几个问题：

(1) 如何求取多目标优化的解，即多目标优化的解法；

(2) 如何保证多目标优化的解为有效解或弱有效解；

(3) 如何在有效解集中，得到基于某种意义上的最满意的有效解。

6.3 求解多目标优化的评价函数法

为简便起见，以下在一些公式中，将用$\boldsymbol{f}$表示$\boldsymbol{f}(\boldsymbol{X})$，用$f_i$表示$f_i(\boldsymbol{X})$。

评价函数法的基本思路，是根据问题的特点和决策者的意图，构造一个把 m 个目标转化为单一数值目标的评价函数 $F(\boldsymbol{f}) = F(f_1,\cdots,f_m)$。通过它的函数值的大小，对 m 个目标进行“评价”，这样就把求解多目标极小化问题转换为求解与之相关的单目标数值极小化问题

$$\min \quad F(\boldsymbol{f}(\boldsymbol{X}))$$

这种借助构造评价函数，把求解的多目标优化问题，转换为求解单目标优化的最优解的方法，统称为评价函数法。一般说来，不同形式的评价函数，在目标空间具有不同的数学意义，求得的解是多目标优化的不同最优意义下的解，也就是同时对应了一种不同的求解方法。本节在介绍 3 种不同的评价函数法时，着重分析评价函数的构造方法和评价函数的数学意义。

6.3.1 评价函数最优解的性质

如上所述，评价函数法是把 m 个目标函数构造为单一数值目标的评价函数，变多目标优化的求解为单目标优化的求解。为此，有必要先研究评价函数的最优解的性质，即其最优解是否为多目标优化的有效解或弱有效解。

1. 有关评价函数最优解性质的两个定理

定理 1 若 $\boldsymbol{X}\in\mathbf{R}^m, \boldsymbol{f}(\boldsymbol{X})\in\mathbf{R}^m, F(\boldsymbol{f})$ 是 $\boldsymbol{f}$ 的严格增函数，则单目标问题 $\min F(\boldsymbol{f}(\boldsymbol{X}))$ 的最优解同时为 $\min \boldsymbol{f}(\boldsymbol{X})$ 问题的有效解。

定理 2 若 $\boldsymbol{X}\in\mathbf{R}^m, \boldsymbol{f}(\boldsymbol{X})\in\mathbf{R}^m, F(\boldsymbol{f})$ 是 $\boldsymbol{f}$ 的增函数，则单目标问题 $\min F(\boldsymbol{f}(\boldsymbol{X}))$ 的最优

解同时为 $\min \boldsymbol{f}(\boldsymbol{X})$ 问题的弱有效解。

根据上述定理，只要评价函数关于 $\boldsymbol{f}(\boldsymbol{X})$ 为严格增函数，则评价函数的最优解就是多目标优化的有效解；若评价函数关于 $\boldsymbol{f}(\boldsymbol{X})$ 为增函数，则评价函数的最优解就是多目标优化的弱有效解。因此，评价函数 $F(\boldsymbol{f})$ 最优解的性质，取决于 $F(\boldsymbol{f})$ 是否为 $\boldsymbol{f}(\boldsymbol{X})$ 的严格增函数或增函数。下面给出有关增函数的概念。

2. 增函数的定义

定义　对于 $\boldsymbol{X}^{(1)} \leqslant \boldsymbol{X}^{(2)}$，若有 $\boldsymbol{f}(\boldsymbol{X}^{(1)}) \leqslant \boldsymbol{f}(\boldsymbol{X}^{(2)})$，则 $\boldsymbol{f}(\boldsymbol{X})$ 为 $\boldsymbol{X}$ 的增函数；

对于 $\boldsymbol{X}^{(1)} \leqslant \boldsymbol{X}^{(2)}$，若有 $\boldsymbol{f}(\boldsymbol{X}^{(1)}) < \boldsymbol{f}(\boldsymbol{X}^{(2)})$，则 $\boldsymbol{f}(\boldsymbol{X})$ 为 $\boldsymbol{X}$ 的严格增函数。

6.3.2　线性加权和法

线性加权和法是一种最简单也是最基本的评价函数法。这个方法的指导思想是：根据各个目标在问题中的重要程度，分别赋予它们一个权数，并把这个权数对应地作为各目标的加权系数，然后把这些带权系数的目标相加，即构成评价函数，对该评价函数求优，将其最优解作为原多目标优化问题的解。

按上述原理，线性加权和法的评价函数为

$$F(\boldsymbol{f}) = \sum_{i=1}^{m} \omega_i f_i(\boldsymbol{X}) \tag{6.3.1}$$

式中，ω_i 为第 i 项分目标函数 $f_i(\boldsymbol{X})$ 的权重系数，ω_i 越大表示 $f_i(\boldsymbol{X})$ 越重要，在求解时该目标的优化程度将得到相对的优先。

利用这个评价函数，就可把式(6.2.4)所表达的多目标优化的数学模型

$$\left.\begin{aligned} \min \quad & \boldsymbol{f}(\boldsymbol{X}) = [f_1(\boldsymbol{X}) \quad \cdots \quad f_m(\boldsymbol{X})]^{\mathrm{T}} \\ \text{s.t.} \quad & g_u(\boldsymbol{X}) \leqslant 0, \quad u = 1,2,\cdots,q \\ & h_v(\boldsymbol{X}) = 0, \quad v = 1,2,\cdots,p \end{aligned}\right\}$$

转化为一个单目标优化的数学模型

$$\left.\begin{aligned} \min \quad & F(\boldsymbol{f}(\boldsymbol{X})) = \sum_{i=1}^{m} \omega_i f_i(\boldsymbol{X}) \\ \text{s.t.} \quad & g_u(\boldsymbol{X}) \leqslant 0, \quad u = 1,2,\cdots,q \\ & h_v(\boldsymbol{X}) = 0, \quad v = 1,2,\cdots,p \end{aligned}\right\} \tag{6.3.2}$$

式(6.3.2)的最优解，便是基于对各目标具有不同的重要程度的意义下，使各目标值尽可能小的解。

可以证明，若权系数确定且 $\omega_i > 0, i = 1,2,\cdots,m$，则由式(6.3.1)所给出的线性加权和评价函数 $F(\boldsymbol{f})$，为 $\boldsymbol{f}(\boldsymbol{X})$ 的严格增函数。所以，评价函数的最优解，即式(6.3.2)的解，为多目标优化的有效解。

通常取

$$\omega_i > 0, \quad \sum_{i=1}^{m} \omega_i = 1$$

亦可用向量来表示权系数

$$\boldsymbol{\omega}=[\omega_1 \quad \cdots \quad \omega_m]^{\mathrm{T}}$$

则式(6.3.1)可表示为向量点积的形式

$$F(\boldsymbol{f})=\boldsymbol{\omega}\cdot\boldsymbol{f}=\sum_{i=1}^{m}\omega_i f_i(\boldsymbol{X}) \tag{6.3.3}$$

对于给定的权向量$\boldsymbol{\omega}=[\omega_1 \quad \cdots \quad \omega_m]^{\mathrm{T}}$，由式(6.3.3)可得方程

$$\sum_{i=1}^{m}\omega_i f_i(\boldsymbol{X})=C \tag{6.3.4}$$

当C任取一序列常数时，方程(6.3.4)的几何意义是目标空间$\mathbf{R}^m$中的一族超平面。而权向量的几何意义就是该族超平面的单位法向量。因此对式(6.3.1)极小化为

$$\min \quad F(\boldsymbol{f})=\boldsymbol{\omega}\cdot\boldsymbol{f}=\sum_{i=1}^{m}\omega_i f_i(\boldsymbol{X}) \tag{6.3.5}$$

其数学意义就是在目标空间中,求由式(6.3.4)所定义的超平面与有效点在目标空间所构成的超曲面的一个切点。图6.8所示为$m=2$时的情况。图中$\boldsymbol{f}(\tilde{\boldsymbol{X}})$为$\boldsymbol{\omega}$不同取值时式(6.3.5)的解。

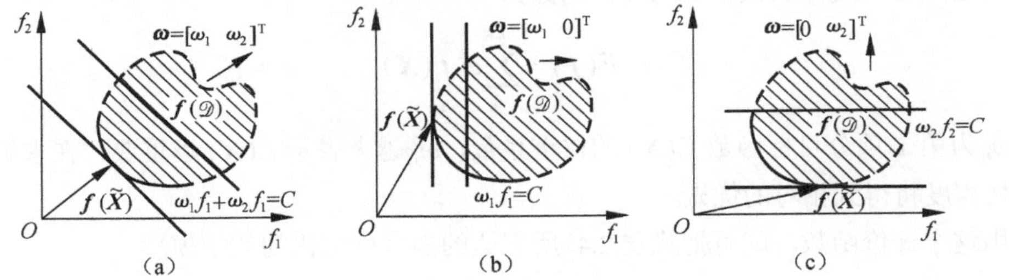

图6.8　线性加权和评价函数的几何意义

【例6.2】　用线性加权和法求解例6.1的木梁设计问题，设其中的$W=1\mathrm{m}^3$，$H=2.5\mathrm{m}$。

解　将$W=1, H=2.5$代入式(6.2.1)可得

$$\left.\begin{aligned}
\min \quad & f_1(\boldsymbol{X})=x_1x_2\\
\min \quad & f_2(\boldsymbol{X})=(x_1^2+x_2^2)\\
\text{s.t.} \quad & g_1(\boldsymbol{X})=x_1-2.5\leqslant 0\\
& g_2(\boldsymbol{X})=1-x_1^2x_2\leqslant 0\\
& g_3(\boldsymbol{X})=x_2-x_1\leqslant 0\\
& g_4(\boldsymbol{X})=x_1-4x_2\leqslant 0\\
& g_5(\boldsymbol{X})=-x_1\leqslant 0\\
& g_6(\boldsymbol{X})=-x_2\leqslant 0
\end{aligned}\right\} \tag{6.3.6}$$

接下来按线性加权和法的步骤，对式(6.3.6)所表示的多目标优化模型进行求解。

(1)确定权系数。设计者认为成本比重量更重要，分配权系数分别为重量目标$\omega_1=0.3$，成本目标$\omega_2=0.7$。

(2) 按给定的权系数列出线性加权和评价函数

$$F(\boldsymbol{f})=\omega_1 f_1+\omega_2 f_2=0.3x_1x_2+0.7(x_1^2+x_2^2)$$

将其代入式(6.3.2)，并结合式(6.3.3)可得

$$\left.\begin{aligned}\min\quad & F(\boldsymbol{f}(\boldsymbol{X}))=\omega_1 f_1(\boldsymbol{X})+\omega_2 f_2(\boldsymbol{X})=0.3x_1x_2+0.7(x_1^2+x_2^2)\\ \text{s.t.}\quad & g_1(\boldsymbol{X})=x_1-2.5\leqslant 0\\ & g_2(\boldsymbol{X})=1-x_1^2x_2\leqslant 0\\ & g_3(\boldsymbol{X})=x_2-x_1\leqslant 0\\ & g_4(\boldsymbol{X})=x_1-4x_2\leqslant 0\\ & g_5(\boldsymbol{X})=-x_1\leqslant 0\\ & g_6(\boldsymbol{X})=-x_2\leqslant 0\end{aligned}\right\}\tag{6.3.7}$$

(3) 式(6.3.7)为单目标优化问题的数学模型，可求得其解为

$$\boldsymbol{X}^*=\tilde{\boldsymbol{X}}=[1.1511\quad 0.7547]^{\mathrm{T}}$$

这一结果就是在决策者认为重量目标在问题中的相对重要程度为 0.3，成本目标的相对重要程度为 0.7 的意义下，用线性加权和法求解木梁设计的多目标优化的结果。

6.3.3　理想点法

所谓理想点法，就是以各目标函数的单目标优化的最优值，作为多目标优化时各目标的理想值，以各目标函数的数值能尽量地接近各自的理想值为目的，构造评价函数。

设对多目标优化模型中的各分目标函数单独求优后，得到各目标的最优解，并记为 $\boldsymbol{X}^i$，由于多目标优化的绝对最优解一般不存在，所以 $\boldsymbol{X}^i$ 不完全相同，记对应的最优值为

$$f_i^*=f_i(\boldsymbol{X}^i),\quad i=1,2,\cdots,m$$

由于各个最优值，分别是对应的分目标最理想的优化值，故把由它们组成的目标空间 $\mathbf{R}^m$ 中的坐标点 $(f_1^*,\cdots,f_m^*)$，作为目标空间中 $\boldsymbol{f}=[f_1\quad\cdots\quad f_m]^{\mathrm{T}}$ 的理想点，如图 6.9 所示。若要求各目标函数的数值尽量地接近各自的理想值，在目标空间，就是像集中的像点 $\boldsymbol{f}=[f_1\quad\cdots\quad f_m]^{\mathrm{T}}$ 与理想点 $\boldsymbol{f}^*=[f_1^*\quad\cdots\quad f_m^*]^{\mathrm{T}}$ 尽可能地接近。显然，这种接近程度的度量方法，就是计算两点间的距离。为此，在目标空间 $\mathbf{R}^m$ 中引进某个模 $\|\cdot\|$，并考虑在这个模的意义下，目标 $\boldsymbol{f}$ 与理想点 $\boldsymbol{f}^*$ 之间的“距离”

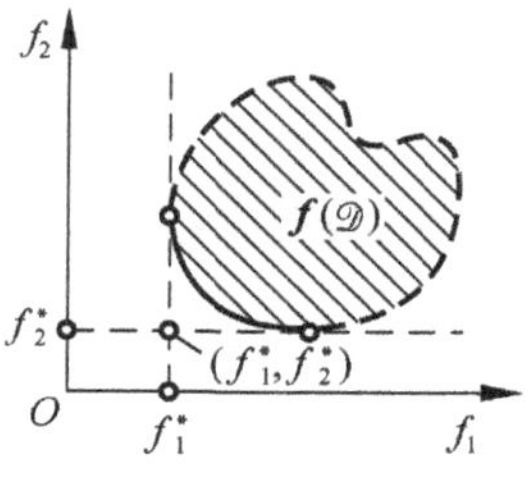

图 6.9　理想点

$$F(\boldsymbol{f})=\|\boldsymbol{f}-\boldsymbol{f}^*\|\tag{6.3.8}$$

以式(6.3.8)为评价函数，就把求解的多目标优化问题，转换为求解

$$\min F(\boldsymbol{f}(\boldsymbol{X}))=\min\|\boldsymbol{f}(\boldsymbol{X})-\boldsymbol{f}^*\|,\quad \boldsymbol{X}\in\mathscr{D}$$

的单目标优化的问题。这一单目标极小化问题的最优解，就是在可行域 $\mathscr{D}$ 内，求取一个能在目标空间中，使目标 $\boldsymbol{f}(\boldsymbol{X})$ 与理想点 $\boldsymbol{f}^*$ 之间的“距离”尽可能小的解。因为这类求解方法，主要是利用了使 $\boldsymbol{f}$ 尽可能地接近其理想点 $\boldsymbol{f}^*$ 这一思想，故称为理想点法。

在理想点法中，只要选取适当的模 $\|\cdot\|$，使 $F(\boldsymbol{f})$ 关于 $\boldsymbol{f}$ 是严格增函数或增函数，则由它所求得的解必为多目标优化的有效解或弱有效解。由此可构造多种的理想点法的评价函数，下面介绍两种最常用的基于距离模的评价函数。

1. 距离模评价函数

由空间两点间的距离计算公式可得

$$F(\boldsymbol{f})=\|\boldsymbol{f}-\boldsymbol{f}^*\|_2=\sqrt{\sum_{i=1}^{m}(f_i-f_i^*)^2} \tag{6.3.9}$$

根据式(6.3.9)就可将原多目标优化问题，转换为求解单目标极小化问题即

$$\min \quad F(\boldsymbol{f})=\|\boldsymbol{f}(\boldsymbol{X})-\boldsymbol{f}^*\|_2=\sqrt{\sum_{i=1}^{m}(f_i(\boldsymbol{X})-f_i^*)^2},\quad \boldsymbol{X}\in\mathscr{D} \tag{6.3.10}$$

设 $\tilde{\boldsymbol{X}}$ 是式(6.3.10)的最优解，则有

$$\|\boldsymbol{f}(\tilde{\boldsymbol{X}})-\boldsymbol{f}^*\|_2=\min\|\boldsymbol{f}(\boldsymbol{X})-\boldsymbol{f}^*\|_2,\quad \boldsymbol{X},\tilde{\boldsymbol{X}}\in\mathscr{D} \tag{6.3.11}$$

式(6.3.11)在几何上表示 $\boldsymbol{f}(\tilde{\boldsymbol{X}})$ 是像集 $\boldsymbol{f}(\mathscr{D})$ 中与理想点 $\boldsymbol{f}^*$ 之间具有最短距离的点(图 6.10)。因而这种理想点法也称为最短距离法。

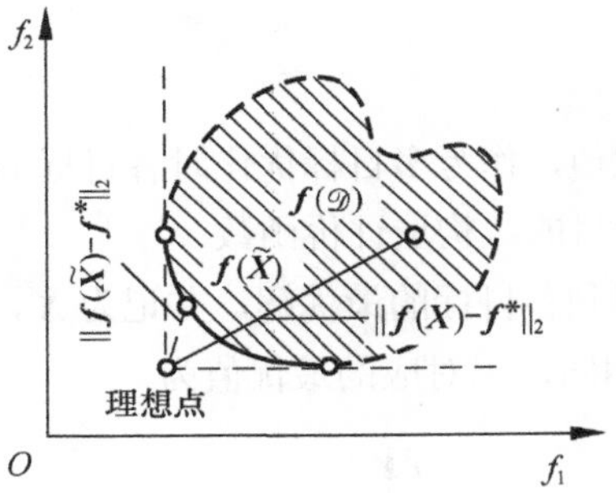

图 6.10 理想点法

2. 带权距离模评价函数

仿造带权线性和法，将设计者对各目标的重视程度，表示成用权系数来影响各目标与其理想值接近的程度。即构造

$$F(\boldsymbol{f})=\|\boldsymbol{f}-\boldsymbol{f}^*\|_2^{\omega}=\sqrt{\sum_{i=1}^{m}\omega_i(f_i-f_i^*)^2} \tag{6.3.12}$$

则原多目标优化问题，可转换为求解下述单目标极小化问题，即求解

$$\min F(f)=\|\boldsymbol{f}(\boldsymbol{X})-\boldsymbol{f}^*\|_2^{\omega}=\sqrt{\sum_{i=1}^{m}\omega_i(f_i(\boldsymbol{X})-f_i^*)^2},\quad \boldsymbol{X}\in\mathscr{D} \tag{6.3.13}$$

下面来分析式(6.3.13)的数学意义。对于给定的权 $\boldsymbol{\omega}=[\omega_1 \ \cdots \ \omega_m]^{\mathrm{T}}$，由式(6.3.12)可得方程

$$\sqrt{\sum_{i=1}^{m}\omega_i(f_i(\boldsymbol{X})-f_i^*)^2}=C \tag{6.3.14}$$

由于

$$\min\sqrt{\sum_{i=1}^{m}\omega_i(f_i(\boldsymbol{X})-f_i^*)^2},\quad \boldsymbol{X}\in\mathscr{D}$$

与

$$\min\sum_{i=1}^{m}\omega_i(f_i(\boldsymbol{X})-f_i^*)^2,\quad \boldsymbol{X}\in\mathscr{D}$$

等效(最优点相同)，所以式(6.3.14)可改写为

$$\sum_{i=1}^{m}\omega_i(f_i(\boldsymbol{X})-f_i^*)^2=C \tag{6.3.15}$$

当 C 任取一序列数时，上述方程的几何意义是目标空间 $\mathbf{R}^m$ 中，一族以理想点 $\boldsymbol{f}^*$ 为形心的超椭球曲面。当权系数的比例改变时，超椭球曲面在各坐标轴方向的长短轴随之改变。根据上述的等效关系，式(6.3.13)等效为

$$\min F(\boldsymbol{f})=\sum_{i=1}^{m}\omega_i(f_i(\boldsymbol{X})-f_i^*)^2,\quad \boldsymbol{X}\in\mathscr{D} \tag{6.3.16}$$

式(6.3.16)的数学意义，就是在目标空间，求取由式(6.3.15)所定义的超椭球曲面与有效点在目标空间所构成的超曲面的一个切点。图 6.11 所示为 $m=2$ 时的几何示意图，此时对式(6.3.16)求解，就是求取由权系数确定的椭圆族中的某一椭圆与有效点曲线的切点。

所以，若设 $\tilde{\boldsymbol{X}}$ 是式(6.3.16)的解，则 $\boldsymbol{f}(\tilde{\boldsymbol{X}})$ 是以服从由权系数确定的某种协调关系的前提下，像集 $\boldsymbol{f}(\mathscr{D})$ 中与理想点 $\boldsymbol{f}^*$ 之间具有最短距离的点。

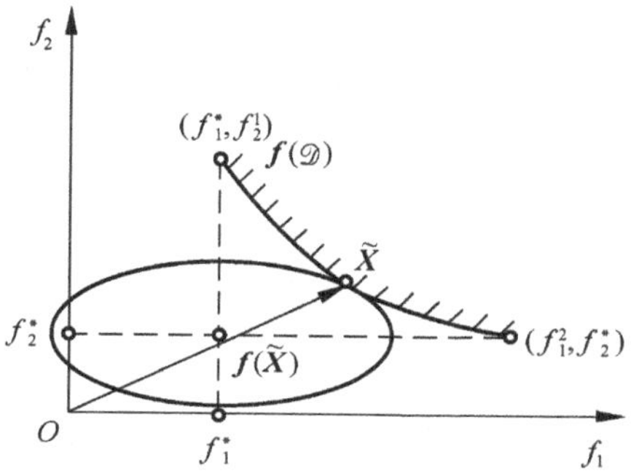

图 6.11　理想点法的几何意义

6.3.4　极大极小法

极大极小法的思路为：对于多目标优化问题，取各个目标函数 $f_i(i=1,2,\cdots,m)$ 中的最大值作为评价函数的函数值，即取

$$F(\boldsymbol{f})=\max_{1\leqslant i\leqslant m}\{f_i(\boldsymbol{X})\} \tag{6.3.17}$$

为评价函数。由此可把多目标优化问题，转换成以下形式的单目标优化

$$\min F(\boldsymbol{f})=\max_{1\leqslant i\leqslant m}\{f_i(\boldsymbol{X})\},\quad \boldsymbol{X}\in\mathscr{D} \tag{6.3.18}$$

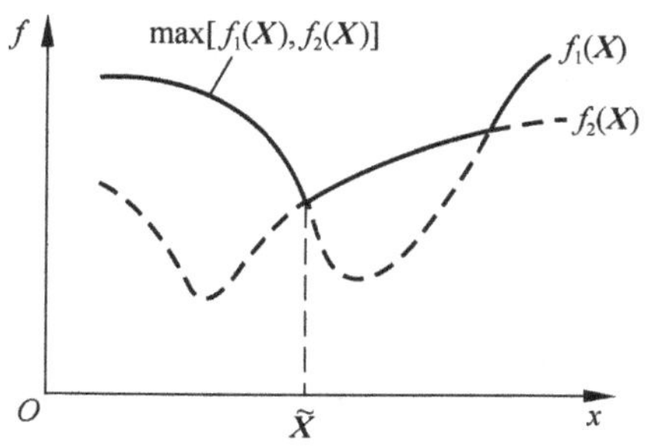

图 6.12　极大极小法

并把它的最优解作为多目标优化问题的解。这种求解方法的特点是，对各目标函数作极大值选择之后，再在可行域上进行极小化求解，故称为极大极小法。对于 $n=1$ 和 $m=2$ 的情况，由极大极小法所得的解 $\tilde{\boldsymbol{X}}$ 如图 6.12 所示，其中的粗黑线为两个函数 $f_1(\boldsymbol{X})$ 和 $f_2(\boldsymbol{X})$ 取最大值者。

为了在评价函数中反映各目标的重要程度，可将权系数引入式(6.3.17)中，仍用 $\omega_i(i=1,2,\cdots,m)$ 表示权系数，则评价函数为

$$F(\boldsymbol{f})=\max_{1\leqslant i\leqslant m}\{\omega_i f_i\} \tag{6.3.19}$$

于是，相应的单目标优化模型为

$$\min \max_{1 \leqslant i \leqslant m} \{\omega_i f_i(\boldsymbol{X})\}, \quad \boldsymbol{X} \in \mathscr{D} \tag{6.3.20}$$

可以证明，当 $\omega_i > 0\,(i=1,2,\cdots,m)$ 时，式(6.3.20)的解为多目标优化的弱有效解。

6.3.5 评价函数法以及主流求解方法存在的问题

以上介绍的三种带权评价函数归纳如下。

(1) 带权线性和评价函数

$$F(\boldsymbol{f}) = \boldsymbol{\omega} \cdot \boldsymbol{f} = \sum_{i=1}^{m} \omega_i f_i(\boldsymbol{X})$$

(2) 理想点法的带权距离模(简称带权理想点法)评价函数

$$F(\boldsymbol{f}) = \sum_{i=1}^{m} \omega_i (f_i(\boldsymbol{X}) - f_i^*)^2$$

(3) 带权极大极小法评价函数

$$F(\boldsymbol{f}) = \max_{1 \leqslant i \leqslant m} \{\omega_i f_i(\boldsymbol{X})\}$$

由于评价函数法可直接应用单目标优化方法求优，而权系数又能表达设计者对各目标的偏重，因而上面的 3 种评价函数法，是工程设计中的多目标优化设计最常用的求解方法。但是，评价函数法在实际应用中，尚存在着下述的一些问题，迄今未能解决好。

(1) 不同的评价函数，因其各自的数学“评价”意义不同，由其求得的有效解自然就不同。如图 6.13 所示，$\omega_1 = \omega_2 = 1$，由于带权线性和法求得的有效解与带权理想点法所求得的有效解不同，相应的有效点也就不同。但是 $\omega_1 = \omega_2 = 1$ 表示各目标重要程度相等，也就是优化(极小化)的程度应相同。那么，究竟哪一种方法求得的有效解，最符合这一要求呢？这意味着，设计者需要的是有效解集 $\boldsymbol{E}$ 中，与给定的权系数所体现的对各目标有不同侧重程度最相符的有效解，可称为**满意有效解**。也就是说，固然多目标优化的解不唯一，是一个解集(有效解或弱有效解)，但设计者需要的只是一个最满意的解。由此，提出如何评判满意度的问题。

(2) 由于评价函数是“函数的函数”即泛函数，各目标函数(及约束函数)的性态，将严重地影响评价函数的最优解。如图 6.14 所示为采用带权理想点法求解时，获取的有效点的示意图。由图中可看出，虽然 $\omega_1 = \omega_2 = 1$，但由于 $f_2(\tilde{\boldsymbol{X}})$ 距 f_2^* 很近，而 $f_1(\tilde{\boldsymbol{X}})$ 距 f_1^* 相对较远，所以该问题用带权理想点法求得的有效解，明显偏好于目标 2。这有违于 $\omega_1 = \omega_2 = 1$ 所表达的各目标同等重要。

(3) 从以上的 3 种带权评价函数的表达式可看出，当各目标函数的数量级不同时，有效解将偏好于数量级大的目标函数，即数量级大的目标函数将被优先极小化。

从优化设计的角度看，最满意与最优是等同的，即所谓满意有效解，可以认为就是多目标优化设计的最优解。所以，上述问题(1)如何评判有效解的满意度的问题实质，就是目前多目标优化求解方法所亟待解决的一个共性的也是最根本的问题——多目标优化最优解的定义及相应的评价准则。

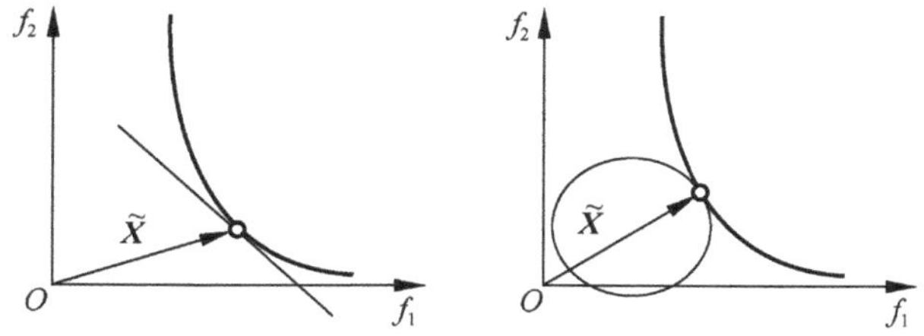

图 6.13　两种评价函数最优解对比

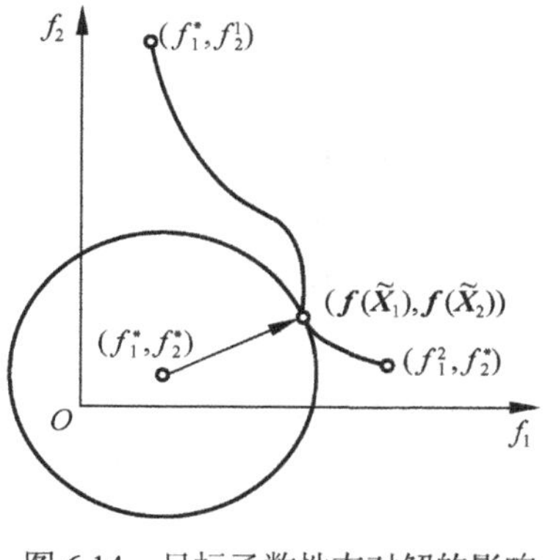

图 6.14　目标函数性态对解的影响

回顾求解单目标优化的优化方法可知，无论何种方法，其优化过程的基本迭代式均为求

$$\boldsymbol{X}^{k+1} = \boldsymbol{X}^{(k)} + \alpha^{(k)} \boldsymbol{S}^{(k)}$$

使

$$\boldsymbol{f}(\boldsymbol{X}^{(k+1)}) < \boldsymbol{f}(\boldsymbol{X}^{(k)})$$

即都是在基于 $\min \boldsymbol{f}(\boldsymbol{X}), \boldsymbol{X} \in \mathbf{R}^n$ 这同一个数学评价意义下进行优化迭代求解的。因此，若排除方法的效能与计算精度上的差异，对于同一个单目标优化问题，采用不同的求解方法，理论上都会求得同样的最优解。而对于多目标优化，不同的评价函数(包括其他各种多目标优化的求解方法)，其数学“评价”意义是取决于方法本身，而不是基于一个统一的评价标准。这必然导致各种方法求得的多目标优化的解，是各不相同的有效解或弱有效解。因此，问题(2)的实质以及其他各种求解多目标优化的方法所存在的诸多问题，如权系数的确定问题等，都可归结于多目标优化最优解的定义及相应的评价准则这一最根本的问题。在这一问题未解决之前，由各种方法求出的多目标优化的解，都不是严格意义上的多目标优化的最优解。

多目标优化最优解的定义，应具有上述满意有效解的内涵。相应的评价准则，则需解决各目标函数的优化程度的度量，以及与给定的权系数相对应的各目标函数在极小化过程中的协调关系和保证满足评价准则的解是一个有效解或弱有效解等问题。对这些问题，也有了一些研究结果，但仍需进一步完善。下面仅介绍通过对各目标函数的尺度变换，来解决上述的问题(3)，进而对上述三种带权评价函数做修正。

记 f_i^j 为目标 f_i 在目标 f_j 的单目标最优点上的数值$(i, j = 1, 2, \cdots, m)$；

记 $f_{i\max}$ 为各目标函数在有效解集中的上界值或允许的最大取值$(i = 1, 2, \cdots, m)$；

记 f_i' 为目标 f_i 经尺度变换后的代号。

取 f_i 的尺度变换为

$$f_i' = \frac{f_i - f_i^*}{f_{i\max} - f_i^*} \tag{6.3.21}$$

式中，$f_{i\max}$ 可近似取 $f_{i\max} = \max[f_i^j \mid j = 1, 2, \cdots, m]$。

式(6.3.21)不但完成了对各目标函数的尺度变换，使变换后的各目标函数的量级趋于一致，还具有以下意义。

(1)因为$(f_i - f_i^*)$可表示为有效解中的各目标值与各自理想值的绝对距离，而$(f_{i\max} - f_i^*)$可表示各目标函数在有效解集 $\boldsymbol{E}$ 上，函数值的最大变化量。因此，式(6.3.21)表征了各目标与各自理想值的相对距离。

(2)以目标函数的最大变化量作分母，这在一定程度上，又起到了平衡目标函数性态的作用。即用区间性的平均平衡，去近似各函数值点上的平衡。这对工程设计而言，是简便实用的。

将式(6.3.21)代入三个带权评价函数式可得相应的修正式。

(1)修正的带权线性和评价函数

$$F(\boldsymbol{f}) = \sum_{i=1}^{m} \omega_i \frac{f_i(\boldsymbol{X}) - f_i^*}{f_{i\max} - f_i^*} \tag{6.3.22}$$

(2)修正的带权理想点法评价函数

$$F(\boldsymbol{f}) = \sum_{i=1}^{m} \omega_i \left(\frac{f_i(\boldsymbol{X}) - f_i^*}{f_{i\max} - f_i^*} \right)^2 \tag{6.3.23}$$

(3)修正的带权极大极小法评价函数

$$F(\boldsymbol{f}) = \max_{1 \leqslant i \leqslant m} \left\{ \omega_i \frac{f_i(\boldsymbol{X}) - f_i^*}{f_{i\max} - f_i^*} \right\} \tag{6.3.24}$$

6.4 求解多目标优化的其他方法

除了上述介绍的三种评价函数法外，还有多种求解多目标优化的方法，并各有一定的适用范围。以下介绍的方法，对非线性多目标优化而言，是实用而可行性较好的方法。

6.4.1 分目标乘除法

多目标优化问题中，有一类属于多目标混合优化问题，其优化模型为

$$\left.\begin{array}{ll} \min & \boldsymbol{f}^{(1)}(\boldsymbol{X}) = [f_1(\boldsymbol{X}) \quad \cdots \quad f_r(\boldsymbol{X})]^{\mathrm{T}} \\ \max & \boldsymbol{f}^{(2)}(\boldsymbol{X}) = [f_{r+1}(\boldsymbol{X}) \quad \cdots \quad f_m(\boldsymbol{X})]^{\mathrm{T}} \\ \text{s.t.} & (\text{略}) \end{array}\right\} \tag{6.4.1}$$

求解上述优化模型的方法可用分目标乘除法。该法的主要特点是，将模型中的各分目标函数进行相乘和相除处理后，在可行域上进行求解。即求解

$$\min \frac{f_1(\boldsymbol{X}) \cdots f_r(\boldsymbol{X})}{f_{r+1}(\boldsymbol{X}) \cdots f_m(\boldsymbol{X})}, \quad \boldsymbol{X} \in \mathscr{D} \tag{6.4.2}$$

的问题。由上述数值极小化问题所得的最优解，显然是使位于分子的各目标函数取尽可能小，而位于分母的各目标函数取尽可能大的函数值的解。

在使用上面所述的通过乘除分目标函数求解时，一般要求各目标函数在可行域$\mathscr{D}$上均取正值。对式(6.4.2)求解极小化方法与单目标方法相同。

分析式(6.4.2)可看出，乘除法实际上也是一种评价函数法，只是仅适用于如同式(6.4.1)所示的多目标混合优化问题。用乘除法求得的最优解，数学上可以证明是多目标优化问题的有效解。

6.4.2　分层序列法及宽容分层序列法

分层序列法或宽容分层序列法，都是将多目标优化问题转化为一系列单目标优化问题的求解方法。

分层序列法的基本思想是将多目标优化问题中的 m 个目标函数分清主次，按其重要程度逐一排列，然后依次对各个目标函数求最优解，不过后一目标应在前一目标最优解的集合域内寻优。

假设各目标的重要程度以各目标的角标为序，即 $f_1(\boldsymbol{X})$ 最重要，$f_2(\boldsymbol{X})$ 次之，$f_3(\boldsymbol{X})$ 再次之，……。

首先对第一个目标函数 $f_1(\boldsymbol{X})$ 求优

$$\min f_1(\boldsymbol{X}),\quad \boldsymbol{X}\in\mathscr{D} \tag{6.4.3}$$

得最优值，记作 $f_1^{(1)}$。

在第一个目标函数的最优解集合域内，求第二个目标函数 $f_2(\boldsymbol{X})$ 的最优值，也就是将第一个目标函数转化为辅助约束。即求

$$\left.\begin{aligned}\min\quad & f_2(\boldsymbol{X})\\ & \boldsymbol{X}\in\mathscr{D}\\ & f_1(\boldsymbol{X})\leqslant f_1^{(1)}\end{aligned}\right\} \tag{6.4.4}$$

的最优值，记作 $f_2^{(2)}$。

然后，再在第一、第二个目标函数的最优解集合域内，求第三个目标函数 $f_3(\boldsymbol{X})$ 的最优值，此时，第一、第二个目标函数转化为辅助约束。即求

$$\left.\begin{aligned}\min\quad & f_3(\boldsymbol{X})\\ & \boldsymbol{X}\in\mathscr{D}\\ & f_1(\boldsymbol{X})\leqslant f_1^{(1)}\\ & f_2(\boldsymbol{X})\leqslant f_2^{(2)}\end{aligned}\right\} \tag{6.4.5}$$

的最优值，记作 $f_3^{(3)}$。

照此继续进行，最后求第 m 个目标函数 $f_m(\boldsymbol{X})$ 的最优值，即

$$\left.\begin{aligned}\min\quad & f_m(\boldsymbol{X})\\ & \boldsymbol{X}\in\mathscr{D}\\ & f_1(\boldsymbol{X})\leqslant f_1^{(1)}\\ & \qquad\vdots\\ & f_{m-1}(\boldsymbol{X})\leqslant f_{m-1}^{(m-1)}\end{aligned}\right\} \tag{6.4.6}$$

其最优值是 $f_m^{(m)}$，对应的最优点就是多目标优化问题的一个解。

采用分层序列法，在求解过程中可能出现中断现象，使求解过程无法继续进行。当求解到第 k 个目标函数的最优解是唯一时，再往后求第 $k+1, k+2, \cdots, m$ 个目标函数的解就完全没有意义了。这时可供选用的设计方案只是这一个，而它仅仅是由第一个至第 k 个目标函数通过分层序列求得的，没有把第 k 个以后的目标函数考虑进去。尤其是当求得的第一个目标函数的最优解是唯一的时，更失去了多目标优化的意义。为此引入“宽容分层序列法”。这种方法就是对各目标函数的最优值放宽要求，事先对各目标函数的最优值取给定的宽容量，即 $\varepsilon_1>0, \varepsilon_2>0, \cdots$。这样，在求后一个目标函数的最优值时，对前一目标函数不严格限制在最优解内，而是在前一目标函数最优值附近的某一范围求优，因而避免了计算过程的中断。由式(6.4.3)～式(6.4.6)可得宽容分层序列法的算法模型为

$$
\left.\begin{array}{ll}
(1) & \begin{cases} \min & f_1(\boldsymbol{X}) = f_1^{(1)} \\ & \boldsymbol{X} \in \mathscr{D} \end{cases} \\
(2) & \begin{cases} \min & f_k(\boldsymbol{X}) = f_k^{(k)} \\ & \boldsymbol{X} \in \mathscr{D} \\ & f_j(\boldsymbol{X}) \leqslant f_j^{(j)} + \varepsilon_j, \quad j = 1,2,\cdots,k-1 \\ & k = 2,3,\cdots,m \end{cases}
\end{array}\right\} \tag{6.4.7}
$$

分层序列法的最优解，为多目标优化问题的有效解；而宽容分层序列法的最优解，为多目标优化问题的弱有效解。

6.4.3　协调曲线法

1. 方法思路

协调曲线法是一种尝试同时解决 6.2.5 节中提出的 3 个问题的综合方法。该方法适用的场合为分目标解具有矛盾性的双目标优化问题。方法思路为：先求取一定数量的有效解样本，在由目标函数 $f_1(\boldsymbol{X})$、$f_2(\boldsymbol{X})$ 构成的目标空间中，绘出与有效解对应的函数值曲线(该曲线称为“协调曲线”)，然后基于某种满意程度，在协调曲线上确定满意的有效点，进而求得有效解。

2. 方法步骤

(1) 求取 $f_1(\boldsymbol{X})$ 的单目标最优点 $\boldsymbol{X}^{(1)}$ 以及两目标函数在该点上相应的数值，记为 f_1^* 和 f_2^1；求取 $f_2(\boldsymbol{X})$ 的单目标最优点 $\boldsymbol{X}^{(2)}$ 以及两目标函数在该点上相应的数值，记为 f_1^2 和 f_2^*。

(2) 在满足 $\omega_1+\omega_2=1$ 的前提下，取不同的 ω_1、ω_2 组合值，例如，$\boldsymbol{\omega}^{(1)}=[0.5\quad 0.5]^{\mathrm{T}}$，$\boldsymbol{\omega}^{(2)}=[0.2\quad 0.8]^{\mathrm{T}}$，$\boldsymbol{\omega}^{(3)}=[0.8\quad 0.2]^{\mathrm{T}},\cdots$，基于不同的 $\boldsymbol{\omega}$，分别利用式(6.3.2)求解该双目标问题的有效解，并相应求出两目标函数在各有效解上的数值。

(3) 在由目标函数 $f_1(\boldsymbol{X})$ 为横坐标、$f_2(\boldsymbol{X})$ 为纵坐标构成的目标空间中，绘出由以上求得

的两目标函数在各有效解上的数值所对应的坐标点，并连接成曲线，即得到协调曲线，曲线的两端点分别为 (f_1^*, f_2^1)、(f_1^2, f_2^*)，如图 6.15 所示。

(4)根据实际问题，建立某种满意程度的评价标准，以此在协调曲线上确定一个满意的有效点，并反求其对应的有效解。

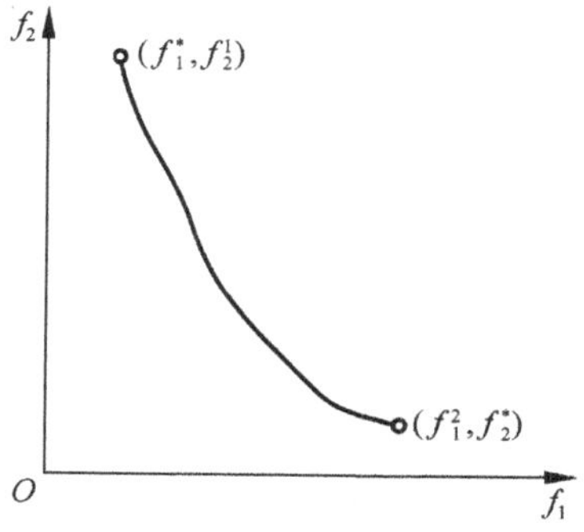

图 6.15　双目标优化的协调曲线

6.5　几种多目标优化求解方法对比

几种多目标优化求解方法对比见表 6.1。

表 6.1　几种多目标优化求解方法对比

优化方法		特点及应用范围
评价函数法	线性加权和法	是求解多目标优化最简单的评价函数法，可通过体现设计者对各目标不同偏好程度的权系数来影响有效解的获取，简单实用，是初学者应用最广的多目标优化方法
	理想点法	以各目标的单目标优化值作为多目标优化的理想值来构造评价函数，因而对获取的有效解具有一定的满意度评价信息。适合有一定优化工作基础的设计者使用
	极大极小法	评价函数的构造最简单，可在各目标函数复杂且函数性态不好的场合使用，但最优解有时不一定是有效解，由于求解过程中目标函数时常变换，不宜选用梯度类的优化方法
分目标乘除法		适合多目标中既有极小化要求的目标，又有极大化要求的目标场合。评价函数的性态与原目标函数差异很大，不宜选用梯度类的优化方法
分层序列法及宽容分层序列法		适宜在各目标函数复杂且函数性态不好，同时对各目标的重要程度比较明了的场合使用。计算量较大。分层序列法的最优解是有效解，但宽容分层序列法的最优解不一定是有效解
协调曲线法		是一种尝试在有效解集中，获取能满足某种满意度准则要求的有效解的方法。适合于双目标优化场合，计算量较大，过程较复杂，要求设计者具有扎实的多目标优化基础，同时还要建立一个对有效解评价其满意度的准则

6.6　习　题

6.1　设已知 $f_1(\boldsymbol{X})=(x_1-1)^2+(x_2-2)^2$ 和 $f_2(\boldsymbol{X})=(x_1-3)^2+(x_2-1)^2$，受约束于 $g(\boldsymbol{X})=x_2-1\leqslant 0$，采用线性加权和法求解，试求当 $f_1(\tilde{\boldsymbol{X}})\approx f_2(\tilde{\boldsymbol{X}})$ 时的权系数 ω_1 和 ω_2。

6.2　设已知 $f_1(x)=x^2-2x$ 和 $f_2(x)=-x$，采用线性加权和法求解，试求当 $\omega_1=1,\omega_2=1$ 和 $\omega_1=2/3,\omega_2=1/3$ 时 $\min \boldsymbol{f}(x)$ 的解，并作图比较。

6.3　三目标优化问题，$f_1(\boldsymbol{X})=(x_1+2)^2+(x_2-2)^2$，$f_2(\boldsymbol{X})=(x_1+1)^2+(x_2+3)^2$，$f_3(\boldsymbol{X})=(x_1-9)^2+(x_2+3)^2$，受约束为 $g(\boldsymbol{X})=4-x_1^2-x_2^2\leqslant 0$，权系数 $\omega_1=0.5,\omega_2=0.37,\omega_3=0.13$。试分别用带权线性和、带权理想点法、带权极大极小法和修正的带权线性和、修正的带权理想点法、修正的带权极大极小法等评价函数法求解，并列表比较。

第 7 章　优化设计的若干应用问题

优化设计的工作过程大致可分为建立数学模型、求解数学模型、结果分析与取舍三个阶段，前面几章所介绍的内容，主要是为中间阶段的工作即求解优化设计的数学模型提供了一般性的方法及其理论。对于实际的优化设计，虽然对于一个具体问题，在建立数学模型及优化结果分析时，都有其特殊性或个性，须辅以专业知识专门对待。但也有它们的一般性或共性，例如，要想较可靠地、经济(省时)地求得最优解，在妥善处理好优化设计数学模型方面，就有许多一般性的处理方法。本章围绕着机械优化设计，介绍在应用优化方法时，若干具有一般性问题的处理方法。

7.1　关于数学模型的建立

建立正确的数学模型，是解决优化设计问题的关键。通常建立教学模型的正确步骤如下。

(1) 对设计问题从了解常规设计方法入手，抓住本质，然后研究如何用数学、物理或力学模型来表达。

(2) 针对最重要的因素，构造初步的数学模型，确定设计变量及常量。

(3) 将初步数学模型与设计问题比较，进行必要的修改。

(4) 如数学模型中包括有积分、微分或隐函数计算时，要考虑采用何种数值计算方法，并对其误差做出正确的估计。

正确的数学模型应能准确地表达设计问题。为此，要正确地选择设计变量、目标函数和约束条件，并把它们组合在一起，成为一组能准确地反映最优化设计问题实质的数学表达式；同时，所建立的数学模型要容易计算和处理。设计工作者要善于处理好这两个方面的问题。

7.1.1　设计变量的确定

设计机构或机械零部件时，涉及的参数很多，开始设计时最好将所有有关的参数都列出来，以便加以分析和归类，哪些是设计变量，必须赋初值并且要作为优化的结果计算出来；哪些是设计常数，不必计算只要在设计开始时给以定值。要将所有的参数都列为设计变量是不可能的，但设计变量如取得太少，往往又不能体现优化的结果。

总的说来，设计者在建立数学模型时，要将能直接控制的、对优化目标影响较大的、需要得出优化结果的、最重要的一些参数作为设计变量。选择设计变量没有一个严格的规律，需要一些经验。同时，在建立目标函数及约束条件的过程中，往往会发现原来所确定的设计变量不恰当，需要加以变动。有时为了减少独立变量数，还可用变量联结的方法来实现，如齿宽 b 可取 $b=8m$(m 为模数)这时齿宽就可不作为独立变量出现。

例如，在设计滑动轴承时，参数是很多的，如轴承直径、轴承长度、间隙、油的黏度、外载荷、转速、进油温度及压力等。一般来说，轴承间隙及长径比是比较重要的，是设计者能直接控制，并需要得出优化结果的参数，因此，可以作为设计变量来处理。轴承的外径往往受其他条件的限制，是已经给定的，因此只好作为设计常数来处理。油的黏度可以作为设计变量，但有些情况下，如小孔节流的静压轴承，油的黏度不能太大，只有根据经验将黏度作为定值处理。

有些参数，设计者不能直接判断，必须通过公式计算，如应力、应变、挠度、压力、温度、功率等。又如，蒸汽冷凝器中的水的流量、水的温度等。这些参数往往是设计变量的函数，如果不是要将这些参数作为目标函数来追求它的极值，一般来说，可将这些参数的限制作为约束条件来处理。例如，设计齿轮传动时要求齿轮的中心距最小作为目标函数，则设计变量应为模数和齿数等参数，而将轮齿的弯曲强度或接触强度作为约束条件。

7.1.2　约束条件的选取

对于每一种设计，总有一些设计参数若取值不当，会使设计无效。如应力太大、温度太高、磨损太快、速度太高等。这类约束都可用不等式来表示。如前所述，所有设计的要求都满足的区域称为可行域。换句话说，在可行域以内，所有约束条件都满足，在可行域以外，约束条件无法同时满足。

假如某一设计包含三个独立变量 x_1、x_2、x_3，根据设计要求，有约束条件 $x_1 + x_2 \geqslant 2$，$x_2^2 \geqslant x_3$，则可表示成下列统一的形式：

$$g_1(\boldsymbol{X}) = 2 - (x_1 + x_2) \leqslant 0, \quad g_2(\boldsymbol{X}) = x_3 - x_2^2 \leqslant 0$$

能满足上述约束条件的设计一定要使 $g_1(\boldsymbol{X})$ 及 $g_2(\boldsymbol{X})$ 都为小于等于零。不等式约束方程究竟用小于等于零的形式还是大于等于零的形式，主要与所用的优化程序有关。因此，若使用现有程序，必须注意该程序的使用说明。此外，在表示不等式约束方程时，必须注意变量的数量级，这就是有关约束条件的尺度变换问题。

机械优化设计约束条件的种类虽然是多种多样的。但是有两种约束是常见的，一种是外廓尺寸方面的约束条件，如齿轮的齿顶圆不与相邻的轴相碰，弹簧的外径不能大于存放它的孔径等；另一种是几何形状方面的约束条件，如滑动轴承的长径比不能超过某一最大及最小范围，设计变位齿轮时，齿顶变尖，过渡曲线干涉等几何约束。必要的约束条件一旦忽视，优化结果将严重失真，如受压杆件的失稳约束，上机计算时如果对截面尺寸的宽和厚的比例不加限制，可能出现宽度尺寸很大，而厚度只有一张纸那样薄的“最优”截面，得出一个不符合实际的结果。

另外，机械优化设计还有必不可少的工作情况约束条件及性能方面约束条件等。如摩擦离合片的比压不超过许用值，齿轮传动中齿根弯曲应力不超过许用值等，都必须加以考虑。

7.1.3　目标函数的选取与构造

设计者往往选择最重要的工作性能或设计指标作为设计的目标函数，目标函数中的设计变量是要进行计算并要求得出最优解的。

目标函数的选择是很有灵活性的，例如，设计一对齿轮传动时对不同的要求，以下的目标都可选择采用：齿轮的最小体积、最小传动比、最小中心距、最小齿宽、最大功率等。对一般机械与运输机械，以最小体积或最轻重量为目标；对大功率的机器，可以以提高机械效率，增加寿命为目标；对精密仪器，仪表可以以机构运动精度为目标函数。当某一准则选为目标函数时，其余的可以作为约束条件来处理，以简化设计过程。但有时是很难确定一个准则的，例如，要求运转噪声小的最小传动比准则可能和体积最小的准则一样重要，这时，可以用多目标优化方法来处理这个问题。

在优化设计中，有时目标函数与约束条件是可以转化的，如在齿轮优化设计中可以以体积为目标函数，数学模型表达为满足一定强度条件下使体积最小；也可以以强度为目标函数即在体积不超过某一限度下强度最高。究竟如何建立更恰当，这要根据具体设计要求并加上设计者的经验来选定。

对于选定的目标准则，也可能会有不同的具体目标函数形式。例如，在平面四杆机构连杆曲线轨迹优化设计中，用真实轨迹的偏差作为目标函数时也有几种形式可写出。设 δ 为同一横坐标下两轨迹纵坐标的差值；θ 为机构原动件位置角。则目标函数可写为均方差形式

$$f(\boldsymbol{X})=\frac{1}{\theta_2-\theta_1}\int_{\theta_1}^{\theta_2}\delta\mathrm{d}\theta$$

也可写为极大极小形式

$$\min f(\boldsymbol{X})=\max_{\theta}\delta^2$$

δ^2 也可用 $|\delta|$ 来取代。以上两种形式，究竟用哪种形式好，这取决于机构的应用场合的具体要求。如果对每分点处偏差要求都非常严格时，以采用极大极小形式为宜，若要求偏差总体较小，则宜采用均方形式。

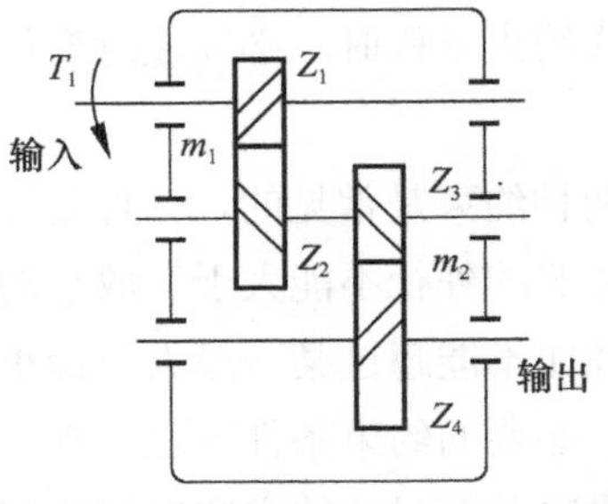

图 7.1　二级圆柱齿轮减速器的结构简图

在构造目标函数的具体形式时，还需注意尽可能避免出现多解。现以二级圆柱齿轮减速器的优化设计为例。

图 7.1 为二级圆柱齿轮减速器的结构简图。齿轮为斜齿轮，代号如图示。现讨论非系列设计情况，这时箱体尺寸，中心距尺寸等都不必符合现行系列尺寸，只需圆整就可以。已知输入扭矩 T_1，总速比 u 及齿轮材料工艺情况。要求选定二级速比 u_1、u_2 及各齿轮参数，希望减速器重量及尺寸最小。

要求减速器重量最轻可近似地认为要求各齿轮体积和 V 最小；此外，要求尺寸最小就相当于要求减速器的径向尺寸 C 及宽度 B 尺寸最小。所以可建立线性加权和法的多目标优化的评价函数如下：

$$F(\boldsymbol{f}(\boldsymbol{X}))=\omega_1 f_1(\boldsymbol{X})+\omega_2 f_2(\boldsymbol{X})+\omega_3 f_3(\boldsymbol{X})$$

式中，$f_1(\boldsymbol{X})=V, f_2(\boldsymbol{X})=C, f_3(\boldsymbol{X})=B, \omega_1$、$\omega_2$、$\omega_3$ 为权系数。

选择设计变量

$$\boldsymbol{X}=[u_1 \quad \psi_{a1} \quad \psi_{a2} \quad \beta_1 \quad \beta_2 \quad z_1 \quad m_1 \quad z_3 \quad m_2]^{\mathrm{T}}$$

式中，u_1 为第一级速比；ψ_{a1}、ψ_{a2} 为齿宽系数（= 中心距/齿宽）；β_1、β_2 为齿轮螺旋角；z_1、z_3 为齿数；m_1、m_2 为模数。

为简化问题，选定

$$\psi_a=\psi_{a1}=\psi_{a2}=0.4$$
$$\beta=\beta_1=\beta_2=9°22'$$

则

$$\boldsymbol{X}=[u_1 \quad z_1 \quad m_1 \quad z_3 \quad m_2]^{\mathrm{T}}$$

共 5 个设计变量。

构造目标函数的表达式。将齿轮的体积看作直径为分度圆的圆柱体，总体积为 4 个齿轮体积之和。所以

$$f_1(\boldsymbol{X})=V=\pi(R_1^2+R_2^2)b_1+\pi(R_3^2+R_4^2)b_2 \tag{7.1.1}$$

式中，$R_1 \sim R_4$ 为各齿轮的分度圆半径；b_1、b_2 为 2 对齿轮的齿宽。

因为

$$R_1=\frac{m_1 z_1}{2\cos\beta}, \quad R_2=\frac{m_1 z_1 u_1}{2\cos\beta}$$
$$R_3=\frac{m_2 z_3}{2\cos\beta}, \quad R_4=\frac{m_2 z_3}{2\cos\beta}\cdot\frac{u}{u_1}$$

用 a_1、a_2 分别表示 2 对齿轮的中心距。

因为

$$b_1=\psi_{a1}a_1=\psi_{a1}(R_1+R_2), \quad b_2=\psi_{a2}a_2=\psi_{a2}(R_3+R_4)$$

代入式(7.1.1)，化简得

$$V=\frac{\pi\psi_a}{8\cos^3\beta}\left[m_1^3 z_1^3(1+u_1^2)(1+u)+\frac{m_2^3 z_3^3(u_1^2+u^2)(u_1+u)}{u_1^3}\right] \tag{7.1.2}$$

径向尺寸

$$f_2(\boldsymbol{X})=C=a_1+a_2+R_1+R_4$$

化简得

$$C=\frac{1}{\cos\beta}\left[m_1 z_1\left(1+\frac{u_1}{2}\right)+m_2 z_3\left(\frac{u}{u_1}+\frac{1}{2}\right)\right] \tag{7.1.3}$$

宽度尺寸

$$f_3(\boldsymbol{X})=B=b_1+b_2$$

化简得

$$B=\frac{\psi_a}{2\cos\beta}\left[m_1 z_1(1+u)+m_2 z_3\left(1+\frac{u}{u_2}\right)\right] \tag{7.1.4}$$

该设计问题的约束条件共有 16 个，在此从略。

对由以上所构造的目标函数组成的数学模型求解，就会发现在每一次取不同的初始点时，在优化结果中，u_1、$F(\boldsymbol{f}(\boldsymbol{X}^*))$ 每次都基本相同，但其余设计变量 z_1、m_1、z_3、m_2 每次都不同，而每次的 z_1m_1 或 z_3m_2 的乘积却相同。原因就在于目标函数构造时处理不当，分析式 (7.1.2)～式(7.1.4)发现，它们含有 $m_1^3z_1^3$、$m_2^3z_3^3$、m_1z_1、m_2z_3 这些幂指数相同的乘积项，而不包含诸如 $m_1^2z_1^3$ 等这样的幂指数不相同的乘积项。因此，尽管这些幂指数相同的乘积项可取得最小值，但显然其中的 m_1 和 z_1、m_2 和 z_3 的组合搭配却是无穷的，即造成了数学模型存在一个最优面，其优化解为一个集合。

其实只要对目标函数稍作修改就可避免出现这种多解现象。在求齿轮体积 V 时，直径改取为齿顶圆直径；在求径向尺寸 C 时，也算到齿顶圆。这样，在目标函数 $F(\boldsymbol{f}(\boldsymbol{X}))$ 的公式中，就可打破只存在幂指数相同的乘积项的局面，而出现诸如 $m_1^3z_1$、m_1^2 等项，于是就可消除最优面存在的可能性。

7.2 数学模型的尺度变换

数学模型尺度变换是指通过改变在 $\mathbf{R}^n$ 空间中各坐标分量的标度和对函数作尺度变换来改善数学模型性态的一种技巧。实践证明，数学模型经过这种处理，在多数情况下，可以加速优化计算的收敛速度、提高计算过程的稳定性、保证取得正确的计算结果等。

7.2.1 设计变量的标度

在机械工程设计问题中，设计变量通常具有不同的量纲和数量级，而且有的相差很大。例如，在动压润滑滑动轴承优化设计中，若取设计变量为 $\boldsymbol{X}=[L/D \quad C \quad u]^{\mathrm{T}}$，其中 $x_1=L/D$ 为轴承宽度与直径比，一般在 0.2～1.0 取值，为无量纲值；$x_2=C$ 为径向间隙，对于通用机械，当 $D=12$～125mm 时，其值为 0.012～0.15mm；而 $x_3=u$ 为润滑油的动力黏度，一般为 0.0065～0.07Pa • s。可见 3 个设计变量不仅量纲不同，而且其量级亦相差几千以至上万倍。在这种情况下，当沿某一给定方向搜索时，各设计变量的灵敏度完全不同。为了消除这种差别，可以对设计变量进行标度，使它成为无量纲化的规范化的设计变量。

设标度过的设计变量为 x_i'，取

$$x_i' = k_i x_i, \quad i=1,2,\cdots,n \tag{7.2.1}$$

其系数 $k_i=1/x_i^{(0)}$，其中 $x_i^{(0)}$ 为设计变量的初值。如果初值 $\boldsymbol{X}^{(0)}$ 离最优值 $\boldsymbol{X}^*$ 相差不是很远，则其标度过的设计变量 $x_i'(i=1,2,\cdots,n)$ 值均在 1 的附近变化。

如果能预先估计出设计变量值的变动范围，即

$$a_i \leqslant x_i \leqslant b_i, \quad i=1,2,\cdots,n$$

则其标度过的设计变量亦可取

$$x_i' = \frac{x_i - a_i}{b_i - a_i}, \quad i=1,2,\cdots,n \tag{7.2.2}$$

这样，对应于 $a_i \leqslant x_i \leqslant b_i, x_i'$ 的变化范围为 $0 \leqslant x_i' \leqslant 1$。

一般来说，由于对设计变量的标度多数采用常数变换，因此对目标函数和约束函数在计算上不会增加任何的困难。但对于求解过程的稳定性及保证求解的可靠性，将会起到重要的作用。需注意的一点是，在求得最优解后，各分量应作标度的逆处理，以还原成真正的设计变量值。

7.2.2 目标函数的尺度变换

在优化设计问题中，目标函数的严重非线性致使函数的性态发生严重的偏心与歪曲，因此当遇到这种函数时，其计算效率都不会很理想，而且亦很不稳定。在这种情况下，若对目标函数作尺度变换的处理，则可以大大改善目标函数的性态。

例如，目标函数

$$f(\boldsymbol{X}) = 144x_1^2 + 4x_2^2 - 8x_1x_2 = [x_1 \quad x_2]\begin{bmatrix} 144 & -4 \\ -4 & 4 \end{bmatrix}\begin{bmatrix} x_1 \\ x_2 \end{bmatrix}$$

其等值线形状如图 7.2(a)所示；若令 $x_1' = 12x_1, x_2' = 2x_2$，代入原目标函数中，则得

$$f(\boldsymbol{X}') = x_1'^2 + x_2'^2 - \frac{1}{3}x_1'x_2' = [x_1' \quad x_2']\begin{bmatrix} 1 & -1/6 \\ -1/6 & 1 \end{bmatrix}\begin{bmatrix} x_1' \\ x_2' \end{bmatrix}$$

其等值线形状如图 7.2(b)所示。显然函数 $f(\boldsymbol{X}')$ 与 $f(\boldsymbol{X})$ 相比，等值线的偏心程度得到了很大的改善，易于求得它的极小点。因此，目标函数尺度变换的目的是通过缩小和放大各个变量的刻度，尽可能地改善函数的偏心或歪曲程度。

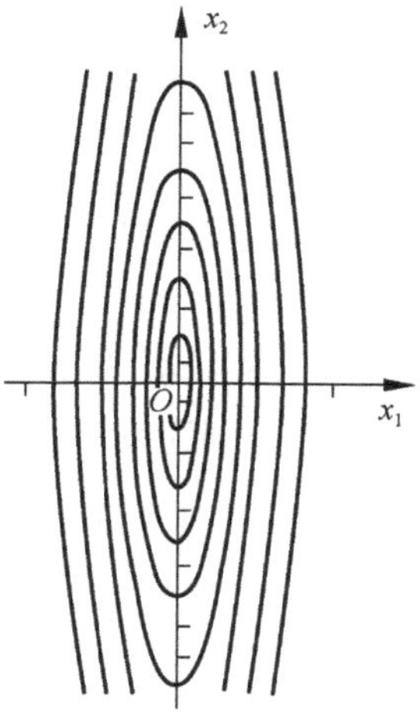

（a）变换前函数的等值线

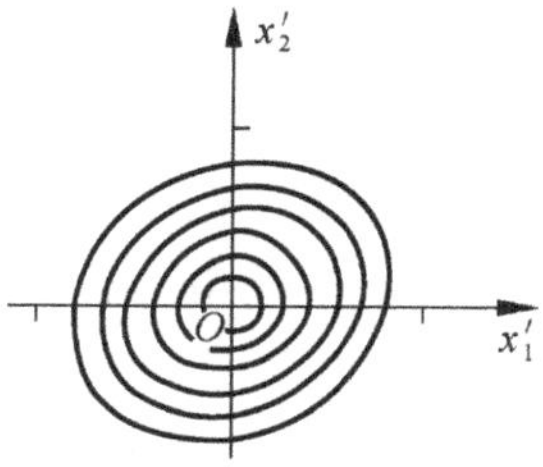

（b）变换后函数的等值线

图 7.2　目标函数尺度变换前后性态(等值线)的变化

由上例可见，对于一个二次型非线性目标函数，可以通过使二阶偏导数矩阵的对角元素变为 1 的方法进行函数尺度变换，即令

$$X' = \boldsymbol{DX}$$

$$
\boldsymbol{D}=\begin{bmatrix} d_{11} & & & 0 \\ & d_{22} & & \\ & & \ddots & \\ 0 & & & d_{nn} \end{bmatrix}=\begin{bmatrix} \sqrt{h_{11}/2} & & & 0 \\ & \sqrt{h_{22}/2} & & \\ & & \ddots & \\ 0 & & & \sqrt{h_{nn}/2} \end{bmatrix} \tag{7.2.3}
$$

使 Hesse 矩阵 $\boldsymbol{H}(\boldsymbol{X}')$ 的对角元素变为 1，就可以改善目标函数的性态。这样，若取得尺度变换后函数的最优点为 $\boldsymbol{X}'^{*}$，则原问题的最优点为 $\boldsymbol{X}^{*}=\boldsymbol{X}'^{*}/\boldsymbol{D}$ 或 $x_i=x_i'/d_{ii}(i=1,2,\cdots,n)$。式 (7.2.3) 中

$$
h_{ii}=\partial^2 f(\boldsymbol{X})/\partial x_i^2,\quad i=1,2,\cdots,n
$$

当然，对于非二次型函数来说，这个矩阵在整个设计空间内不可能是常数，因此也就没有一个常数矩阵作为函数尺度变换的基础。在这种情况下，可以先以初始点的二阶偏导数值矩阵进行尺度变换，然后在每个迭代点上再对尺度变换矩阵进行修正。

一般来说，对于二次型函数即使平方项的系数变为 1，在数学上也不是一种最优的尺度变换，但精确的尺度变换在理论上较为复杂，已超出本书讨论的范围。然而，在实际工作中使用上述方法，也常能取得较好的结果。

最后值得指出的是，目标函数通过尺度变换，对有些算法来说，特别是基于梯度方向和共轭方向信息的算法，将会大大提高它的收敛速度；但对一些像约束问题的直接搜索算法，它的作用就不十分显著，而且经过尺度变换有时会使模型计算变得较为复杂，因而对于这类算法一般不需要对函数进行尺度变换。

7.2.3　约束函数的规格化

在优化设计问题中，约束条件数目通常都比较多，而且约束函数值在数量级上相差相当悬殊，例如，$g_1(\boldsymbol{X})=0.1-x_i\leqslant 0$，$g_2(\boldsymbol{X})=x_j-10000\leqslant 0$。因此，对于设计变量的微小变化，它们的灵敏度也完全不同。这样的约束函数若直接代入惩罚函数中，必然在惩罚函数中所起的作用不同，灵敏度高的约束条件在极小化中首先得到满足，而其他却得不到考虑。即优化的迭代点将朝着能使灵敏度高的约束函数数值下降的方向移动，严重妨碍了 SUMT 方法的正确迭代过程，影响优化结果的准确。此外，在一些需要控制约束函数值进行搜索迭代的直接解法中，若不对约束函数进行处理，亦难以控制起作用约束和使设计点迅速地移到约束面上。

把约束函数值限于 0～1 取值的约束条件，称为规格化约束条件。规格化约束条件虽然对设计变量的灵敏度依然还存在着差异，但对约束函数的性态却有了一定程度的改善。因此，只要有可能，都应该加以应用。这不论对于哪一种优化算法，都将起到稳定搜索过程和加速收敛的作用。

为了使各个约束函数获得 0～1 的数量级，可将各约束条件除以一个常数来实现。例如，对于设计变量的边界约束 $a_i\leqslant x_i\leqslant b_i$，可以取

$$
g_1(\boldsymbol{X})=1-x_i/a_i\leqslant 0 \quad 和 \quad g_2(\boldsymbol{X})=x_i/b_i-1\leqslant 0 \tag{7.2.4}
$$

对于强度、刚度等这类性能约束，即可用如下形式的约束条件：

$$g(\boldsymbol{X})=\sigma/[\sigma]-1\leqslant 0 \quad 和 \quad g(\boldsymbol{X})=\delta/[\delta]-1\geqslant 0 \tag{7.2.5}$$

下面用一个简单的例子来说明。例如

$$h_1(\boldsymbol{X})=x_1+x_2-2=0$$

$$h_2(\boldsymbol{X})=10^6 x_1-0.9\times 10^6 x_2-10^5=0$$

对于点 $\boldsymbol{X}=[1.1 \quad 1.0]^{\mathrm{T}}$，其约束函数值分别为

$$h_1(\boldsymbol{X})=0.1, \quad h_2(\boldsymbol{X})=10^5$$

实际解在 $\boldsymbol{X}^*=[1 \quad 1]^{\mathrm{T}}$。但是由于约束函数未经规格化，其灵敏度相差很大，若用一阶导数矩阵来表示它们的灵敏度，则为

$$\nabla h_1(\boldsymbol{X})=[1 \quad 1]^{\mathrm{T}}, \quad \nabla h_2(\boldsymbol{X})=[10^6 \quad -0.9\times 10^5]^{\mathrm{T}}$$

现将第二个约束除以 10^6，即

$$h_2'(\boldsymbol{X})=h_2(\boldsymbol{X})/10^6=x_1-0.9x_2-0.1=0$$

对于点 $\boldsymbol{X}=[1.1 \quad 1.0]^{\mathrm{T}}$ 的约束函数值为 $h_1(\boldsymbol{X})=0.1, h_2(\boldsymbol{X})=0.1$，其最优点乃是 $\boldsymbol{X}^*=[1.0 \quad 1.0]^{\mathrm{T}}$，灵敏度为

$$\nabla h_1(\boldsymbol{X})=[1.0 \quad 1.0]^{\mathrm{T}}, \quad \nabla h_2(\boldsymbol{X})=[1.0 \quad -0.9]^{\mathrm{T}}$$

可见将约束函数规格化后，其约束函数的灵敏度由原来差别很大而变为很小，这对于搜索最优解来说是很有好处的。

但是，当一个不等式约束函数是两个设计变量之间的比例函数时，就不可能有一个常数作为除数。在这种情况下，最好采用经过标度过的设计变量来建立约束条件，或者用一个可以改变其数值的变量来除此式。但应尽量避免因规格化引起约束条件的函数性质改变。

7.3　建模中数表和图线的程序化

在机械设计问题中，经常需要使用设计规范和手册中所规定的各种数表、图表和图线等资料，如应力集中系数、齿形系数、效率曲线、材料、参数的标准数列等。所谓数表和图线的程序化，就是根据优化设计要求，编制出易于查找或检索这类数据的子程序。

7.3.1　数表的程序化

在机械工程设计中，以数表形式给出的设计数据很多，但根据它的来源不同，可分如下几种情况。

(1) 原数表有较精确的理论计算公式，只是由于手工计算费时太多，才把它编制成数表以便于设计者查用，如齿形系数、应力集中系数、尺寸效应系数、热装配过盈量与压力的关系等。对于这种数据表，处理比较简单，可直接依据原计算公式来编制检索数据的子程序。

(2) 原数据只是记载着彼此间没有一定函数关系的一组数，如材料的性能表、齿轮的模数数列等。对于这类数表，其处理方法是根据数表属于几元的阵列，可按几维数组形式存储，

然后再用条件语句来检索所需的数据。例如，表 7.1 为齿轮的标准模数系列，是属一元的列阵，其数表在程序化时可用一维数组 $M(i)(i=1,2,\cdots,k)$ 来标识。数组括号中的标量 i 就是相应模数的代码，如 $i=1$ 时，标识 $M(1)=2\text{mm}$；$i=2$ 时，标识 $M(2)=2.25\text{mm}$ 等。在优化设计时，只要给定标识符的标量值，即可由 $M(i)$ 直接检取齿轮的模数数列，参与优化程序的相关计算。

表 7.1　齿轮的标准模数系列表

模数/mm	2	2.25	2.5	2.75	3	3.5	4	…
标识 $M(i)$	$M(1)$	$M(2)$	$M(3)$	$M(4)$	$M(5)$	$M(6)$	$M(7)$	…

(3) 原数表没有理论计算公式，是一些通过实验观察再根据实际经验加以校正得到的一些离散数据，但它反映事物的变化规律，数据之间存在一定的函数关系，可按序列离散点 x_i 及其函数值的形式给出，即

$$y_i=\varphi(x_i),\quad i=1,2,\cdots,k \tag{7.3.1}$$

对于这种列表函数，最好的方法是用曲线拟合作出一个子程序，供优化设计中调用和检取所需的数据。

曲线拟合就是根据数表中的值设法构造某种形式函数 $y=\psi(x)$ 来逼近列表函数 $y_i=\varphi(x_i)$，然后根据自变量值计算得出 $\psi(x_i)$ 值近似代替 $\varphi(x_i)$ 值，这样也解决了查取不在离散点上的函数值的问题。通常在设计中所用的拟合曲线多数是代数曲线(直线、二次曲线、高次曲线)、指数曲线或对数曲线等。

例如，已知表 7.2 中所列的数表，现要求在 $0.05\leqslant x\leqslant 0.3$ 内用一指数函数 $y=Cx^p$ 或对数函数 $\ln y=\ln C+p\ln x$ 来逼近原函数 $y_i=\varphi(x_i)(i=1,2,\cdots,6)$。

按照最小二乘法取偏差平方和最小，即

$$F(C,p)=\sum_{i=1}^{k}[(\ln C+p\ln x_i)-\ln y]^2 \tag{7.3.2}$$

令 $\dfrac{\partial F}{\partial C}=0$ 和 $\dfrac{\partial F}{\partial p}=0$，得

$$p=\frac{\sum_{i=1}^{k}(\ln x_i\ln y_i)-\left[\sum_{i=1}^{k}(\ln x_i)\sum_{i=1}^{k}(\ln y_i)/n\right]}{\sum_{i=1}^{k}(\ln x_i)^2-\sum_{i=1}^{k}(\ln x_i)^2/n} \tag{7.3.3}$$

$$C=\exp\left[\left(\sum_{i=1}^{k}\ln y_i-p\sum_{i=1}^{k}\ln x_i\right)\Big/n\right] \tag{7.3.4}$$

将列表函数值代入式(7.3.3)和式(7.3.4)，得 $p=-0.1305$，$C=1.2138$，因此得指数曲线为

$$y=1.2138x^{-0.1305}\text{或}\ln y=\ln 1.2138-0.1305\ln x$$

表 7.2　列表函数

i	x_i	y_i	i	x_i	y_i
1	0.05	1.78	4	0.20	1.50
2	0.10	1.65	5	0.25	1.45
3	0.15	1.57	6	0.30	1.41

这样，根据上式便可以编出程序，嵌入优化程序中可以检取对于不同 x 值时的 y 值。

当列表函数为二元函数时，例如，根据实验已测得两个自变量 x_i、y_i 的各点函数值 $z_i=\varphi(x_i,y_i)$，现判定在 x_i、x_{i+1}、x_{i+2} 和 y_i、y_{i+1}、y_{i+2} 为节点，按二次曲线用分段拟合方法做一个子程序，以求相应列表函数的近似值 z。这项工作可分两步来做。

(1) 先固定 x_i，由 y_i、y_{i+1}、y_{i+2} 及其相应的 z_i、z_{i+1}、z_{i+2} 求得逼近函数 $F(x_i,y)$，再通过 x_i、x_{i+1}、x_{i+2} 值求出第一次近似函数值 $F(x_i,y)$、$F(x_{i+1},y)$、$F(x_{i+2},y)$。

(2) 根据 x_i、x_{i+1}、x_{i+2} 及相应求得的 $F(x_i,y)$、$F(x_{i+1},y)$、$F(x_{i+2},y)$ 再作第二次曲线拟合。

在用曲线拟合方法来使列表函数程序化时，有一点需要注意的是，当实际给出的列表函数很复杂时，虽然可以通过适当地增加拟合函数的阶数，来提高曲线拟合的精度，但一般效果并不好。原因是增加拟合函数的阶数后，拟合函数的曲线变得很“软”，曲线如同波浪线般强行靠近各节点，这样，拟合函数在节点处可能精度会提高，但在实际需检取数据的两个节点之间，误差将变得更大。因此，在实际应用中采用分段低阶曲线拟合方法，这不仅使拟合计算简化，而且也容易保证检取数据的精度。

7.3.2　图线的程序化

设计数据用图线表示的情况是很多的。关于图线的程序化，通常有两种处理方法。

(1) 建立近似的计算公式，即在给定的图线的允许误差范围之内，建立以多项式表示的近似计算式。

(2) 使用数表程序化方法，即从给定的曲线图上读取离散的数值，作出数表，然后用插值方法求出函数曲线再使之程序化。

例如，图 7.3 所示为当轴具有通孔时在受剪工作状态下的应力集中系数曲线 k_{ts}。若采用四点插值求多项式函数，则将图中的曲线 $k_{ts}=k(d/D)$ 在整个取值范围 $0.0\leqslant d/D\leqslant 0.3$ 内按合理的间隔列出数表，见表 7.3。然后用如下多项式：

$$k_{ts}=\alpha+\beta(d/D)+\gamma(d/D)^2+\delta(d/D)^3 \tag{7.3.5}$$

当 $d/D=0$ 时，$k_{ts}=\alpha=2.00$；因此对于 $i=1$，2，3 有

$$k_{ts}=1.65=2.0+\beta(0.1)+\gamma(0.1)^2+\delta(0.1)^3$$
$$k_{ts}=1.50=2.0+\beta(0.2)+\gamma(0.2)^2+\delta(0.2)^3$$
$$k_{ts}=1.41=2.0+\beta(0.3)+\gamma(0.3)^2+\delta(0.3)^3$$

由此解得 $\beta=-4.97$，$\gamma=17.0$，$\delta=-23.3$。因此用 d/D 表示 k_{ts} 曲线的多项式，在 $0.0\leqslant d/D\leqslant 0.3$ 内为

$$k_{ts}=2.0-4.97(d/D)+17.0(d/D)^2-23.3(d/D)^3$$

实际的取值范围为 0.1≤d/D≤0.3。

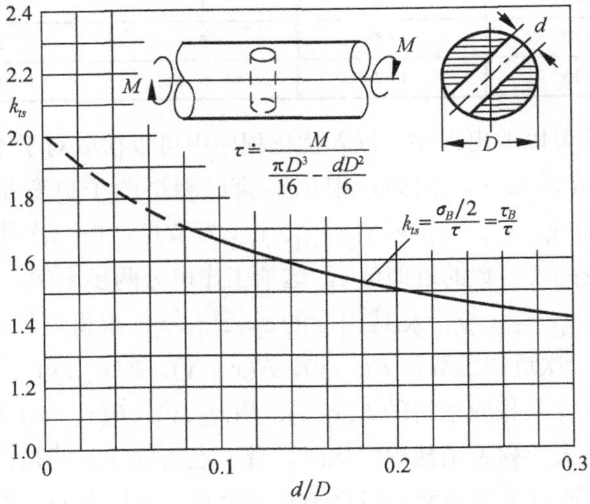

图 7.3 具有通孔轴的应力集中系数 k_{ts} 的图线程序化

表 7.3 相应于图 7.3 的数表

i	d/D	k_{ts}	i	d/D	k_{ts}
0	0.0	2.00	2	0.2	1.50
1	0.1	1.65	3	0.3	1.41

关于图线的程序化，特别需要注意的是它们的使用范围和数据的精度问题，以防止优化搜索越出这个使用范围之外，造成设计上的错误。为此应根据它的使用范围引入可靠的约束条件，以保证在有意义的范围内检取数据。同时，以很高的精度来使图线程序化也是没有多大意义的，因为通常在人工计算时，其读数也允许有 5%的误差。

7.4 优化设计的实施

在确信所建立的优化设计数学模型无误下，便可以着手在计算机上实施优化计算前的一些准备工作。

7.4.1 优化方法的选择

到目前为止，对于一个具体的优化设计的数学模型，究竟选用哪一种优化算法比较合适，还没有一种准确的选用指南，主要是依赖于经验。但在选用优化算法时，一般需考虑以下几个因素。

(1) 数学模型的类型，如有约束或无约束，是连续变量或是含有离散变量，函数是非线性还是全为线性的等。

(2)数学模型的规模，即设计变量维数和约束条件数的多少。

(3)模型中函数的性质，如是否连续、一阶和二阶导数是否存在等。

(4)优化算法是否有现成的计算机程序，或类似于 MATLAB 的数学工具软件了解它的语言类型或专用语言，调用格式等。

(5)对算法或软件解题的可靠性、计算稳定性等一些性能的了解。

(6)程序或软件的界面，输入、输出的数据处理等。

对于 $f(\boldsymbol{X})$ 和 $g(\boldsymbol{X})$ 都是非线性的显式函数，且变量数较少或中等的问题，用复合形法或惩罚函数法(其中尤其是内点惩罚函数法)求解效果一般都比较理想，且前者求得全域最优解的可能性较大。外点惩罚函数法当找不到一个可行的初始点时才用。当优化问题的维数很多，且要求解题精度不很高时，用随机方向搜索方法是较快的，因为这种算法的计算量将不随维数的增多而显著地增加。

在用惩罚函数法求解优化问题时，必须选用一种合适的无约束优化方法。无约束优化方法可分为不需要使用导数(偏导数)信息的直接法和需要使用导数信息的间接法两类。而根据三种惩罚函数法的惩罚函数构造定义可知，三种惩罚函数法在求解时，实际也分为在可行域内迭代求解的内点惩罚函数法和混合惩罚函数法；在可行域外的外点惩罚函数法两类。对于在可行域内迭代求解的内点惩罚函数法和混合惩罚函数法，两类无约束优化方法都可视情况选用。如果目标函数的一阶和二阶偏导数易于计算(易于用解析法求导数)且设计变量不是很多(如 $n\leqslant 20$)，建议用拟牛顿法；若 $n>20$，且每一步的 Hesse 矩阵求计算变得很费时，则选用变尺度法较好。若目标函数的导数计算困难(不易于用解析法计算)，或者不存在连续的一阶偏导数，则用 Powell 法效果最好。而外点惩罚函数法，虽然在理论上是由可行域外逐步向可行域内迭代移动的，但由于搜索步长的变化是跳跃的，因此，外点惩罚函数法在迭代求解过程中，难免在步长加速时步长落在可行域内，即迭代点 $\boldsymbol{X}^{(k)}$ 将在可行域和非可行域之间跳跃。由外点惩罚函数法定义的泛函数

$$\varphi(\boldsymbol{X},r^{(k)})=f(\boldsymbol{X})+r^{(k)}\sum_{u=1}^{q}\left\{\frac{g_u(\boldsymbol{X})+|g_u(\boldsymbol{X})|}{2}\right\}^2+r^{(k)}\sum_{v=1}^{p}[h_v(\boldsymbol{X})]^2$$

可知，对于有多个不等式约束条件的约束优化问题，当迭代点 $\boldsymbol{X}^{(k)}$ 在可行域和非可行域之间跳跃时，函数 $\varphi(\boldsymbol{X},r^{(k)})$ 的结构组成，将随着某些 $\{g_u(\boldsymbol{X})+|g_u(\boldsymbol{X})|\}$ 项为 0 而变化。函数 $\varphi(\boldsymbol{X},r^{(k)})$ 形式的不一致，势必影响到用函数 $\varphi(\boldsymbol{X},r^{(k)})$ 的导数信息构造的搜索方向的可靠性与准确性。因此，对于外点惩罚函数法，不推荐选用需使用导数信息的无约束优化方法。

经实践证明，内点惩罚函数法调用 Powell 无约束优化方法求序列极小化，这种组合从计算的稳定性方面来看是很好的。又由于该方法的源程序便于编制；对于一般工程设计问题，维数都不很高($n<50$)；函数的求导计算又都存在不同程度的困难；因此一般都将内点惩罚函数法调用 Powell 求优，作为工程设计优化问题的首选求解方法。但这种组合也并不是完美无缺的，以下就内点罚函数法调用 Powell 法求优时存在的问题，进行分析并介绍相应的对策。

由第 5 章可得内点罚函数法的泛函数

$$\varphi(\boldsymbol{X},r^{(k)})=f(\boldsymbol{X})-r^{(k)}\sum_{u=1}^{q}\frac{1}{g_u(\boldsymbol{X})}$$

是定义于可行域内的。因此，对内点罚函数的求优迭代，必须严格控制在可行域内进行。

内点罚函数法调用 Powell 法求优，将优化迭代点控制在可行域内的工作，是由确定一维优化区间的“进退法”来完成的，即可在每次跨步试探时，先判断迭代点是否违反约束，一旦违反将跨步步长折减后再试探。但 Powell 法的方法核心——搜索方向组置换的判据中，涉及一个直接取点 $\boldsymbol{X}_3=\boldsymbol{X}_n+(\boldsymbol{X}_n-\boldsymbol{X}_0)$ 的计算，显然，这样的取点方法，无法确保 $\boldsymbol{X}_3$ 落在可行域内。一旦 $\boldsymbol{X}_3$ 落在可行域之外，将造成如下后果。

(1) 由内点罚函数法的泛函式可得，因 $g_u(\boldsymbol{X}_3)>0,\varphi(\boldsymbol{X}_3,R)$（对应于 Powell 法中的 f_3）的计算值便急剧减小如图 7.4 所示。此时，原来判据之一的 $f_3<f_1$（对内点罚函数法为 $\varphi_3<\varphi_1$）就无法准确，这将严重影响搜索方向组的共轭度及搜索的收敛速度。

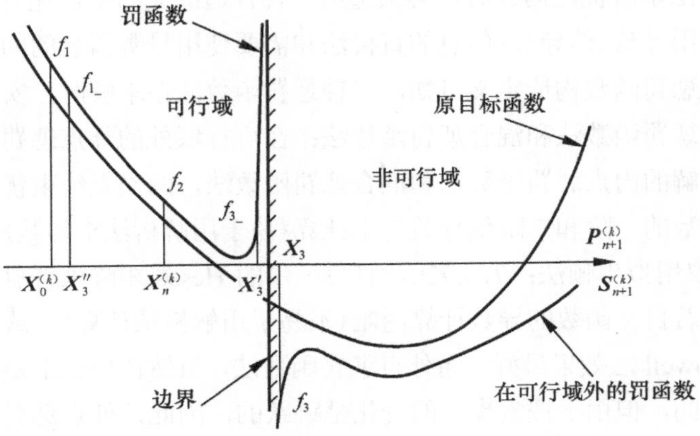

图 7.4　$\boldsymbol{X}_3$ 在可行域外时的内点罚函数曲线

(2) 若 $\boldsymbol{X}_3$ 不在原目标函数或约束函数的初等函数的定义域，将造成计算机的算法错误而使计算终止。

为克服这一问题，可做如下改进。

当 $\boldsymbol{X}_3$ 越界即 $g_u(\boldsymbol{X}_3)\leqslant 0$ 不满足时，求一尽可能大的实数 $\lambda\,(0<\lambda<1)$，使得

$$\boldsymbol{X}_3'=\boldsymbol{X}_n+\lambda(\boldsymbol{X}_n-\boldsymbol{X}_0)$$

满足于

$$g_u(\boldsymbol{X}_3')\leqslant 0,\quad u=1,2,\cdots,q$$

这实际上就是把原越界的 $\boldsymbol{X}_3$ 拉回可行域。因为原 $\boldsymbol{X}_3$ 是以 $\boldsymbol{X}_n$ 为中心的 $\boldsymbol{X}_0$ 的镜像点，所以还须求 $\boldsymbol{X}_3'$ 以 $\boldsymbol{X}_n$ 为中心的镜像点，记为 $\boldsymbol{X}_3''$（图 7.4）。则

$$\boldsymbol{X}_3''=\boldsymbol{X}_n-\lambda(\boldsymbol{X}_n-\boldsymbol{X}_0)$$

若令

$$f_{1\_}=\varphi(\boldsymbol{X}_3'',r),\quad f_{3\_}=\varphi(\boldsymbol{X}_3',r) \tag{7.4.1}$$

代入第 4 章的置换搜索方向组的判别式(4.4.1)可得

$$\left.\begin{aligned}&f_{1\_} > f_{3\_}\\&(f_{1\_}+f_{3\_}-2f_2)(f_1-f_2-\varDelta_m)^2<\frac{1}{2}\varDelta_m(f_{1\_}-f_{3\_})^2\end{aligned}\right\}\tag{7.4.2}$$

式中，f_1、f_2 的意义与式(4.4.1)相同，但要注意应当是内点罚函数的值，即

$$f_1=\varphi(\boldsymbol{X}_0,r),\quad f_2=\varphi(\boldsymbol{X}_n,r)$$

可以证明，式(7.4.2)与第 4 章的式(4.4.1)是等效的。

至于无约束优化方法中的一维搜索方法，本书推荐的黄金分割法和二次插值法都是比较有效的方法，其中黄金分割法虽然计算的精度和速度不如二次插值法，但其对目标函数类型的适应性、收敛的可靠性均明显优于二次插值法。

当有若干种优化方法程序或工具软件可使用时，经验表明，用几种方法求解同一问题，而不拘泥于一种方法，常常有利于问题的正确解决。求解问题过程的计算效率和运行的稳定性，有不少算法在很大程度上取决于“可调参数”的值，如初始点、步长、权因子、收敛精度等。这类参数的数值一般只能通过对程序试运行的结果进行分析后做出调整，或是根据以往使用该算法的经验初步给出。最好选用几个不同的初始点进行试算，以便根据最终的输出结果来判断是否正常结束、是局部最优解还是全域最优解。

7.4.2　收敛精度的选择

在优化计算中，根据实际的要求来拟定合理的收敛精度值是很有必要的。因为收敛精度规定过高，不仅对解决问题的帮助不大，而且还会消耗较多的机时，造成浪费。

(1)关于一维搜索收敛精度。对于二次插值法，可取当前点 $(\boldsymbol{X}^{(k)}+\alpha_p\boldsymbol{S}^{(k)})$ 与中间点 $(\boldsymbol{X}^{(k)}+\alpha_2\boldsymbol{S}^{(k)})$ 的向量模平方小于 10^{-6}；对于黄金分割法，可取缩减区间的绝对长度 $|\alpha_2-\alpha_1|\leqslant 10^{-5}$（当 $\alpha\approx 0$ 时）或相对变化量 $|(\alpha_2-\alpha_1)/\alpha_2|\leqslant 10^{-6}$。

(2)关于算法的收敛精度。当用目标函数的相对值时，可取 $\varepsilon=10^{-6}\sim10^{-5}$，当用绝对差值($f(\boldsymbol{X}^{(k)})\approx 0$)时，取 $\varepsilon=10^{-4}\sim10^{-3}$；当用设计变量的相对变化量作为收敛准则时，可取 $\varepsilon=10^{-5}$，用绝对变化量(当 $x_i\approx 0$ 时)，可取 $\varepsilon=10^{-3}$。

(3)关于等式约束和不等式约束条件。若约束函数是规范化的，当 $|g(\boldsymbol{X})|\leqslant 10^{-3}$ 和 $|h(\boldsymbol{X})|\leqslant 10^{-5}$ 时，则认为 $\boldsymbol{X}$ 点已处于约束面上。

7.5　优化计算结果分析

对于工程优化设计问题，建立正确的数学模型，选用一种有效的优化方法或软件，固然是取得正确设计结果的先决条件。但是，在许多情况下仅仅依赖于这一点是不够的，还必须依据计算中所提供的数据进行仔细的分析，以便查明优化计算过程是否正常结束及其最终结果是否合理。在这些数据中，最重要的是原始设计方案和最终设计方案的变量值、目标函数值、约束函数值以及其他的一些性能指标值。

对于一个约束非线性优化设计问题，判断设计变量值的合理性和可行性是非常重要的，倘若是由于模型而造成的错误，只要对数据进行认真分析，就可以发现问题，而且也不难解决。但是由于约束函数和目标函数的严重非线性而造成的不合理方案，可能是多约束极值或者约束条件不合理。遇到这种情况，可用改变初始点或增加约束条件的办法通过几次试算来解决。

目标函数值虽然有时不一定有明确的工程实际意义，但这项数据始终是判断优化设计结果正确与否和检查迭代过程是否正常的重要信息。约束函数的值是判断设计点所停留的位置的一个很重要的信息。因为对大多数实际问题来说，约束最优点一般停留在一个或几个不等式约束条件的约束面附近，与此对应的约束函数值将接近于零。对于一些重要的性能约束，应通过对初始和最终方案的函数值的分析对比来判断设计结果的可靠性。

判断一个优化设计结果是否合理或正确，一个有经验的设计人员绝不会单纯从计算结果的数据，而是凭经验来判断设计变量、目标函数、约束函数的终值是否合理。例如，有一单级直齿圆柱齿轮传动体积最小的优化设计，设计变量为 z、m、b，共有 6 个不等式约束函数($g(\boldsymbol{X})\leqslant 0$)，用惩罚函数法计算取得如表 7.4 所示的数据。计算过程是正常结束的，设计变量值合理，目标函数值减小，约束函数有 3 个接近于零(适时约束)，其中 $g_2(\boldsymbol{X})$ 为齿宽系数 ψ_m 的下界约束；$g_4(\boldsymbol{X})$ 为齿面接触强度约束；$g_5(\boldsymbol{X})$ 为小齿轮轮齿弯曲强度约束，这些都与常规设计的经验相符合，因而可认为，该设计结果是正确的。

表 7.4 惩罚函数法计算取值

参数		方案	
		初始设计方案	最终设计方案
设计变量	$x_1=z$	17.00	23.7221
	$x_2=m$	8.00	6.5744
	$x_3=b$	50.00	105.1910
目标函数	$f(\boldsymbol{X})$	5507.4800	4736.1910
约束函数	$g_1(\boldsymbol{X})$	−0.7142	−0.5428
	$g_2(\boldsymbol{X})$	−0.3750	−0.0005
	$g_3(\boldsymbol{X})$	−0.5750	−0.2202
	$g_4(\boldsymbol{X})$	−0.1661	−0.0004
	$g_5(\boldsymbol{X})$	−0.3854	−0.1173
	$g_6(\boldsymbol{X})$	−0.4094	−0.0011

如果对优化计算结果是否正确还存在疑虑，则还可以用以下办法来检验。

(1)在不变动优化设计数学模型的前提下，改变初始点或改变可调参数(如对惩罚函数法改变 $r^{(0)}$ 和 C 值等)，若取得相近的结果，则证明计算结果是正确的。

(2)改用另一种优化方法计算，若取得相近的结果，则也证明结果是正确的。

如何判断所得的是全局最优解还是局部最优解，这是一个比较困难的问题。倘若已经清楚地知道目标函数是凸函数、约束可行域是凸集，则最优解就是全域最优解。对于其他情况，由于前述的任何一种优化方法都只能解得局部最优解，所以所得的最优解都是局部的，要想找到其他更好的局部最优解，只能通过改变初始点的办法去试算，若获得不同的计算结果，则证明存在多个局部最优解。

优化计算结果的分析，还应包括对设计方案各种性能指标，如运动特性、动态特性等的详细计算，以便能为工程设计提供更多的数据和更充分的科学证据。

7.6　习　　题

7.1　设已知目标函数 $\min f(\boldsymbol{X})=x_1^2+25x_2^2$，试用变量代换方法使目标函数变为 $\min f(\boldsymbol{X}')=x_1'^2+x_2'^2$ 并画出两个目标函数的等值线和在 $\boldsymbol{X}=[x_1 \quad x_2]^{\mathrm{T}}=[2 \quad 2]^{\mathrm{T}}$ 点的最速下降方向，说明其对优化设计的影响。

7.2　设已知目标函数 $f(\boldsymbol{X})=36x_1^2+x_1^2-6x_1x_2$，试求其 Hesse 矩阵对角元素为 1 的尺度变换后的函数，并确定其尺度变换矩阵 $\boldsymbol{D}$。

7.3　现已知题 7.3 表列出的几种轴颈范围内相应平键的基本尺寸 $b\times h$，试编制检取此数表中数据的子程序，供优化设计程序调用。

题 7.3 表　（单位：mm）

轴径 d	b	h	轴径 d	b	h	轴径 d	b	h
7～10	3	3	18～24	6	6	36～42	12	8
10～14	4	4	24～30	8	7	42～48	14	9
14～18	5	5	30～36	10	8			

7.4　题 7.4 图为渐开线齿轮的一种齿形系数曲线图。图中横坐标为齿轮的齿数，纵坐标表示该齿数时的齿形系数。根据不同齿数 Z 即可以从此曲线图上找出相应的齿形系数 Y。试求出使用此线图的程序。

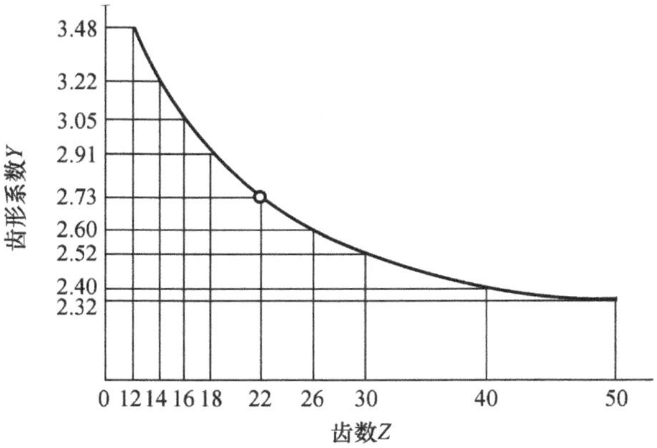

题 7.4 图

第 8 章　现代优化计算方法与优化工具软件应用概述

8.1　现代优化计算方法

随着 20 世纪 70 年代初期计算复杂性理论的形成，科学工作者发现并证明了大量来源于实际的组合最优化问题是非常难解的，即所谓的 NP 完全和 NP 难问题。70 年代初期，应运而生了一系列现代优化计算方法，如遗传算法(Genetic Algorithm，GA)、模拟退火算法(Simulated Annealing Algorithm，SA)、蚁群算法(Ant Colony Algorithm，ACA)等，这些算法在一些实际问题中的成功应用，吸引了科学工作者投入了大量的精力和热情去研究算法的模型、理论和应用效果。在各个领域的优化问题求解，都可以见到这些算法的理论和应用文献。

8.1.1　遗传算法

对于大规模和复杂问题的科学与工程技术的优化问题，人们试图寻求一种具有自适应、自组织和随机优化性质的算法，遗传算法应运而生，并成为研究热点之一。1975 年由美国 Holland 教授提出的遗传算法是基于自然选择原理、自然遗传机制和自适应随机搜索(寻优)的算法。该算法不同于传统的确定性优化算法，是一种具有隐含并行搜索特性和全域随机搜索特性等特点的算法。通过群体搜索策略和群体中个体之间的信息交换，搜索不依赖于梯度的信息。广泛应用于函数优化、机器学习、自适应控制、规划设计和人工生命等领域，是 21 世纪有关智能计算中的关键技术之一。

1. 基本原理

对于求函数最大值的优化问题

$$\begin{aligned} \max\quad & f(\boldsymbol{X}) \\ \text{s.t.}\quad & g(\boldsymbol{X})\leqslant 0 \\ & \boldsymbol{X}\in\mathbf{R}^n \end{aligned}$$

式中，$\boldsymbol{X}=[x_1\quad x_2\quad \cdots\quad x_n]^{\mathrm{T}}$ 为设计变量，$\mathbf{R}^n$ 为 n 维欧氏空间，$g(\boldsymbol{X})\leqslant 0$ 为约束条件，$f(\boldsymbol{X})$ 为目标函数。

遗传算法中，求函数的极值可以用适应度代替目标函数。适应度是生物个体对环境的适应程度，用来评估生物群体中每个个体适应环境所表现出的不同生命力，从而决定其遗传机会的大小。

优化问题中的 n 维矢量 $\boldsymbol{X}=[x_1\quad x_2\quad \cdots\quad x_n]^{\mathrm{T}}$，遗传算法是用 n 个记号 $\boldsymbol{X}_i(i=1,2,\cdots,n)$ 所组成的符号串 $\boldsymbol{X}$ 来表示的

$$X = X_1 X_2 \cdots X_n$$

这样，$\boldsymbol{X}$ 就可以看成由 n 个遗传基因 $\boldsymbol{X}_i$ 所组成的染色体。每一个 $\boldsymbol{X}_i$ 就是一个遗传基因，所有可能的取值即为等位基因，这里等位基因可以是一组整数，也可以是某一范围内的实数值或者是纯粹的一个记号。最简单的等位基因是由 0 和 1 这两个整数组成的，相应的染色体就可表示为一个二进制符号串，染色体 $\boldsymbol{X}$ 也称为个体 $\boldsymbol{X}$，对于每一个个体 $\boldsymbol{X}$，要按一定规则确定出其适应度。个体适应度与其相应的个体表现型 $\boldsymbol{X}$ 的目标函数相关，$\boldsymbol{X}$ 越接近于目标函数的最优点，其适应度越大，反之亦然。

遗传算法是以设计变量 $\boldsymbol{X}$ 组成优化问题的解空间。对问题最优解的搜索是通过对染色体 $\boldsymbol{X}$ 的搜索过程来进行的，从而由所有的染色体 $\boldsymbol{X}$ 就组成了问题的搜索空间。与生物一代一代的自然进化过程相类似，遗传算法的运算过程也是一个反复迭代过程。这个群体不断地经过遗传和进化操作，并且每次都按照优胜劣汰的规则，将适应度较高的个体更多地遗传到下一代，这样最终在群体中将会得到一个优良个体 $\boldsymbol{X}$，它所对应的表现型 $\boldsymbol{X}$ 将达到或接近于问题的最优解 $\boldsymbol{X}^*$。

2．基本步骤

标准的遗传算法的主要步骤可描述如下(图 8.1)。

(1)随机产生一组初始个体构成初始群体。

(2)计算适应度，判断算法收敛准则是否满足，若满足就输出搜索结果，否则，进行步骤(3)。

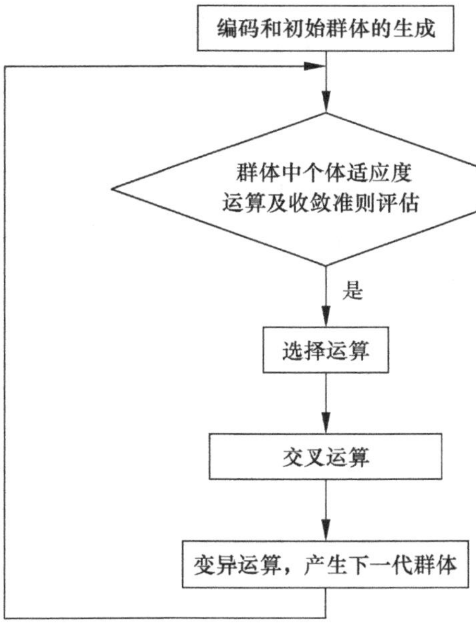

图 8.1　遗传算法的运算基本流程

(3)选择运算，按优胜劣汰原则执行复制操作。

(4) 交叉运算，按一定方式进行交叉操作。

(5) 变异运算，按一定规则执行变异操作。

(6) 返回步骤(2)。

3. 实现方法

1) 编码方法

遗传算法不能直接处理问题的设计变量，必须把它们转换成遗传算法空间的由一定结构基因组成的染色体或个体，这一转换操作称为编码。编码方法有：二进制编码方法、格雷码编码方法、实数编码、多参数映射编码、可变长编码方法等。

2) 群体大小设定

群体大小的设定为群体个体数目的确定，即群体规模的选定。并以此为起点一代代进化，直到按某进化停止准则终止，由此得到最后一代群体。

3) 适应度评估

在遗传算法中用适应度评估个体或解的优劣，这个评估个体适应度的函数称为适应度函数。适应度较高的个体遗传到下一代的概率较大；而适应度较低的个体遗传到下一代的概率相对小一些。

4) 遗传算子

遗传算法利用遗传算子产生新一代群体，实现群体进化，包括选择算子、交叉算子和变异算子。

选择算子(或称复制算子)是对群体中的个体按优胜劣汰的方式选取，并遗传到下一代群体的运算操作，它是建立在群体中个体的适应度评估基础上的。通过选择操作可以避免基因缺失，提高全局收敛性和计算效率。

选择方法有：适应度比例选择法、最佳个体保存方法、期望值方法、排序选择法、随机联赛选择等，其中最常用的是适应度比例选择法。比例选择操作的基本思想是：个体被选中并遗传到下一代的概率与它的适应度的大小成正比。

设群体的大小为 M，个体 i 的适应度为 f_i，则个体 i 被选中的概率为

$$P_{is}=\frac{f_i}{\sum_{i=1}^{M} f_i},\quad i=1,2,\cdots,M$$

每个概率值组成一个区间，全部概率值之和为 1。产生一个 0～1 的随机数，依据概率值所出现的区间来决定对应的个体被选中和被遗传的次数，此法亦称轮盘法。

交叉运算是遗传算法产生新个体的主要方法，在算法中起着关键性的作用。它的操作是对两个相互配对的染色体按某种方式相互交换其部分基因，从而形成两个新的个体。交叉算子有单点交叉、双点交叉与多点交叉、均匀交叉、算术交叉等，目前最常用的是单点交叉运算。单点交叉又称简单交叉，它是在个体编码串中随机地设置一个交叉点，并在该交叉点上相互交换两个配对个体的基因，如图 8.2 所示。

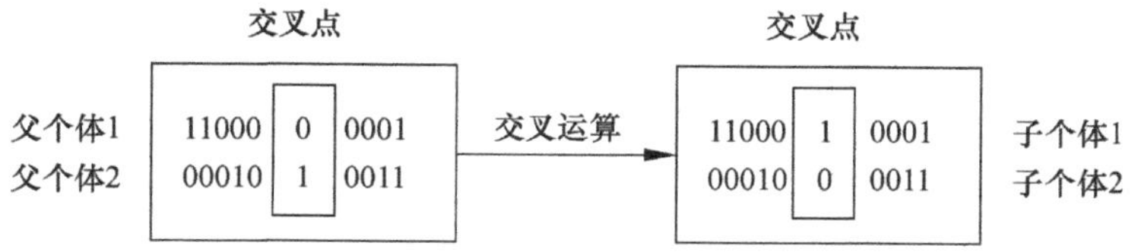

图 8.2　单点交叉运算

变异算子是遗传算法产生新个体的辅助方法，对群体中的个体编码串的某些基因位置上的基因值作变动。在遗传算法中引入变异算子，一方面使遗传算法具有局部的随机搜索能力，可加速向最优解收敛，此时变异概率应取较小值；另一方面，使遗传算法可维持群体多样性，以防止出现未成熟收敛现象，此时变异概率应取大值。主要的变异算子有基本变异算子、均匀变异算子、非均匀变异算子、正态变异算子、自适应变异算子等，其中最简单的是基本变异算子。基本位变异操作是在个体编码串中依变异概率随机指定某一位或某几位基因座上的基因值作变异运算，如图 8.3 所示。

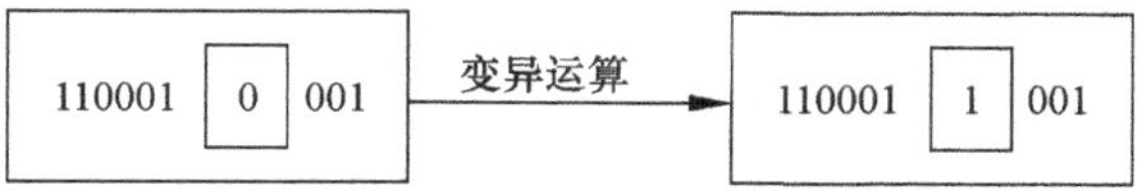

图 8.3　变异运算

5) 遗传算法运行参数的选择

(1) 编码串长度 l。对于二进制编码而言，编码串长度 l 的选取与所求解问题的精度有关，若编码精度为 δ，编码串长度 $l=\log_2\dfrac{U_{\max}-U_{\min}+\delta}{\delta}$。

对于具有浮点数的编码，其编码串长度 l 与设计变量的个数 n 相等。至于其他的编码串长度由各种编码方式来确定。

(2) 群体的大小 M。群体规模的大小对遗传算法效能有重要影响。群体规模小，遗传算法的计算速度快，但降低了群体的多样性，则优化的性能一般不会太好；而群体规模大，遗传操作所处理的模式较多，生成有意义的基因块并逐渐进化为最优解的概率就越高，即群体中个体的多样性好，算法陷入局部解的概率小。但是，群体规模太大，算法的计算量剧增，收敛时间变长。一般问题群体大小取值为 $M=10$～160。

(3) 交叉概率 P_c。交叉概率 P_c 用于控制交叉操作的频度。较大的交叉概率可增强遗传算法开辟新的搜索区域的能力，种群中编码串更新更快，但群体中优良模式的个体会遭受到破坏；若交叉概率取值太小，交叉产生新个体的速度较慢，从而会使搜索停滞不前。一般建议取值范围是 0.4～0.99。

(4) 变异概率 P_m。变异概率 P_m 直接影响到算法的收敛性和最终解的性能。若变异概率取较大的值，会使得算法能不断地探索新的解空间，增加模式的多样性，但较大的变异概率会影响算法的收敛性；若取值太小，则变异操作产生的新个体的能力和抑制早熟现象的能力就会变差。一般建议的取值范围是 0.0001～0.1。

(5) 代沟 G。代沟 G 控制着每一代群体构成中个体被更新的百分比，即每一代群体中有 $M\times G$ 个个体被替换掉。“代沟”方式的选用为遗传算法利用优化过程的历史信息提供了条件，加速了遗传算法的收敛过程。当代沟 G 过小时，可能导致遗传算法过早地不成熟收敛。一般取 $G=0.30$～1.00。

(6) 算法的终止条件。一般采用的方法有：①停止规则是给定一个最大的遗传进化代数，当到达此值时，就停止运行，并将当前群体中的最佳个体作为所求问题的最优解输出。一般建议的取值范围是 $T=100\sim1000$。②当判断出群体已经进化成熟，而且连续若干步不再有明显的进化趋势时，便可终止算法运行过程。

6) 约束条件的处理

在机械优化设计问题中一般都有约束条件，而在数学模型中约束条件是各式各样的。鉴于现有的处理约束方法存在种种不足的情况，遗传算法还没有一个既具有通用性，便于实现，又具有高效性和稳健性的处理方法，只能是针对具体应用问题及约束条件的特征，再考虑遗传算法中遗传算子的运行能力，选用不同的方法对约束条件进行处理。

遗传算法中对约束条件处理有下面的方法。

(1) 区域约束的处理方法：对于区域约束 $a\leqslant x\leqslant b$ 这类约束形式的处理方法，其基本思想是，将搜索空间的大小加以限制，使得在搜索空间中一个个体的点与解空间内一个可行解的点有一一对应的关系。

(2) 处理一般约束的方法：抛弃不可行解法、基于智能编码的方法、修补方法等。

(3) 罚函数方法：处理非线性约束优化问题比较广泛的一种方法，有静态罚函数法、动态罚函数法、退火罚函数法等。

【例 8.1】　用遗传算法求如下函数的全局最大值：

$$\begin{aligned}&\max \quad f(\boldsymbol{X})=x_1^2+x_2^2\\&\text{s.t.} \quad x_i\in\{0,1,2,\cdots,7\},\quad i=1,2\end{aligned}$$

解　由于变量的取值上限为 7，下限为 0，故对 x_1 和 x_2 均采用 3 位二进制编码。由此开始的遗传算法求解过程见表 8.1。

表 8.1　遗传算法的求解过程

(1)	个体编号 i	1	2	3	4
(2)	初始群体 $P(0)$	011101	101011	011100	111001
(3)	变量 x_1，x_2	3，5	5，3	3，4	7，1
(4)	适应度 $f(x_1，x_2)$	34	34	25	50
(5)	$f_i/\sum f_i$	0.24	0.24	0.17	0.35
(6)	选择次数	1	1	0	2
(7)	选择结果	011101	111001	101011	111001
(8)	配对情况	1-2		3-4	
(9)	交叉点	4		5	
(10)	交叉结果	011001	111101	101001	111011
(11)	变异点	4	5	2	6
(12)	变异结果	011101	111111	111001	111010
(13)	子代群体 $P(1)$				
(14)	变量 x_1，x_2	3，5	7，7	7，1	7，2
(15)	适应度 $f(x_1,x_2)$	34	98	50	53
(16)	$f_i/\sum f_i$	0.14	0.42	0.21	0.23

从表 8.1 可以看出，群体经过一代进化后，其适应度的最大值和平均值都得到了明显的改进。实际上，已经找到了最佳的个体“111111”以及对应的最优解 $\boldsymbol{X}=[7\quad 7]^{\mathrm{T}}$，$f(\boldsymbol{X})=98$。

需要说明的是，表中第(2)、(7)、(9)、(10)、(12)栏的数据是应该随机产生的，这里特意选择了一些较好的数据，以便尽快得到较好的结果。实际运算中，一般需要经过多次进化才能得到这样的最优结果。

遗传算法的计算方法新颖独特，与传统优化计算方法相比有以下特点。

(1)对优化问题，遗传算法不是直接处理设计变量本身，而是对它的编码进行运算。

(2)许多传统的优化方法是单点搜索法，而遗传算法在搜索空间中同时处理群体中多个个体，即同时对搜索空间多个解进行评估，从而提高了搜索的效率，减少了陷于局部最优解的风险，而且具有较大的可能求得全局最优解。

(3)遗传算法目标函数仅用于适应度的评估，对它几乎没有限制，不要求连续，更不要求可微，既可以是数学解析所表示的显函数，也可以是其他方式(映射矩阵或神经网络)的隐函数。

(4)遗传算法属于一种自适应概率搜索技术，采用概率变迁规则而非确定性规则来指导其搜索空间。

(5)遗传算法具有隐含并行性，不但使优化计算提高搜索效率，而且易于采用并行机和并行高速计算，因此适合大规模复杂问题的优化。

4. 基本遗传算法存在的问题及其研究方向

遗传算法一方面由于其运算简单，能有效地解决问题而广泛应用，另一方面，在实际运用中依然存在一些不尽如人意的地方，如早熟问题、局部搜索能力较差等问题。遗传算法最根本的是设法产生或有助于产生优良的个体“成员”，且这些“成员”充分体现出求解空间中的解，从而提高算法效率和避免出现过早收敛。因此现今研究的努力方向都是针对基因操作、种群的宏观操作等方面，并出现免疫遗传算法、并行遗传算法等。

8.1.2　模拟退火算法

模拟退火算法(简称SA)的思想最早由Metropolis在1953年提出，而后Kirkpatrick在1983年成功地应用于组合优化问题中，后来又推广应用到函数优化问题中，成为一种通用的优化算法，目前已在工程中得到了广泛的应用。

1. 基本原理

模拟退火算法的基本思想是从一给定解开始，从邻域中随机产生另一个解，接受Metropolis准则允许目标函数在有限范围内变坏，它由一控制参数 t 决定，其作用类似于物理过程中的温度 T，对于控制参数的每一取值，算法持续进行“产生-判断-接受或舍弃”的迭代过程，对应着固体在某一恒定温度下趋于热平衡的过程。经过大量的解变换后，可以求得给定控制参数 t 值时优化问题的相对最优解。然后减小控制参数 t 的值，重复执行上述迭代过程，当控制参数逐渐减少并趋于 0 时，系统亦越来越趋于平衡状态，最后系统状态对应于优化问题的全局最优解，该过程也称为冷却过程。由于固体退火必须缓慢降温，才能使得固体在每一个温度下都达到热平衡，最终趋于平衡状态。因此，控制参数 t 必须缓慢衰减，才能确保模拟退火算法最终趋于优化问题的整体最优解。

2. 基本步骤

模拟退火算法的具体步骤如下。

(1)给定模型每一个参数变化范围，在这个范围内随机选择一个初始模型 m_0，并计算相应的目标函数值 $E(m_0)$。

(2)对当前模型进行扰动产生一个新模型 m，计算相应的目标函数值 $E(m)$，得到 $\Delta E = E(m) - E(m_0)$。

(3)若 $\Delta E<0$，则新模型 m 被接受；若 $\Delta E \geqslant 0$，则新模型 m 按概率 $P = \exp(-\Delta E/T)$ 进行接受，T 为温度。当模型被接受时，置 $m_0 = m$，$E(m_0) = E(m)$。

(4)在温度 T 下，重复一定次数的扰动和接受过程，即重复步骤(2)和步骤(3)。

(5)缓慢降低温度 T。

(6)重复步骤(2)～(5)，直至收敛条件满足。

SA 算法实质上分两次循环，随机扰动产生新模型并计算目标函数(或称能量)的变化；决定新模型是否被接受。由于算法初温设计在高温条件，这使得 E 增大的模型可能被接受，因而能舍去局部极小值，通过缓慢地降低温度，算法最终能收敛到全局最优点。

从上述步骤可看出模拟退火算法依据 Metropolis 准则接受新解，为此除了接受优化解外，还在一定限度内接受恶化解，这正是 SA 算法与局部搜索算法的本质区别所在。开始时值大，可能接受较差的恶化解；随着 t 的减小，则只能接受好的恶化解；最后在 t 值趋于零时，就不再接受恶化解了，从而使得 SA 能从局部最优的“陷阱”中跳出，最后得到全局最优解。

3. 基本模拟退火算法存在的问题及其研究方向

针对算法的“先天性不足”，在确保一定要求的优化质量基础上，改进和发展传统模拟退火算法，克服其计算时间长、效率较低的缺点，成为众人关注的热点问题，目前研究的方向大致有 3 类。

(1)改进、升级 SA 算法。模拟退火算法关键参数主要有状态产生函数、状态接受函数、温度更新函数等。改进算法主要就是调试、改进其中某部分函数，使其更接近自然现象。此外，对算法的改进，也可通过增加某些环节而实现，如增加记忆功能、增加补充搜索过程、增加搜索策略等。

(2)结合其他算法，混合优化 SA 算法。工程的全局优化问题存在大规模、高维、非线性、非凸等复杂性，而且存在大量局部极小。单一结构和机制的算法一般难以实现高效优化。有机结合单纯形(SM)、遗传(GA)、进化(EC)、人工神经网络(ANN)等算法，混合发展 SA 算法，这既符合自然界对立和统一的本质，又能有效地提高计算效率，取得理想的效果。

(3)混合最优化算法。混合最优化算法是以模拟退火算法和遗传算法为基础，将不同算法在优化机制、进程、搜索行为、操作上进行有机结合，达到全局最优。它综合了局部最优化算法和全局最优化算法的优点，有效克服了它们的缺点，不仅可以提高计算速度，而且在改善解的质量方面有着很好的效果。

基于模拟退火算法的混合最优化算法目前主要有几种组合形式：模拟退火算法与线性化方法结合、模拟退火算法与共轭梯度结合、模拟退火算法与单纯形法和均匀设计结合、模拟退火算法与人工智能神经网络结合等。

8.1.3　蚁群算法

蚁群算法(简称 ACA)又称蚂蚁算法，是源于自然界蚁群行为的一种新型的仿生优化算法。它由意大利学者 Dorigo 在 1991 年首次系统提出并用该方法成功地解决了一系列复杂的优化问题，取得了良好的效果，显示出该算法在求解复杂优化问题特别是离散优化问题的优越性，受其影响，该算法逐步引起很多学者的注意，并将其应用到实际工程中。

1. 基本原理

在自然界中，单个的蚂蚁个体行为极为简单，但由多个蚂蚁所组成的群体却成功地在搜寻食物等方面表现出复杂的行为。研究发现，蚂蚁总能找到巢穴与食源之间最短路径。蚁群算法就是借鉴和吸取现实世界中蚂蚁这种集体寻径行为来寻求函数的最优解。

蚂蚁个体之间通过一种称为信息素的物质进行信息传递，蚂蚁在移动过程中通过感知遗留在路径上的该种物质来指导自己的运动方向，并在自己经过的路径上留下该类物质。这样，大量蚂蚁所组成的群体便构成了一种信息正反馈，从而成功地实现了食物搜索、最短路径选择等行为。为了具体说明蚁群算法的原理，下面给出人工蚁群路径搜索的例子。

如图 8.4 所示，路径 *AB*、*ED*、*DH*、*HB* 长度分别为 1，*BC*、*CD* 长度分别为 0.5。如图 8.4(a)所示，在 $t=0$ 时刻，在 *A* 点和 *E* 点分别有 30 只蚂蚁，蚂蚁单位时间内行程为 1，并留下 1 个浓度的信息素。如图 8.4(b)所示，在 $t=1$ 时刻，*A* 点和 *E* 点的蚂蚁同时到达 *B* 点和 *D* 点，由于此前路径上没有信息素，它们随机选取路径，在 *DH*、*HB*、*BC*、*DC* 上将各有 15 只蚂蚁。如图 8.4(c)所示，在 $t=2$ 时刻，将有 30 只蚂蚁到达 *H* 点，而有 15 只蚂蚁分别到达 *B* 点和 *D* 点，在这段时间内，遗留在 *BC*、*CD* 上的信息素将是 *DH* 或 *HB* 的两倍。而蚂蚁是根据遗留在路径上信息素的强弱来选择自己前进的方向，信息素强的路径将会吸引更多的蚂蚁，因此在后续的选择中，选择 *DC* 或 *BC* 蚂蚁数量将是 *DH* 和 *HB* 的两倍，所以，20 只蚂蚁选择 *BC*，10 只选择 *BH*。如此反复进行，直至所有的蚂蚁都选择最短的路径 *BCD* 或 *DCB*。

通过上面的例子，可以简单地说明蚁群算法主要的特点。

(1)正反馈性。蚂蚁群体行为表现出正反馈过程，通过反馈机制的调整，可对系统的较最优解起到一个自增强的作用，从而使问题的解向着全局最优的方向演变，最终能有效地获得全局最优解。

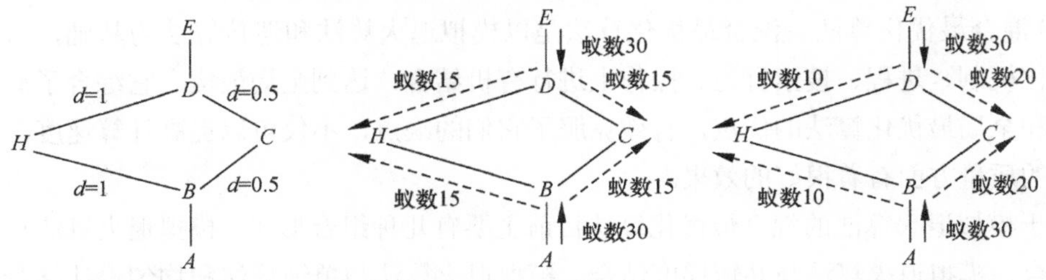

图 8.4　人工蚁群算法搜索实例

(2)并行性。蚁群算法是一个本质并行的算法，个体之间不断地进行信息的交流与传递，相互协作，有利于最优解的发现，从而在很大程度上减少了陷于局部最优的可能。

2．算法描述

蚁群算法首次提出是用于解决旅行商问题(TSP)，因此就以求解 n 个城市的 TSP 问题为例来说明基本蚁群算法的求解过程。

TSP 问题是一个典型的离散优化问题。其定义是：给定 n 个城市，TSP 等价于寻找一条只经过各个城市一次且长度最短的闭合路径。令 d_{ij} 为城市 i 和 j 之间的距离，在欧氏空间中，$d_{ij}=\sqrt{(x_i-x_j)^2+(y_i-y_j)^2}$ 。

假设蚁群数量为 m，$\tau_{ij}^k(t)$ 表示 t 时刻在 ij 上遗留的信息素。在初始时刻，各条路径上的信息素是相等的，$\tau_{ij}(0)=C$（C 为常数），蚂蚁 $k(k=1,2,\cdots,m)$ 在运动的过程中根据各条路径上遗留的信息素决定移动方向。$p_{ij}^k(t)$ 表示 t 时刻蚂蚁 k 由城市 i 选择城市 j 的转移概率。

$$p_{ij}^k(t)=\begin{cases}\dfrac{\tau_{ij}^{\alpha}(t)\eta_{ij}^{\beta}(t)}{\sum\limits_{s\in \text{allowed}_k}\tau_{is}^{\alpha}(t)\eta_{is}^{\beta}(t)}, & j\in \text{allowed}\\ 0, & \text{其他}\end{cases}$$

$\text{allowed}_k=\{0,1,\cdots,n-1\}$表示蚂蚁 k 下一步允许选择的城市，α 和 β 分别反映了蚂蚁在运动的过程中所积累的信息和启发信息在蚂蚁选择路径中的相对重要性，η_{ij} 为由城市 i 转移到城市 j 的期望程度，在 TSP 问题中取 $\eta_{ij}=1/d_{ij}$。建立禁忌表 $\text{tabu}_F(F=1,2,\cdots,n)$ 记录在 t 时刻蚂蚁已经走过的城市，不允许该蚂蚁在本次循环中再经过这些城市。当本次循环结束以后，禁忌表将被用来计算该蚂蚁当前所经过的路径长度。之后，禁忌表将被清空，用以准备下一次循环。经过 n 个时刻，蚂蚁完成一次循环，各条路径上的信息素根据下式调整：

$$\tau_{ij}(t+1)=(1-\rho)\tau_{ij}(t)+\Delta\tau_{ij}$$

用 $\Delta\tau_{ij}^k$ 表示第 k 只蚂蚁在本次循环中留在路上的信息素，则 $\Delta\tau_{ij}=\sum\limits_{k=1}^{m}\Delta\tau_{ij}^k$，$\rho$ 为信息素残留系数，$1-\rho$ 表示信息素的消逝程度。

根据具体的算法的不同，$\Delta\tau_{ij}$、$\Delta\tau_{ij}^k$ 和 $p_{ij}^k(t)$ 表达形式也有所不同，可根据具体问题而定。Dorigo 曾给出 3 种不同的模型，分别是蚁周系统、蚁量系统、蚁密系统。经过一系列标准测

试问题的测试，蚁周系统的性能要优于其他两种算法，故常用的就是蚁周系统更新模式

$$\Delta\tau_{ij}^{k}(t,t+n)=\begin{cases}\dfrac{Q}{L_k}, & \text{如果蚂蚁}k\text{在本次循环经过路径}(i,j)\\ 0, & \text{否则}\end{cases}$$

式中，L_k为第 k 只蚂蚁在本次循环中所走的路径长度。

3. 算法的改进

基本蚁群算法具有很强的全局搜索能力，但是也存在一些问题，例如，搜索时间过长，执行过程中容易出现停滞现象，当问题规模较大时存在陷入局部最优解的可能。因此，很多学者对蚁群算法进行了改进。

(1) 带精英策略的蚂蚁系统(Aselite)。

(2) 基于优化排序的蚂蚁系统(ASrank)。

(3) 最大最小蚂蚁系统(MMAS)。

(4) 最优最差蚂蚁系统(BWAS)。

(5) 自适应调整信息素的蚁群算法。

(6) 遗传蚁群算法。

其他的典型改进 ACA 包括融合局部搜索技术的 ACA、基于免疫的 ACA、随机扰动 ACA、具有变异特征的 ACA、基于混合行为 ACA、基于贝叶斯(Bayes)决策理论的 ACA 等。

8.2　MATLAB 优化工具应用概述

8.2.1　MATLAB 概述

MATLAB 是 Matrix Laboratory(矩阵实验室)的缩写，它是 MathWorks 公司于 1984 年推出的一种高效的科学及工程计算语言，它集数值分析、矩阵运算、程序设计、信号处理和图形显示于一体，可方便地应用于数学计算、数据采集、自动控制、图像图形处理、系统建模与仿真、数据分析和可视化、工程绘图、应用软件开发、人工智能、通信工程和金融系统等方面。工程技术人员通过使用 MATLAB 提供的工具箱，可以高效地求解复杂的工程问题，并可以对系统进行动态仿真，用强大的图形功能对数值计算结果进行显示。MATLAB 具有简单易学、代码短小高效、计算功能强大、图形表达功能丰富、交互性与可扩展性能好、调试方便等优点，因此是现在应用最为广泛、最具影响力的可视化软件之一。

MATLAB 拥有一套程序扩展系统和一组被称为工具箱的特殊应用子程序。MATLAB 主要由 MATLAB 主程序、Simulink 动态仿真系统以及功能各异的 MATLAB 工具箱两大部分组成。其中优化工具箱应用包括线性、非线性最小化，约束、无约束优化，方程求解，曲线拟合，二次规划等问题的求解。MATLAB 优化工具箱的使用为优化方法在工程中的实际应用提供了简单、快捷的途径。MATLAB 主程序系统由 MATLAB 语言、开发环境、MATLAB 数学

函数库、图形处理和应用程序接口5个主要部分组成。

(1) MATLAB语言。可简称为M语言。这是一个高级的矩阵、阵列语言，包括流程控制语句、函数、数据结构、输入、输出和面向对象编程方式的高级矩阵、数组语言，该语言能够通过与其他MATLAB系统组成部分之间的交互来完成非常复杂的计算任务。用户可以在命令窗口中将输入语句与执行命令同步，也可以先编写好一个较大的复杂的应用程序(M文件)后，再在命令窗口中一起运行。

(2) 开发环境。开发环境是帮助用户使用MATLAB函数和文件的工具的集合，这些工具可以方便用户使用MATLAB的函数和文件，其中许多工具采用的是易于操作的图形用户界面。包括MATLAB桌面及其命令窗口、帮助浏览器、工作平台、文件和搜索路径等。在MATLAB新版本中就包含有数百个函数包和几十个用途各异的工具包。

(3) MATLAB数学函数库。该库收集了大量的从基本函数到复杂函数的计算算法，基本解决了各类开发和计算需要用到的所有函数，既方便了计算、又节省了大量时间。

(4) 图形处理。作为一个功能强大的工具软件，MATLAB具有很强的图形、图像处理功能，提供了大量操作简单、功能齐全的二维和三维绘图函数和命令，由于系统采用面向对象技术和丰富的矩阵运算，所以在图形处理方面显得方便又高效。

(5) 应用程序接口。应用程序接口(Application Program Interface，API)是允许用户编写C，FORTRAN和MATLAB接口程序的系统库。通过编写其他程序进行交互，可以扩充其数学计算和图形显示能力，并能避免其执行效率较低的缺点。应用程序接口主要包括MATLAB Compiler，MATLAB引擎，MAT数据文件共享数据等多种形式的功能。

MATLAB最初设计只是为了减轻编程负担，但是随着其在世界范围内的广泛应用和逐步改进，目前世界上许多国家的工程技术人员及高校科研院所都将其作为数学、工程和科学研究的标准工具或者高级课程的学习内容。

8.2.2 MATLAB优化工具箱

MATLAB中拥有功能强大、性能各异的工具箱和模块集，这些工具箱都是由各领域的专家设计开发，用户可以直接下载安装，对这些工具箱进行学习、应用和评估，而不需要自己再重复编程实现。其中优化工具箱(optimization toolbox)是MATLAB众多的工具箱之一，主要用于求解各类工程优化设计问题。利用MATLAB优化工具箱可以快捷地求解线性规划、非线性规划、整数规划、动态规划、多目标规划等问题。

1. MATLAB优化工具箱中的主要功能函数介绍

1) 常用的优化函数(表8.2)

表8.2　最优化函数表

函数	描述
fminsearch，fminunc	无约束非线性最优化
fminbnd	有边界的标量非线性最优化

续表

函数	描述
fmincon	有约束的非线性最优化
linprog	线性规划
quadprog	二次规划
fgoalattain	多目标规划
fminimax	最大最小化
fseminf	半无限问题

2)方程组求解函数(表 8.3)

表 8.3 方程求解函数表

函数	描述
—	线性方程求解
fzero	无约束标量非线性方程组求解
fsolve	无约束非线性方程组求解

2. 利用 MATLAB 工具箱求解步骤

利用 MATLAB 工具箱解决工程中的实际问题的具体步骤如下。

(1)根据设计要求与目标，定义优化设计问题，判断优化问题的类型。分析时应区分：单目标与多目标函数问题；线性与非线性问题。

(2)根据优化目标问题的类型建立相应的数学模型，选定优化函数。

(3)确定必要的参数和选择设计初始点。

(4)根据目标函数的性态，预设优化选项。

(5)在所有的输入参数定义后，调用优化函数进行优化程序运行和调试。

(6)根据优化过程的具体提示信息，修改优化选项的设置，直到达到满足优化函数所需的优化条件。

(7)对所得优化数据和设计方案进行合理性与适应性分析。

3. 模型输入问题

由于 MATLAB 中优化函数的输入、输出参数格式有一定的要求，所以在使用 MATLAB 优化工具箱时，需要用户在进行模型输入时注意以下几个问题。

1)最小化目标函数

优化函数 fminsearch、fminunc、fminbnd、fmincon、fminimax、fgoalattain 等都要求目标函数具有最小值。如果优化问题要求的是求目标函数的最大值，则可以通过对目标函数取负值的方法转化为求解最小化问题。

2)约束条件

优化工具箱要求非线性不等式约束的形式必须表示成 $C_i(x) \leqslant 0$ 的形式。对于大于或等于零的情况可以通过对不等式取负转化为小于零的不等式约束形式，如$C_i(x) \geqslant 0$形式的约束等价于$-C_i(x) \leqslant 0$；$C_i(x) \geqslant b$形式的约束等价于$-C_i(x) + b \leqslant 0$。

3) 全局变量使用

全局变量在定义与使用时，需要加上 global 说明，一般情况下不建议使用。

8.2.3 MATLAB 常用的优化函数应用说明

使用优化函数或优化工具箱中其他优化函数时，输入变量如表 8.4 所示。

表 8.4 输入变量表

变量	描述	调用函数
f	线性规划的目标函数 f*X 或二次规划的目标函数 X'*H*X+f*X 中线性项的系数向量	linprog, quadprog
fun	非线性优化的目标函数.fun 必须为行命令对象或 M 文件、嵌入函数或 MEX 文件的名称	fminbnd, fminsearch, fminunc, fmincon, lsqcurvefit, lsqnonlin, fgoalattain, fminimax
H	二次规划的目标函数 X'*H*X+f*X 中二次项的系数矩阵	quadprog
A, b	A 矩阵和 b 向量分别为线性不等式约束：$AX \leqslant b$ 中的系数矩阵和右端向量	linprog, quadprog, fgoalattain, fmincon, fminimax
Aeq, beq	Aeq 矩阵和 beq 向量分别为线性等式约束：$\text{Aeq} \cdot X = \text{beq}$ 中的系数矩阵和右端向量	linprog, quadprog, fgoalattain, fmincon, fminimax
lb, ub	X 的下限和上限向量：lb≤X≤ub	linprog, quadprog, fgoalattain, fmincon, fminimax, lsqcurvefit, lsqnonlin
X_0	迭代初始点坐标	除 fminbnd 外所有优化函数
x_1, x_2	函数最小化的区间	fminbnd
options	优化选项参数结构，定义用于优化函数的参数	所有优化函数

1. 线性优化问题求解

线性规划是一种特殊的优化问题，其目标函数和约束条件都是线性的。线性规划的一般形式为

$$\begin{cases} \min f(\mathrm{X}) = c^{\mathrm{T}}\mathrm{X} \\ \text{s.t.} \begin{cases} A\mathrm{X} \leqslant b \\ \mathrm{Aeq}\ \mathrm{X} = \mathrm{beq} \\ lb \leqslant \mathrm{X} \leqslant ub \end{cases} \end{cases}$$

求解线性规划问题常用 MATLAB 函数是 linprog，常用语法格式为

```
X = linprog(f,A,b)
```

或

```
X = linprog(f,A,b,Aeq,beq,lb,ub,x0,options)
```

或

```
[X,fval] = linprog(…)
```

式中，f 为目标函数中的系数向量；A，b 为线性不等式约束中的系数矩阵和常数向量；Aeq，

beq 为线性等式约束中的系数矩阵和常数向量；lb，ub 为变量的下界向量和上界向量；X0 为变量的初始向量；options 为格式变量。

上述参数和变量均可采用默认，若从后向前连续默认，则可全部省略；若中间部分默认，则默认变量和参数均以方括号[]代替。

2．二次规划问题求解

二次规划问题是指目标函数是二次多项式而约束函数全部是线性函数的优化问题。二次规划的一般形式为

$$\begin{cases} \min f(X)=\dfrac{1}{2}X^{\mathrm{T}}HX+c^{\mathrm{T}}X \\ \text{s.t.}\begin{cases} AX\leqslant b \\ \mathrm{Aeq}X=\mathrm{beq} \\ \mathrm{lb}\leqslant X\leqslant \mathrm{ub} \end{cases} \end{cases}$$

式中，H、c 分别为一次和二次系数矩阵；X 为设计变量向量。在 MATLAB 中求解二次规划问题由 quadprog 函数来实现，其常用调用格式为

[X,fval] = quadprog (c,X0,A,b,Aeq,beq,lb,ub,options)

3．无约束非线性优化问题求解

无约束优化相当于约束集为全集。求解无约束优化问题的 MATLAB 函数是 fminsearch。常用语法格式为

X = fminsearch (fun,x0,options)

或

[X,fval] = fminsearch (⋯)

式中，fun 为目标函数的程序名，可以通过在程序名前加符号@，或将程序名放在单引号内的方式表示；X0 为变量的初始向量；options 为格式变量，省略为默认值。

4．多变量约束的非线性优化问题

求解多变量约束的非线性优化问题可以使用的 MATLAB 函数是 fmincon，主要解决具有下面一般形式的优化问题：

$$\begin{cases} \min f(X) \\ \text{s.t.}\begin{cases} AX\leqslant b \\ \mathrm{Aeq}X=\mathrm{beq} \\ c(X)\leqslant 0 \\ \mathrm{ceq}(X)=0 \\ \mathrm{lb}\leqslant X\leqslant \mathrm{ub} \end{cases} \end{cases}$$

其常用语法格式为

X = fmincon(fun,x0,A,b)

或

X = fmincon(fun,x0,A,b,Aeq,beq,lb,ub,nonlcon,options)

或

[X,fval] = fmincon(…)

式中，fun 为目标函数的程序名；x0 为变量的初始向量；A、b 为线性不等式约束中的系数矩阵和常数向量；Aeq、beq 为线性等式约束中的系数矩阵和常数向量；lb、ub 为变量的下界向量和上界向量；nonlcon 为非线性约束条件子程序的程序名；options 为格式变量。

5. 多目标优化问题求解

求解多目标优化问题可以使用的 MATLAB 函数有 fminimax 和 fgoalattain。fminimax 常用的语法格式有

X = fminimax(fun,x0)

或

X = fminimax(fun,x0,A,b,Aeq,beq,lb,ub,nonlcon,options)

或

[X,fval] = fminimax(…)

式中，fun 为目标函数的程序名；x0 为变量的初始向量；A、b 为线性不等式约束中的系数矩阵和常数向量；Aeq、beq 为线性等式约束中的系数矩阵和常数向量；lb、ub 为变量的下界向量和上界向量；nonlcon 为非线性约束条件子程序的程序名；options 为格式变量。

求解多目标优化问题也可使用 fgoalattain 函数，其常用的语法格式为

X = fgoalattain(fun,x0,goal,weight)

或

X = fgoalattain(fun,x0,goal,weight,A,b,Aeq,beq,lb,ub,nonlcon,…,options)

或

[X,fval] = fgoalattain(…)

式中，fun 为目标函数的程序名；x0 为变量的初始向量；goal 为目标函数希望达到的值；weight 为目标权重；A、b 为线性不等式约束中的系数矩阵和常数向量；Aeq、beq 为线性等式约束中的系数矩阵和常数向量；lb、ub 为变量的下界向量和上界向量；nonlcon 为非线性约束条件子程序的程序名；options 为格式变量。

【例 8.2】 某企业拟用 1000 万元投资于 A、B 两个项目的技术改造。设 x_1、x_2 分别表示分配给 A、B 项目的投资(万元)。据估计，投资项目 A、B 的年收益分别为投资的 60%和 70%；但投资风险损失，与总投资和单项投资关系满足：$0.001x_1^2+0.002x_2^2+0.001x_1x_2$。据市场调查显示，A 项目的投资前景好于 B 项目，因此希望 A 项目的投资额不小于 B 项目。试问应该如何在 A、B 两个项目之间分配投资额度，才能既使年利润最大，又使风险损失为最小？

解 针对上述问题，可以采用 MATLAB 优化工具箱的 fgoalattain 函数来进行求解。根据

前面所述的求解步骤，依据原题，构建如下非线性多目标规划问题的数学模型：

$$
\begin{aligned}
\max\quad & f_1(x_1,x_2)=0.60x_1+0.70x_2 \\
\min\quad & f_2(x_1,x_2)=0.001x_1^2+0.002x_2^2+0.001x_1x_2 \\
\text{s.t.}\quad & x_1+x_2=1000 \\
& -x_1+x_2\leqslant 0 \\
& x_1,x_2\geqslant 0
\end{aligned}
$$

采用函数调用模式，调用 fgoalattain 函数来求解上述非线性多目标优化问题。具体步骤如下：

(1) 首先编辑目标函数 m 文件 fun.m

```
function f=fun(x)
f(1)=-0.6*x(1)-0.7*x(2);                              %定义目标函数 f1
f(2)=0.001*x(1)2+0.002*x(2)2+0.001*x(1)*x(2);        %定义目标函数 f2
```

(2) 根据给定目标初取

```
goal=[-1000,1000];                  %目标函数希望达到的值
weight=[-1000,1000];                %目标权重
```

(3) 给出

```
x0=[200,200];                       %初始值
A=[-1,1];                           %线性不等式约束中的系数矩阵
b=0;                                %线性不等式约束中的常数向量
Aeq=[1,1];                          %线性等式约束中的系数矩阵
beq=1000;                           %线性等式约束中的常数向量
lb=zeros(2,1);                      %变量的下界
```

(4) 调用 fgoalattain 函数

```
[x,fval] = fgoalattain(@fun,x0,goal,weight,A,b,Aeq,beq,lb)
%返回非线性多目标优化问题的最优解
```

注意　目标函数 $\max f_1(x_1,x_2)=0.60x_1+0.70x_2$ 可以通过对其取负值的方法转化为求解最小化问题 $\min f_1(x_1,x_2)=-0.60x_1-0.70x_2$。约束条件中的等式约束 $x_1+x_2=1000$ 可以用向量形式表达式描述为 AX = b。初始值的选取对结果的影响不大，但是目标值与权重的选取对函数的结果有较大影响，需要反复调试。fgoalattain 函数调用时，参数和变量可以采用默认值。

完成调用后，输出结果为

```
x=
   750.0000    250.0000
fval=
   -625.0000   875.0000
```

则该问题的最优解为 $\boldsymbol{X}^*=[750.0000\quad 250.0000]^{\mathrm{T}}$，$f^*=[-625.0000\quad 875.0000]^{\mathrm{T}}$。在 MATLAB 中的求解过程如图 8.5(a)、(b) 所示。

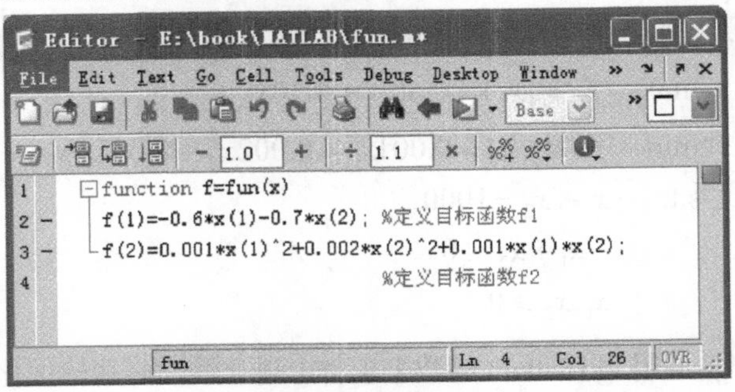

(a) 目标函数定义

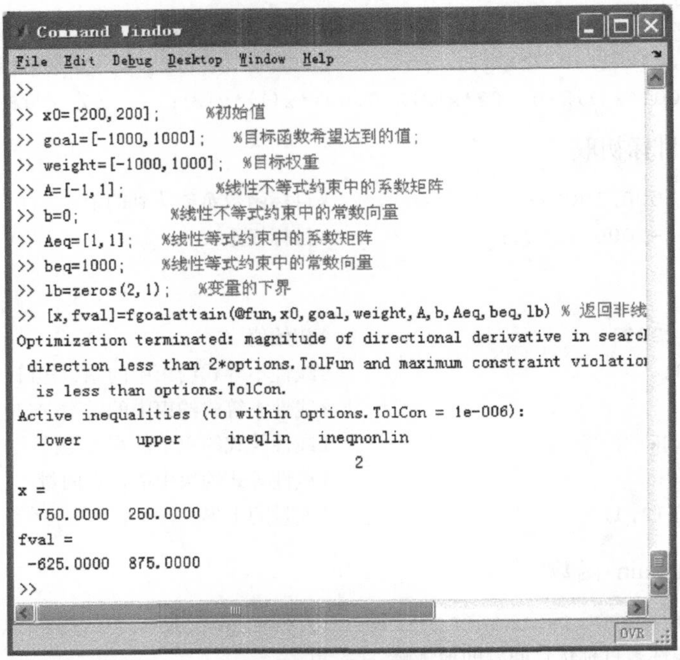

(b) 函数调用与运行结果

图 8.5　函数定义与调用

8.3　习　　题

8.1　利用 MATLAB 优化工具箱求下列数学模型的最优解：

$$\min f(\boldsymbol{X})=(x_1-3)^2+(x_2-4)^2$$

$$\boldsymbol{X}=[x_1 \quad x_2]^{\mathrm{T}}$$

$$g_1(\boldsymbol{X})=x_1+x_2-5\leqslant 0$$

$$g_2(\boldsymbol{X})=x_1-x_2-2.5\leqslant 0$$

$$g_3(\boldsymbol{X})=-x_1\leqslant 0$$

$$g_4(\boldsymbol{X})=-x_2\leqslant 0$$

8.2　利用 MATLAB 优化工具箱验证习题 2.10 的最优解。

第 9 章　优化设计实例

9.1　复演预期函数机构的设计

图 9.1 所示为曲柄摇杆机构。各杆的长度分别为l_1,l_2,l_3,l_4；主动杆 1 的输入角为 φ，相应于摇杆 3 在右极限位置(杆 1 与杆 2 伸直位置)时，其主动杆 1 的初始位置角为φ_0；从动杆 3 的输出角为 ψ，初始位置角为ψ_0。试确定四杆机构的运动参数，使其输出角$\psi = f(\varphi,l_1,l_2,l_3,l_4,\varphi_0,\psi_0)$的函数关系，当曲柄从$\varphi_0$位置转到$\varphi_m = \varphi_0 + 90°$时，最佳再现下面给定的函数关系：

$$\psi_E = \psi_0 + \frac{2}{3\pi}(\varphi - \varphi_0)^2 \tag{9.1.1}$$

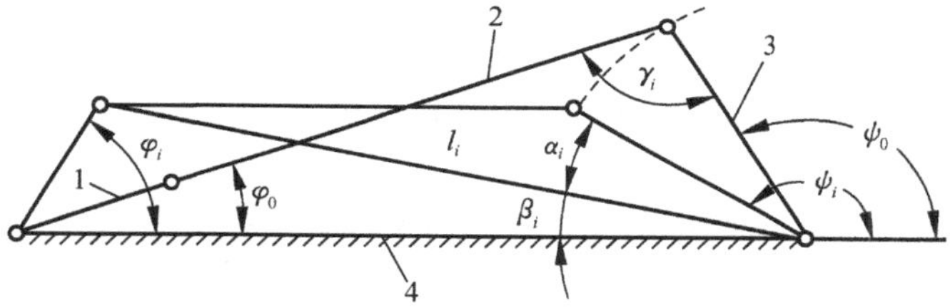

图 9.1　曲柄摇杆机构简图

已知$l_1 = 1$，$l_4 = 5$，其传动角允许在$45° \leqslant \gamma \leqslant 135°$范围内变化。

1. 数学模型的建立

1)设计变量的确定

在这个设计问题中，已经给定了两根杆长，$l_1 = 1$，$l_4 = 5$，且φ_0和ψ_0不是独立的参数，因为

$$\varphi_0 = \arccos\left[\frac{(l_1 + l_2)^2 + l_4^2 - l_3^2}{2(l_1 + l_2)l_4}\right]$$

$$\psi_0 = \arccos\left[\frac{(l_1 + l_2)^2 - l_3^2 - l_4^2}{2l_3 l_4}\right]$$

所以只剩下两个独立参数l_2和l_3。因此设计变量取

$$\boldsymbol{X} = \begin{bmatrix} x_1 \\ x_2 \end{bmatrix} = \begin{bmatrix} l_2 \\ l_3 \end{bmatrix} \tag{9.1.2}$$

是二维设计问题。

2) 建立目标函数

复演预期函数机构的设计问题，可以按期望机构的输出函数与给定函数的均方根误差达到最小来建立目标函数，即

$$\varDelta=\sqrt{\frac{\int_{\varphi_0}^{\varphi_m}(\psi-\psi_E)^2\mathrm{d}\varphi}{\varphi_m-\varphi_0}}\to\min$$

或

$$E=\int_{\varphi_0}^{\varphi_m}(\psi-\psi_E)^2\mathrm{d}\varphi\to\min$$

由于 ψ 和 ψ_E 均为输入角 φ 的连续函数，为了进行数值计算，可将 $[\varphi_0,\varphi_m]$ 区间划分为 30 等分，将上式改写为梯形近似积分计算公式

$$f(\boldsymbol{X})=\sum_{i=2}^{29}[(\psi_i-\psi_{Ei})^2(\varphi_i-\varphi_{i-1})]+\frac{1}{2}[(\psi_1-\psi_{E1})^2(\varphi_1-\varphi_0)+(\psi_{30}-\psi_{E30})^2(\varphi_{30}-\varphi_{30})] \tag{9.1.3}$$

式中，ψ_i 为机构当 $\varphi=\varphi_i$ 时的实际输出角；ψ_{Ei} 为预期复演函数当 $\varphi=\varphi_i$ 时的函数值。

式(9.1.3)中的下标 $i=0,1,2,\cdots,30$。ψ_{Ei} 值按式(9.1.1)计算；ψ_i 值可按下式计算(图 9.1)：

$$\psi_i=180°-\alpha_i-\beta_i \tag{9.1.4}$$

$$\alpha_i=\arccos\left(\frac{l_i^2+l_3^2-l_2^2}{2l_il_3}\right)=\arccos\left(\frac{l_i^2+x_2^2-x_1^2}{2l_ix_2}\right) \tag{9.1.5}$$

$$\beta_i=\arccos\left(\frac{l_i^2+l_4^2-l_1^2}{2l_il_4}\right)=\arccos\left(\frac{l_i^2+24}{2l_i}\right) \tag{9.1.6}$$

$$l_i=(l_1^2+l_4^2-2l_1l_4\cos\varphi_i)^{\frac{1}{2}}=(26-10\cos\varphi_i)^{\frac{1}{2}} \tag{9.1.7}$$

目标函数的等值线如图 9.2 所示，是一个凸函数。

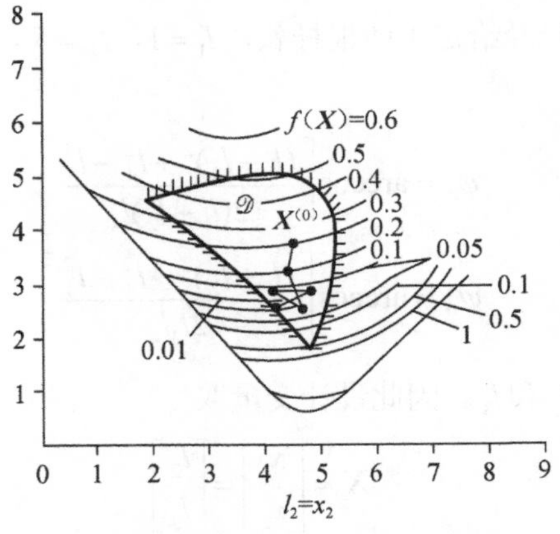

图 9.2　目标函数的等值线与搜索路线

3)确定约束条件，建立约束函数

由于要求四杆机构的杆 1 能做整周转动，且机构的最小传动角 $\gamma_{min}\geqslant45°$，最大传动角 $\gamma_{max}\leqslant135°$，所以根据四杆机构的曲柄存在条件，得不等式约束条件为

$$g_1(\boldsymbol{X})=-x_1\leqslant0 \tag{9.1.8}$$

$$g_2(\boldsymbol{X})=-x_2\leqslant0 \tag{9.1.9}$$

$$g_3(\boldsymbol{X})=6-x_1-x_2\leqslant0 \tag{9.1.10}$$

$$g_4(\boldsymbol{X})=x_1-x_2-4\leqslant0 \tag{9.1.11}$$

$$g_5(\boldsymbol{X})=x_2-x_1-4\leqslant0 \tag{9.1.12}$$

根据传动角的条件有

$$\cos\gamma_{min}\leqslant\cos45°$$
$$\cos\gamma_{max}\leqslant\cos135°$$

因为

$$\cos\gamma_{min}=\frac{l_2^2+l_3^2-(l_4-l_1)^2}{2l_2l_3}$$
$$\cos\gamma_{max}=\frac{l_2^2+l_2^3-(l_4+l_1)^2}{2l_2l_3}$$

可得不等式约束条件为

$$g_6(\boldsymbol{X})=x_1^2+x_2^2-1.4142x_1x_2-16\leqslant0 \tag{9.1.13}$$

$$g_7(\boldsymbol{X})=-x_1^2-x_2^2-1.4142x_1x_2+36\leqslant0 \tag{9.1.14}$$

在上面 7 个约束条件中，式(9.1.8)～式(9.1.12)的约束面是直线方程，式(9.1.13)和式 (9.1.14)的约束面是椭圆方程，根据这些约束方程可以在设计平面(x_1,x_2)内画出可行设计区域$\mathscr{D}$，如图 9.3 所示的阴影线里侧区域。

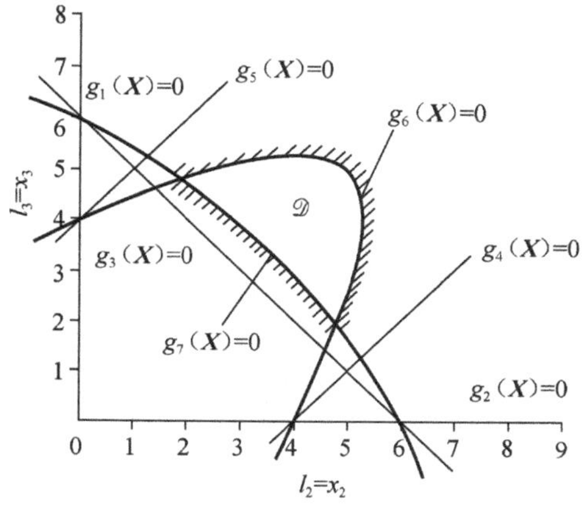

图 9.3　可行设计区域

2．优化方法与计算结果

上述设计问题是属于二维的约束非线性规划问题，有 7 个不等式约束条件，其中主要的是 $g_6(\boldsymbol{X})\leqslant 0$ 和 $g_7(\boldsymbol{X})\leqslant 0$。现在采用随机方向搜索法来求解。

如图 9.2 所示，取初始点 $x_1^{(0)}=l_2=4.5, x_2^{(0)}=l_3=4$，初始步长 $T_0=0.1$，目标函数值的收敛精度 $\varepsilon_1=10^{-4}$，步长的收敛精度 $\varepsilon_2=10^{-4}$，经过 9 次迭代，其最优解为

$$x_1^*=l_2=4.1286$$

$$x_2^*=l_3=2.3325$$

$$f(\boldsymbol{X}^*)=0.0156$$

最终设计方案的参数为 $l_1=1$，$l_2=4.1286$，$l_3=2.3324$，$l_4=5$，$\varphi_0=26°28'$，$\psi_0=100°08'$。

9.2　圆柱齿轮减速器的优化设计

如图 9.4 所示的单级圆柱齿轮减速器。减速器的传动比 $i=5$，输入功率 $P=280\text{kW}$，输入轴转速 $n_1=1000\text{r/min}$。要求在保证齿轮承载能力的条件下，使减速器的重量最轻。

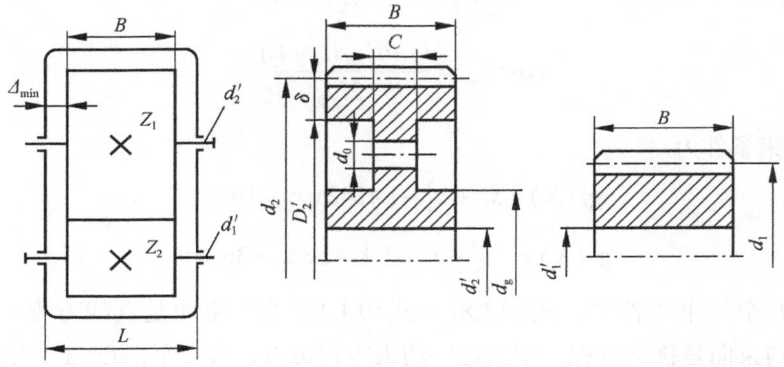

图 9.4　单级圆柱齿轮减速器

该问题为约束优化设计问题。

1．建立数学模型

1）建立目标函数，确定设计变量

对于齿轮减速器，在齿轮和轴的结构尺寸确定之后，箱体的尺寸将随之确定，因此，可按减速器中齿轮和轴的体积之和的表达式建立目标函数。

为便于与箱外零件连接，设主动轴伸出箱外 28mm，从动轴伸出箱外 32mm。大齿轮结构采用辐板式，辐板上有四个均布孔，其结构如图 9.4 所示。于是齿轮与轴的体积之和为

$$\begin{aligned}V=&\frac{\pi}{4}(d_1^2-d_1'^2)B+\frac{\pi}{4}(d_2^2-d_2'^2)B-\frac{\pi}{4}(D_2'^2-d_g^2)(B-C)\\&-4\left(\frac{\pi}{4}d_0^2C\right)+\frac{\pi}{4}(d_1'^2+d_2'^2)l+2.8\frac{\pi}{4}d_1'^2+3.2\frac{\pi}{4}d_2'^2\end{aligned}\tag{9.2.1}$$

式中，各尺寸符号如图示，其中

$$d_1 = mz_1,\ d_g = 1.6d_1'$$
$$d_2 = imz_1,\ d_0 = 0.25(imz_1 - 10m - 1.6d_2')$$
$$D_2' = imz_1 - 10m,\ C = 0.2B$$
$$\delta = 5m$$

从体积表达式(9.2.1)可知，当传动比 i 给定时，减速器的尺寸决定于 B、z_1、m、l、d_1' 和 d_2'，因此设计变量为

$$\boldsymbol{X} = \begin{bmatrix} x_1 \\ x_2 \\ x_3 \\ x_4 \\ x_5 \\ x_6 \end{bmatrix} = \begin{bmatrix} B \\ z_1 \\ m \\ l \\ d_1' \\ d_2' \end{bmatrix} \tag{9.2.2}$$

最后得目标函数

$$\begin{aligned} f(\boldsymbol{X}) = 0.785398(&4.75d_1x_2^2x_3^2 + 85x_1x_2x_3^2 - 85x_1x_3^2 + 0.92x_1x_6^2 - x_1x_5^2 \\ &+ 0.8x_1x_2x_3x_6 - 16x_1x_2x_6 + x_4x_5^2 + x_4x_6^2 + 2.8x_5^2 + 3.2x_6^2) \end{aligned} \tag{9.2.3}$$

2) 确定约束条件，建立约束函数

根据齿轮减速器的设计要求，约束条件由齿轮参数的许用取值范围、结构的工艺性以及齿轮的性能等条件所组成，其中齿轮的强度条件和刚度条件应选作为主要性能指标。

(1) 齿数限制。根据加工工艺要求，对于标准直齿圆柱齿轮，齿轮的最小齿数应大于不产生根切的最小齿数。对于压力角 $\alpha = 20°$，齿顶高系数 $h_a^* = 1$ 的标准齿轮，不产生根切的最小齿数 $z_{\min} = 17$，则齿数约束为

$$17 - x_2 \leqslant 0 \tag{9.2.4}$$

(2) 齿宽 (B) 限制。根据机械零件的规定，齿宽系数的推荐值为

$$16 \leqslant \frac{B}{m} \leqslant 35$$

则齿宽约束为

$$\left.\begin{aligned} 16 - \frac{x_1}{x_3} \leqslant 0 \\ \frac{x_1}{x_3} - 35 \leqslant 0 \end{aligned}\right\} \tag{9.2.5}$$

(3) 齿轮模数的限制。对于传递动力的齿轮，要求模数不小于 2mm，其模数约束则为

$$0.2 - x_3 \geqslant 0 \tag{9.2.6}$$

(4) 轴直径的限制。根据设计经验，取 $150\text{mm} \geqslant d_1' \geqslant 100\text{mm}, 200\text{mm} \geqslant d_3' \geqslant 130\text{mm}$，则轴

直径约束为

$$\left.\begin{aligned} 10-x_5 &\leqslant 0 \\ x_5-16 &\leqslant 0 \\ 13-x_6 &\leqslant 0 \\ x_6-20 &\leqslant 0 \end{aligned}\right\} \tag{9.2.7}$$

(5) 轴的跨距是根据结构关系和设计经验选取的。

$$l \geqslant B+2\varDelta_{\min}+0.5d_2'$$

$$\varDelta_{\min}=20\text{mm}$$

即

$$x_1+0.5x_6+4-x_4 \leqslant 0 \tag{9.2.8}$$

(6) 齿轮接触强度条件。齿轮必须满足接触强度条件，根据机械零件知识，以中心距表示的齿轮接触强度公式为

$$\sigma_H=\frac{1070}{\text{A}}\sqrt{\frac{(i+1)^3KT_1}{iB}} \leqslant [\sigma_H]$$

式中，K 为载荷系数，取 $K=1.3$；T_1 为小齿轮传递的扭矩，根据给定的功率和转速算得 $T_1=273000\text{N}\cdot\text{m}$；$[\sigma_H]$ 为许用接触应力，$[\sigma_H]=855\text{MPa}$；A 为齿轮中心距，$A=0.5mz_1(i+1)$。

于是得接触应力约束条件

$$\frac{1396556.7}{x_2x_3\sqrt{x_1}}-855 \leqslant 0 \tag{9.2.9}$$

(7) 弯曲疲劳强度条件。小齿轮的弯曲强度较弱，因此主要是控制小齿轮的弯曲疲劳强度，使其不超过许用值。根据机械零件知识，以弯曲应力表示的齿轮弯曲强度公式为

$$\sigma_F=\frac{2KT_1}{Bd_1my} \leqslant [\sigma_F]$$

式中，y 为齿形系数，$y=0.169+0.006666z_1-0.000854z_1^2$；$[\sigma_F]$ 为许用弯曲应力，$[\sigma_F]=261.7\text{MPa}$。

于是得小齿轮弯曲应力约束条件

$$\frac{709800}{x_1x_2x_3^2(0.169+0.006666x_2-0.000854x_2^2)}-261.7 \leqslant 0 \tag{9.2.10}$$

(8) 主动轴的刚度条件。根据轴的刚度计算公式

$$\frac{Pl^3}{48EJ} \leqslant 0.003l$$

式中，P 为齿面的法向压力，$P=2T_1/(mz_1\cdot\cos\alpha)$；$J$ 为轴的截面惯性矩，$J=\pi d_1'^4/64$。

于是主动轴的刚度约束为

$$\frac{1.104x_4^3}{x_2x_3x_5^4}-0.003x_4\leqslant 0 \tag{9.2.11}$$

(9) 主动轴的弯曲强度条件。轴的弯曲强度为

$$\sigma_b=\frac{\sqrt{M^2+(\alpha T_1)^2}}{W_1}\leqslant[\sigma_{-1}]_b$$

式中

$$M=\frac{Pl}{2}=\frac{2T_1}{mz_1\cos\alpha}\cdot\frac{l}{2},\quad \alpha=\frac{[\sigma_{-1}]_b}{[\sigma_{+1}]_b}=0.58$$

$$[\sigma_{-1}]_b=55\text{MPa},\quad W_1=0.1d_1'^3$$

于是主动轴弯曲强度约束为

$$\frac{1}{x_5^3}\sqrt{\left(292000\frac{x_4}{x_2x_3}\right)^2+(0.58\times 273000)^2}-5.5\leqslant 0 \tag{9.2.12}$$

(10) 从动轴的弯曲强度条件。依照主动轴的弯曲强度条件，可推得从动轴的弯曲强度的约束条件计算式为

$$\frac{1}{x_6^3}\sqrt{\left(292000\frac{x_4}{x_2x_3}\right)^2+(0.58\times 273000\times 50)^2}-5.5\leqslant 0 \tag{9.2.13}$$

3) 数学模型

由上述分析可得，该齿轮减速器的设计属于六维约束优化设计问题，其数学模型可由式(9.2.2)～式(9.2.13)的各式构造而成。即

$$\left.\begin{array}{l}\min f(\boldsymbol{X})\quad 式(9.2.3)\\ \boldsymbol{X}=[x_1\quad x_2\quad x_3\quad x_4\quad x_5\quad x_6]^{\mathrm{T}}\\ g_u(\boldsymbol{X})\leqslant 0,\quad u=1,2,\cdots,14\end{array}\right\} \tag{9.2.14}$$

式中，$g_u(\boldsymbol{X})(u=1,2,\cdots,14)$ 的各约束函数由式(9.2.3)～式(9.2.13)给出。

2．优化方法及其最优解

将约束问题的数学模型通过内点罚函数法转换成无约束问题再求解。其新目标函数为

$$\varphi(\boldsymbol{X},r^{(k)})=f(\boldsymbol{X})+r^{(k)}\sum_{u=1}^{14}\frac{1}{g_u(\boldsymbol{X})} \tag{9.2.15}$$

式中，$r^{(k)}$ 为罚因子，它应满足下列关系：

$$\lim_{k\to\infty}r^{(k)}=0$$

$$r^{(0)}>r^{(1)}>r^{(2)}>\cdots>0$$

迭代初始点，可参考现有的同类齿轮减速器的参数来选定，取

$$\boldsymbol{X}^{(0)}=\begin{bmatrix}x_1^{(0)}\\x_2^{(0)}\\x_3^{(0)}\\x_4^{(0)}\\x_5^{(0)}\\x_6^{(0)}\end{bmatrix}=\begin{bmatrix}23\\21\\0.8\\42\\12\\16\end{bmatrix}\tag{9.2.16}$$

初始罚因子则由下式决定：

$$r^{(0)}=\frac{f(\boldsymbol{X}^{(0)})}{\displaystyle\sum_{u=1}^{14}\frac{1}{g_u(\boldsymbol{X}^{(0)})}}=5596\tag{9.2.17}$$

罚因子递减系数取 $C=0.5$。对新目标函数式(9.2.15)的求解，采用 Powell 法，其中一维搜索选用二次插值法，收敛精度取 $\varepsilon=10^{-7}$。Powell 法的收敛精度取 $\delta=10^{-3}$ 。最后求得的优化结果为

$$\boldsymbol{X}^{*}=\begin{bmatrix}x_1^{*}\\x_2^{*}\\x_3^{*}\\x_4^{*}\\x_5^{*}\\x_6^{*}\end{bmatrix}=\begin{bmatrix}B\\z_1\\m\\l\\d_1'\\d_2'\end{bmatrix}=\begin{bmatrix}13.0929\\18.7388\\0.8183\\23.5930\\10.0001\\13.0000\end{bmatrix}$$

$$f(\boldsymbol{X}^{*})=35334.3585\text{cm}^3$$

对上述优化结果，根据几何参数的标准化，要进行圆整，最后得

$$B=130\text{mm},\quad z_1=19,\quad m=8\text{mm}$$
$$l=236\text{mm},\quad d_1'=100\text{mm},\quad d_2'=130\text{mm}$$

9.3　圆柱螺旋压缩弹簧的优化设计

如图 9.5 所示圆柱螺旋压缩弹簧的工作图，应包含有几何、物理参数，即 D 为弹簧中径；d 为弹簧丝直径；H 为弹簧自由高度；t 为弹簧螺距；n 为工作圈数；j_1 为单圈刚度；L 为展开长度；P 为工作力；F 为在 P 力下的变形量。

设计弹簧时已知的参数是：P，F，G(弹簧丝剪切弹性模量)，τ(弹簧丝许用剪切应力)，τ_j(弹簧丝极限剪切应力)，b(弹簧许用稳定性指标)，J(弹簧许用刚度)，f_w (弹簧工作频率)及 D、d 变化的上下限。

1. 设计变量

独立的设计变量为 D、d，其他的参数均不独立。应按如下所列的公式计算：

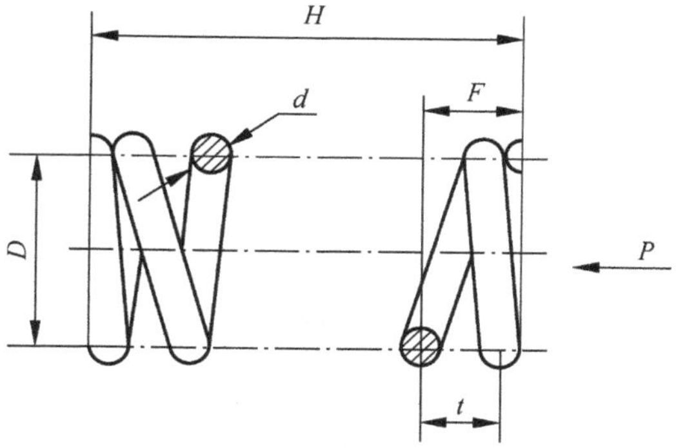

图 9.5　圆柱螺旋压缩弹簧工作图

(1) 工作圈数

$$n=\frac{FGd^4}{8PD^3}$$

(2) 自由高度

$$H=\frac{\pi nD^2}{KGD}\tau_j+(n+1.5)d$$

(3) 单圈刚度

$$J_1=nJ$$

(4) 刚度

$$J=\frac{P}{F}$$

(5) 螺距

$$t=\frac{(H-d)}{n}$$

(6) 展开长度。

近似公式　$$L\approx\pi D(n+1.5)$$

准确公式　$$L=(n+1.5)\sqrt{(\pi D)^2+t^2}$$

(7) 曲度系数

$$K=\frac{4c-1}{4c-4}+\frac{0.615}{c}$$

或

$$K=1+\frac{5}{4c}+\frac{1}{8c^2}-\frac{\tan^2\alpha}{2}$$

(8) 弹簧指数

$$C=\frac{D}{d}$$

(9) 螺旋角正切

$$\tan\alpha = \frac{t}{\pi D}$$

(10) 细长比

$$b = \frac{H}{D}$$

(11) 弹簧固有频率

$$f_n = \frac{2d}{\pi D^2 n}\sqrt{\frac{Gg}{32\gamma}}$$

对于钢

$$f_n = 356993\frac{d}{Dn}$$

因此，取设计变量为

$$\boldsymbol{X} = [x_1 \quad x_2]^{\mathrm{T}} = [D \quad d]^{\mathrm{T}}$$

2. 目标函数

取弹簧体积与弹簧丝体积的加权和求最小值。

$$\min f(\boldsymbol{X}) = \omega_1 f_1(\boldsymbol{X}) + \omega_2 f_2(\boldsymbol{X})$$

式中，ω_1、ω_2 为权系数，本例取 $\omega_1 = \omega_2 = 1$。

$$f_1(x) = \frac{1}{4}\pi x_1^2 H$$

$$f_2(x) = \frac{1}{4}\pi x_2^2 L$$

3. 约束条件

(1) 最大剪切应力

$$\tau_{\max} = \frac{8KPx_1}{\pi d^3} \leqslant [\tau]$$

(2) 极限载荷

$$P_3 = \frac{\pi x_2^3}{8Kx_1}\tau_j \geqslant 1.25P$$

(3) 刚度条件

$$J = \frac{P}{F} \geqslant [J]$$

(4)稳定性条件

$$b = \frac{H}{x_1} \leqslant [b]$$

(5)弹簧指数

$$10 \geqslant C \geqslant 4$$

(6)工作圈数

$$n \geqslant 3$$

(7)工作频率

$$f_T \leqslant \frac{f_n}{10 \sim 15}$$

(8)设计变量的上下限

$$A_D \leqslant x_1 \leqslant B_D$$
$$A_d \leqslant x_2 \leqslant B_d$$

例如，已知 $P = 500\text{N}$，$F = 10\text{mm}$，$[b] = 5.3$，$[J] = 32\text{N/mm}$，选用 50CrV 弹簧钢丝，按第 2 类弹簧设计，于是有 $G = 800000\text{MPa}$，$[\tau] = 6000\text{MPa}$，$\tau_j = 7500\text{MPa}$。采用 SUMT 混合法进行优化设计，优化结果及推荐的选用方案如表 9.1 所示。

表 9.1　SUMT 混合法优化结果及推荐方案

项目	初始点	优化点	推荐方案 I	推荐方案 II
x_1/mm	22	13.85	14	16
x_2/mm	4	3.46	3.5	4
τ_{max}/MPa	559.6	597.5	583.6	446.8
P_3/N	670	627.7	642.6	839.3
b	1.76	3.98	4	4.55
H/mm	38.64	55	56.38	72.79
n/圈	4.8	10.79	10.94	12.5
t/mm	7.2	4.78	4.89	5.5
J_1/(N/mm)	240	539.5	546.9	625
L/mm	438.4	537.9	550.3	707.9
$f(\boldsymbol{X})$	20195.9	13355	13794	23530

9.4　椭圆齿轮-曲柄摇杆-轮系引纬机构的设计

织机是一种将经纱和纬纱交织成织物的机器。引纬机构的作用是将织机主轴的匀速旋转运动转化为引纬剑头的直线往复运动，引导纬纱进入并穿过梭口，形成织物所需的纹理。为使剑头在交接纬纱时加速度变化平缓，实现平稳交接纬，并减轻剑头对边纱的摩擦，要求剑头加速度曲线类似于等腰梯形。

图 9.6 为椭圆齿轮-曲柄摇杆-轮系引纬机构及其初始位置的示意图。主动椭圆齿轮 1 装在织机主轴上，其旋转中心为椭圆齿轮的一个焦点 O，安装角为 α(两椭圆齿轮转动中心连线 AO 与 x 轴的夹角)、主动椭圆齿轮长轴偏角 δ(δ 角为主动椭圆齿轮长轴与 AO 连线夹角)。通过椭圆齿轮 1 和 2 的传动，将运动和动力传到轴 A 上，A 为从动椭圆齿轮 2 的一个焦点；然后通过曲柄摇杆机构 $ABCD$，将运动转化为主动圆柱齿轮 Z_1 的非匀速往复摆动(曲柄 AB 与从动椭圆齿轮 2 固结，A 点为椭圆齿轮 2 的转动中心，该初始位置(C 在 AB 的延长线)时 AB 与 AD 的夹角为 β，可由曲柄摇杆的参数和转向计算；C 点位于圆柱齿轮 Z_1 上的一段圆弧上，当处于中央交接纬纱的极限位置时(即当 B 处于 CA 的延长线时)该圆弧的圆心为 B 点，半径为连杆 BC 的长度，这样调整 C 点在圆弧的位置，可以调整剑头的动程，但不改变交接纬纱的位置，并通过优化 δ 角来满足引纬要求)。然后经过圆柱齿轮 Z_1、Z_2 和圆锥齿轮 Z_3、Z_4 的行程放大(其中圆锥齿轮 Z_3、Z_4 还起换向作用，转过 90°)；最后通过与从动圆锥齿轮 Z_4 共轴的剑轮 3 驱动剑带 4 做满足剑头运动规律的非匀速往复直线运动。

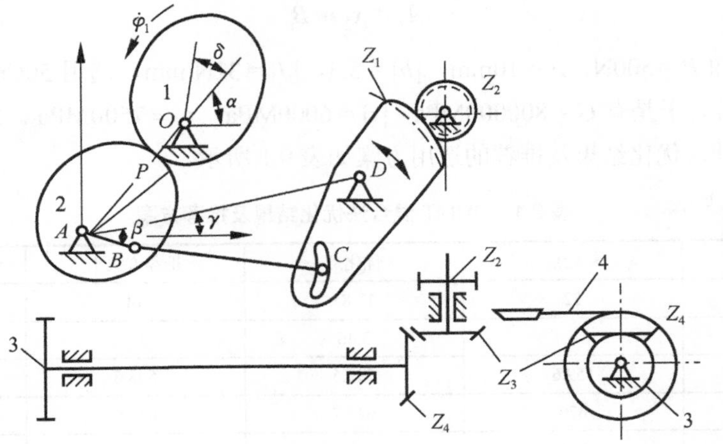

图 9.6　椭圆齿轮-曲柄摇杆-轮系引纬机构及其初始位置

通过优化椭圆齿轮的偏心率 k、δ、支座 AD 和水平线的夹角 γ 以及曲柄摇杆 $ABCD$ 的长度等参数，可以满足引纬运动要求，又得到满意的剑头加速度曲线。通过参数匹配，完全可以实现送纬和接纬剑头的不同运动规律，实现“接力”引纬，改善交接纬时纬纱张力变化大或纬纱松弛导致交接失误现象；由于曲柄摇杆的“急回”特性，使剑头不载纬时(送纬剑头退剑和接纬剑头进剑)平均速度比载纬时快，减少纬纱平均张力。

该问题为带约束多目标优化设计问题。

1. 建立数学模型

1)设计变量的确定

设 l_1 表示曲柄 AB 的长度，l_2 表示连杆 BC 的长度，l_3 表示摇杆 CD 的长度，l_4 表示支座 AD 的长度，则设计变量为 $X=\{x_1,x_2,x_3,x_4,x_5,x_6,x_7\}=\{l_1,l_2,l_3,l_4,k,\gamma,\delta\}$。

2)运动学模型的建立

为方便说明，对相关参数补充说明列于表 9.2。

表 9.2　相关参数说明

符号	意义	符号	意义
a	椭圆齿轮长半轴	φ_1	主动轮 1 的角位移
b	椭圆齿轮短半轴	φ_2	从动轮 2 的角位移
k	偏心率，$k=\dfrac{b}{a}$	c	椭圆齿轮半焦距，$c^2=a^2-b^2$
r_1	轴心 O 到啮合点 P 的距离	r_2	轴心 A 到啮合点 P 的距离
$\dot{\varphi}_1$	主动轮 1 的角速度(为匀速逆时针)	$\dot{\varphi}_2$	从动轮 2 的角速度
$\ddot{\varphi}_2$	从动轮 2 的角加速度	l_1	曲柄 AB 的长度
l_2	连杆 BC 的长度	l_3	摇杆 CD 的长度
l_4	支座 AD 的长度	j_1	曲柄 AB 与 x 轴的夹角
j_2	连杆 BC 与 x 轴的夹角	j_3	摇杆 DC 与 x 轴的夹角
j_4	BD 连线与 x 轴的夹角	ρ	传剑轮的半径(常量)
$z_1\sim z_4$	放大轮系的各齿轮齿数(常量)		

(1)从动椭圆齿轮角位移、角速度和角加速度数学模型建立。如图 9.7 所示，O 和 A 分别为椭圆齿轮 1 和 2 的一个同相焦点，为椭圆齿轮转动中心。啮合点 P 任何时刻都处于 OA 的连线上，因此两齿轮在任意位置啮合时，既不会分离也不会切入，故传动平稳，这是椭圆齿轮实现非匀速传动的最大优点。主动轮 1 匀速逆时针转动时，从动轮 2 作顺时针变速转动。设主动轮 1 转过角 φ_1，其中 $\varphi_1=x_7+\varphi$，从动轮 2 转过角 φ_2，这时两椭圆瞬心线在 B_1、B_2 接触(重合)。经推导得

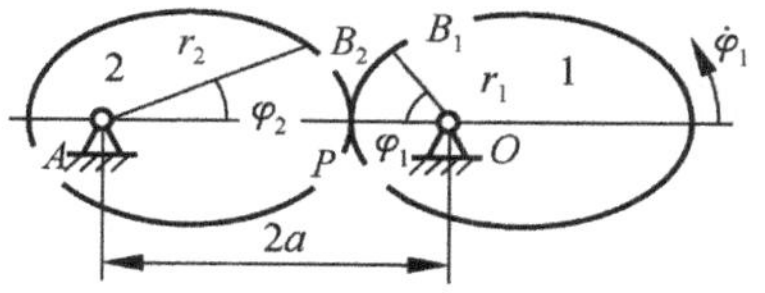

图 9.7　椭圆齿轮啮合初始位置

$$r_1=b^2/(a+c\cdot\cos\varphi_1) \tag{9.4.1}$$

$$r_2=b^2/(a+c\cdot\cos\varphi_2) \tag{9.4.2}$$

式中，φ_1 在 0～2π 变化，φ_2 在 0～−2π 变化。

由椭圆齿轮的传动特性得

$$r_1=2a-r_2 \tag{9.4.3}$$

即

$$\cos\varphi_2=\frac{(a+c\cdot\cos\varphi_2)b^2}{(2a^2+2ac\cdot\cos\varphi_1-b^2)c}-\frac{a}{c} \tag{9.4.4}$$

由式(9.4.1)～式(9.4.4)可计算从动轮角位移 φ_2 与主动轮角位移 φ_1 的关系。

$$\dot{\varphi}_2=\frac{\dot{\varphi}_1\cdot r_1}{r_2} \tag{9.4.5}$$

对式(9.4.5)求导数得

$$\ddot{\varphi}_2=\dot{\varphi}_1\cdot\frac{\dot{r}_1\cdot r_2-r_1\dot{r}_2}{r_2^2}=\frac{-2a\dot{r}_2}{r_2^2}\cdot\dot{\varphi}_1 \tag{9.4.6}$$

式中

$$\dot{r}_2=-\frac{b^2\cdot c\cdot\sin\varphi_1}{(a+c\cdot\cos\varphi_1)^2}\cdot\dot{\varphi}_1 \tag{9.4.7}$$

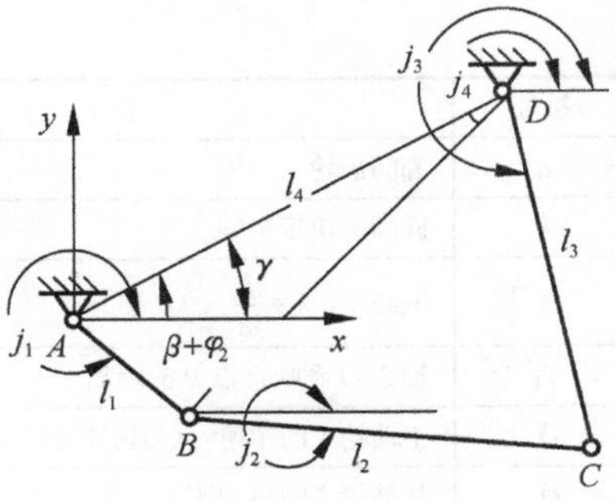

图 9.8　曲柄摇杆机构及参数

(2) 摇杆的角位移、角速度和角加速度数学模型建立。曲柄与从动椭圆齿轮固接，故曲柄的角速度和角加速度与从动椭圆齿轮一样，即 $\dot{j}_1=\dot{\varphi}_2$，$\ddot{j}_1=\ddot{\varphi}_2$。

由图 9.8 可列位移方程

$$\begin{cases}x_B=x_1\cos j_1\\ y_B=x_1\sin j_1\end{cases} \tag{9.4.8}$$

式中

$$j_1=x_6-\beta-\varphi_2 \tag{9.4.9}$$

$$\begin{cases}x_C=x_B+x_2\cos j_2=x_D+x_3\cos j_3\\ y_C=y_B+x_2\sin j_2=y_D+x_3\sin j_3\end{cases} \tag{9.4.10}$$

由式(9.4.10)得

$$(x_D-x_B)^2+(y_D-y_B)^2+x_3^2-x_2^2+2\cdot x_3[(y_D-y_B)\sin j_3+(x_D-x_B)\cos j_3]=0$$

式中

$$x_D=x_4\cdot\cos x_6,\quad y_D=x_4\cdot\sin x_6$$

在△*BDC* 中，根据余弦定理有

$$\cos(j_3-j_4)=\frac{x_3^2+(x_D-x_B)^2+(y_D-y_B)^2-x_2^2}{2l_3(x_D-x_B)^2+(y_D-y_B)^2} \tag{9.4.11}$$

$$\tan j_4=\frac{y_B-y_D}{x_B-x_D} \tag{9.4.12}$$

根据式(9.4.11)、式(9.4.12)可求得 j_3 和 j_4，则 x_C 和 y_C 已知。

$$\tan j_2=\frac{y_C-y_B}{x_C-x_B} \tag{9.4.13}$$

建立速度及加速度方程

$$V_{xB}=-\dot{\varphi}_2\cdot x_1\cdot\sin j_1 \tag{9.4.14}$$

$$V_{yB}=\dot{\varphi}_2\cdot x_1\cdot\cos j_1 \tag{9.4.15}$$

$$\dot{j}_2=\frac{V_{xB}\cdot\cos j_3+V_{yB}\cdot\sin j_3}{x_2\cdot\sin(j_2-j_3)} \tag{9.4.16}$$

$$\dot{j}_3=\frac{V_{xB}\cdot\cos j_2+V_{yB}\cdot\sin j_2}{x_3\cdot\sin(j_2-j_3)} \tag{9.4.17}$$

$$a_{xB} = -x_1(\ddot{\varphi}_2 \cdot \sin j_1 + \dot{\varphi}_2^2 \cdot \cos j_1) \tag{9.4.18}$$

$$a_{yB} = x_1(\ddot{\varphi}_2 \cdot \cos j_1 - \dot{\varphi}_2^2 \cdot \sin j_1) \tag{9.4.19}$$

$$\ddot{j}_2 = \frac{c_1 \cdot \cos j_3 + c_2 \cdot \sin j_3}{x_2 \cdot \sin(j_2 - j_3)} \tag{9.4.20}$$

$$\ddot{j}_3 = \frac{c_1 \cdot \cos j_2 + c_2 \cdot \sin j_2}{x_3 \cdot \sin(j_2 - j_3)} \tag{9.4.21}$$

式(9.4.20)和式(9.4.21)中

$$c_1 = a_{xB} + x_3 \cdot \dot{j}_3^2 \cdot \cos j_3 - x_2 \cdot \dot{j}_2^2 \cdot \cos j_2$$
$$c_2 = a_{yB} + x_3 \cdot \dot{j}_3^2 \cdot \sin j_3 - x_2 \cdot \dot{j}_2^2 \cdot \sin j_2$$

(3)剑头的位移、速度和加速度数学模型的建立。剑头的运动由摇杆摆动经轮系 $z_1z_2z_3z_4$ 和传剑轮放大而成，放大系数为 $\rho \cdot \dfrac{z_1 \cdot z_3}{z_2 \cdot z_4}$ ，则在一个运动周期内剑头的位移、速度和加速度为

$$s = \rho \cdot \frac{z_1 \cdot z_3}{z_2 \cdot z_4} \cdot (j_3 - j_{3初}) \tag{9.4.22}$$

式中， $j_{3初}$ 为初始时刻摇杆的角位移。

$$\dot{s} = \rho \cdot \frac{z_1 \cdot z_3}{z_2 \cdot z_4} \cdot \dot{j}_3 \tag{9.4.23}$$

$$\ddot{s} = \rho \cdot \frac{z_1 \cdot z_3}{z_2 \cdot z_4} \cdot \ddot{j}_3 \tag{9.4.24}$$

3）建立目标函数

引纬机构追求的目标之一是在满足引纬运动要求(本例将它们作为约束条件来处理)的前提下，尽量改善机构的动力学特性。其中动力学特性的改善可以间接地通过减少引纬机构工作过程中加速度的变化量。

为了使剑头在交接时加速度变化平缓，实现平稳接纬；同时在进剑过程中先作加速后减速，避免了送纬剑夹住的纬纱张力增加过大，这有利于减轻剑头对边纱的摩擦。因此引纬机构追求的目标之二是要求剑头加速度运动曲线类似于等腰梯形。

对该机构参数优化建立两个子目标

$$\min ①f_1 = \text{scope}\ddot{S}(1\sim360) \tag{9.4.25}$$

$$②f_2 = \text{fluctuate}\ddot{S}(1\sim70) + \text{fluctuate}\ddot{S}(140\sim210) + \text{fluctuate}\ddot{S}(280\sim350) \tag{9.4.26}$$

式中， $\ddot{S}$ 为剑头的加速度，函数 scope$\ddot{S}(1\sim360)$ 表示主轴在一个运动周期中，剑头的加速度变化范围。fluctaute$\ddot{S}(a\sim b)$ 是自定义评价函数，评价 $\ddot{S}$ 在主轴转角 $a°$ 到 $b°$ 时波动量的大小；首先确定 $\ddot{S}(a\sim b)$ 的均值，给出 $a\sim b$ 段加速度允许波动的下界 $\underline{\ddot{S}(a\sim b)}$ 和上界 $\overline{\ddot{S}(a\sim b)}$ ，fluctaute 的表达式为

$$\text{fluctuate}\ddot{S}(c)=\begin{cases}0, & \ddot{S}(c)\in(\underline{\ddot{S}(a-b)},\overline{\ddot{S}(a-b)})\\ \min(|\ddot{S}(c)-\underline{\ddot{S}(a-b)}|,|\ddot{S}(c)-\overline{\ddot{S}(a-b)}|), & \text{其他}\end{cases} \tag{9.4.27}$$

4) 确定约束条件，建立约束函数约束条件

(1) 织造性能要求。

$$g_1(\boldsymbol{X})=\begin{cases}300-S_j\leqslant 0\\ S_j-320\leqslant 0\end{cases}，\ S_j\text{为进剑空程(单位为mm)} \tag{9.4.28}$$

$$g_2(\boldsymbol{X})=\begin{cases}60-\varphi_j\leqslant 0\\ \varphi_j-90\leqslant 0\end{cases}，\ \varphi_j\text{为完成进剑空程时主轴对应的转角(单位为°)} \tag{9.4.29}$$

$$g_3(\boldsymbol{X})=\begin{cases}300-S_c\leqslant 0\\ S_c-330\leqslant 0\end{cases}，\ S_c\text{为出剑空程(单位为mm)} \tag{9.4.30}$$

$$g_4(\boldsymbol{X})=\begin{cases}270-\varphi_c\leqslant 0\\ \varphi_c-300\leqslant 0\end{cases}，\ \varphi_c\text{为出剑时主轴对应的转角(单位为°)} \tag{9.4.31}$$

$$g_5(\boldsymbol{X})=\begin{cases}1400-S_{\max}\leqslant 0\\ S_{\max}-1450\leqslant 0\end{cases}，\ S_{\max}\text{为剑头最大行程的要求，满足筘幅2800mm的要求} \tag{9.4.32}$$

$$g_6(\boldsymbol{X})=\begin{cases}175-\varphi_{\max}\leqslant 0\\ \varphi_{\max}-185\leqslant 0\end{cases}，\ \varphi_{\max}\text{为接纬时主轴对应的转角(单位为°)} \tag{9.4.33}$$

(2) 曲柄摇杆机构杆长要求(杆长单位为 mm)。

$$g_7(\boldsymbol{X})=\begin{cases}50-x_1\leqslant 0\\ x_1-100\leqslant 0\end{cases} \tag{9.4.34}$$

$$g_8(\boldsymbol{X})=\begin{cases}100-x_2\leqslant 0\\ x_2-300\leqslant 0\end{cases} \tag{9.4.35}$$

$$g_9(\boldsymbol{X})=\begin{cases}100-x_3\leqslant 0\\ x_3-400\leqslant 0\end{cases} \tag{9.4.36}$$

$$g_{10}(\boldsymbol{X})=\begin{cases}100-x_4\leqslant 0\\ x_4-400\leqslant 0\end{cases} \tag{9.4.37}$$

(3) 曲柄摇杆存在的要求。

$$g_{11}(\boldsymbol{X})=x_1+x_2-x_3+x_4\leqslant 0 \tag{9.4.38}$$

$$g_{12}(\boldsymbol{X})=x_1+x_3-x_2+x_4\leqslant 0 \tag{9.4.39}$$

$$g_{13}(\boldsymbol{X})=x_1+x_4-x_2+x_3\leqslant 0 \tag{9.4.40}$$

(4) 压力角的要求。

$$g_{14}(\boldsymbol{X})=\left.\begin{aligned}&\frac{2\pi}{9}-\min\left[\arccos\frac{x_2^2+x_3^2-(x_4-x_1)}{2x_2x_3}\right]^2\\&\pi-\arccos\frac{x_2^2+x_3^2-(x_4+x_1)^2}{2x_2x_3}\leqslant 0\end{aligned}\right\} \tag{9.4.41}$$

(5) 椭圆齿轮偏心率的要求。

$$g_{15}(\boldsymbol{X})=\begin{cases}0.85-x_5\leqslant 0\\x_5-0.99\leqslant 0\end{cases} \tag{9.4.42}$$

2．优化方法与计算结果

1) 优化方法的选择

由上述模型可知，该优化模型是带约束的双目标优化问题，约束的形式复杂，且目标没有简洁明了的表达式。对于这类优化问题，遗传算法是个优良的方法。

多目标带约束优化问题往往不是求得唯一的解，而是一系列非支配解，问题的难点在于：①对于不同的个体如何来衡量它们的优劣；②如何处理约束问题，引导搜索从不可行域逐渐接近可行边界，最终找到最优面。

对于第一个问题，传统的处理多目标方法是通过加权，但由于它对权值依赖性强，在特定的领域要由经验选定权值，因此不具有普遍性，使用受到限制。本例采用 NSGA-Π(精英保留非劣排序遗传算法)，它在多目标的处理上表现优异。

NSGA-Π 算法的过程如图 9.9 所示。由代的父群 P_t (规模记为 N) 经过遗传操作得到代的子群 Q_t，然后将 P_t 和 Q_t 合并成一群体，此时种群规模加倍 (2N)；进行非劣排序，最优等级记为 λ_1，直至到 λ_n 排序完毕；若前 i–1 个族的个体总数小于 N，前 i 个族的个体总数大于 N，则前 i–1 个族的个体直接进入 P_{t+1}；对 λ_i 族进行密度距离排序，按密度距离降序排列由 λ_i 族补足种群规模 N 的差额，其余个体舍弃。NSGA-Π 使得每代的精英能够保留至下一代，同时密度距离排序可以保持帕累托 (Pareto)，前沿的多样性。

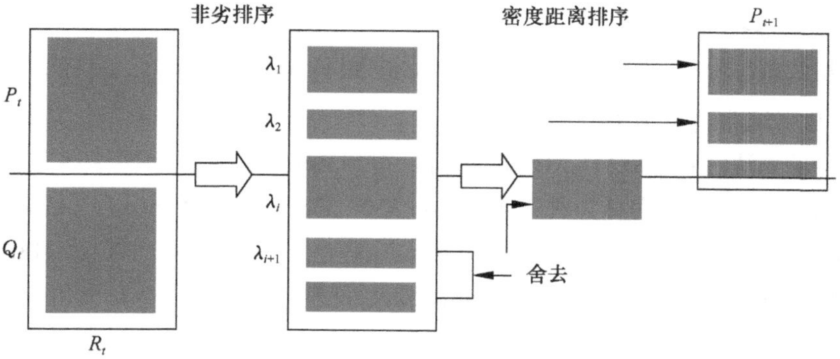

图 9.9　NSGA-Π 算法过程图

NSGA-Π 的缺点在于它单纯基于目标进行 Pareto 排序，仅仅基于目标评价的 Pareto 解有可能是不可行解。针对这一问题(即上面提出的第二个问题)，笔者在由 P_t 生成 Q_t 的过程中引入适应性不可行度(Adaptive Infeasibility Degree，AIFD)来引入对约束的处理。引纬椭圆齿轮-曲柄摇杆-轮系引纬机构参数优化是多约束问题，随机生成的种群可能存在大量的不可行解，通过 AIFD 选择，使得群体的违反值能随着进化的推进而减小，引导程序搜索到 Pareto 前沿面。其实施步骤为如下。

(1) $\Delta b_i(x_j)=\max\{0,g_i(x_j)-b_i\},\Delta b_i(x)$ 是个体 x_j 对第 i 个约束的违反量，$j=1,2,\cdots,N$；$g_i(x_j)$ 是个体 x_j 在第 i 个约束下的评价值，b_i 是第 i 个约束的界限。

(2) $\Delta b_i^{\max}=\max\{\varepsilon,\Delta b_i(x_j)\mid x_j\in P_t\},\varepsilon$ 是个小正数。

(3) $\mathrm{AIFD}(x_j)=\dfrac{1}{m}\sum\limits_{i=1}^{m}\dfrac{\Delta b_i(x_j)}{\Delta b_i^{\max}}$，$m$为$g_i(x)\leqslant b_i$ 形式约束方程的个数。

(4) 定义阈值 $\mathrm{Value}=\dfrac{1}{T\cdot N}\sum\limits_{j=1}^{N}\mathrm{AIFD}(x_j)$，其中 T 可以是代数 t 的函数，逐渐增大，加大选择的压力。

(5) 个体 AIFD 值小于 Value 的个体进入 P_t'，否则拒绝。为保证种群规模 N 不变，被拒绝的解由当前代中适应性不可行度最大的解等量取代。

引入适应性不可行度后，该 NSGA-П 算法总过程如下。

(1) 随机生成满足边界约束、曲柄存在约束和最大压力角约束等的种群 P_t。

(2) 运用 AIFD 筛选，得到 P_t'。

(3) 对 P_t' 遗传操作，经过选择、杂交和变异生成 Q_t。

(4) 使用 NSGA-П 算法，求得 Pareto 解集，得到 P_{t+1}。

(5) 如果达到最大代数，终止算法。否则返回步骤(2)。

2) 遗传算法参数及算子的选择

在优化时，群体规模为 100，交叉总概率为 0.8，采用算术交叉算子和混合交叉算子，变异总概率为 0.2，采用多重均匀变异算子和多重非均匀变异算子，运行 300 代得到稳定非支配解。

3) 优化结果分析与比较

优化前机构可行参数选取为 $\boldsymbol{X}=[57\ \ 150\ \ 355\ \ 324\ \ 0.97\ \ 10\ \ 45]^{\mathrm{T}}$，目标值为(1545.5503，215.1855)，其引纬曲线如图 9.10 所示。

利用上面的算法，采用 MATLAB 编写程序，得到 Pareto 解集，综合引纬工艺要求，选取类似等腰梯形加速度曲线的染色体为 $\boldsymbol{X}=[50\ \ 106\ \ 350\ \ 338\ \ 0.98\ \ 12\ \ 60]^{\mathrm{T}}$，其剑头运动曲线如图 9.10 所示，目标值为(1268.669，34.3541)，进剑空程在主轴转角 64° 时位移 318.3721mm，出剑空程在主轴转角 296° 时位移 316.8673mm，最大行程 1423mm，最大行程角 180°，剑头在 104 时有最大速度 24.4198m/s，256 时有最小速度–24.3135m/s，剑头具有最大加速度 503.156m/s^2，最小加速度–765.513m/s^2。各项指标均满足引纬工艺的约束要求，能获得理想织造性能。

未优化前剑头加速度在接剑段变化剧烈，这必然导致剑头的惯性力变化大，纬纱张力变化大，容易产生断纬现象，对织机性能很不利。图 9.10(a)与图 9.10(b)的比较看出剑头最大正加速度、最大负加速度值及波动控制目标值同优化前参数相比都得到了显著改善。

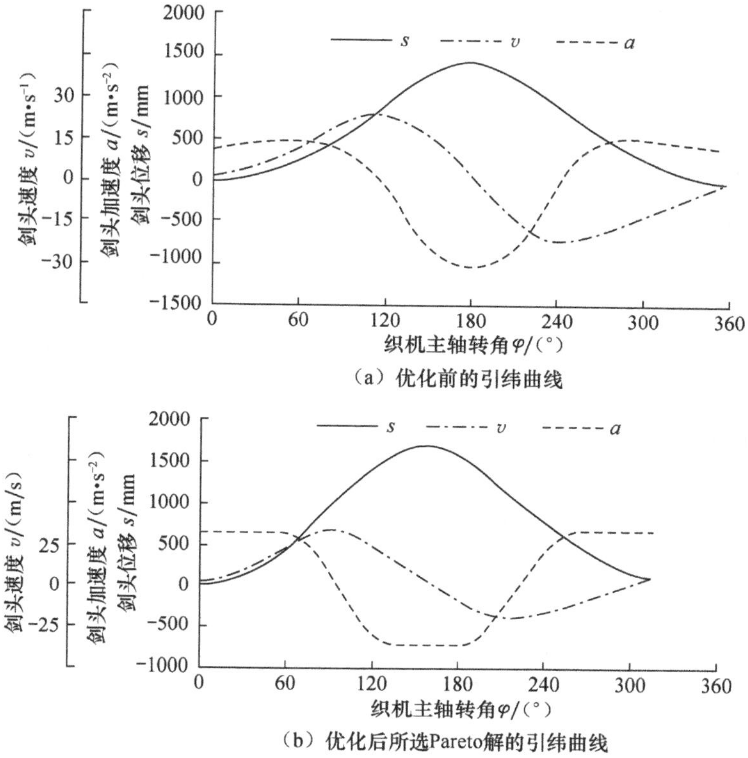

图 9.10　优化前后曲线比较图

通过程序记录下每代 Pareto 解集中第 2 个目标的最小值，观察到其变化规律如图 9.11 所示。

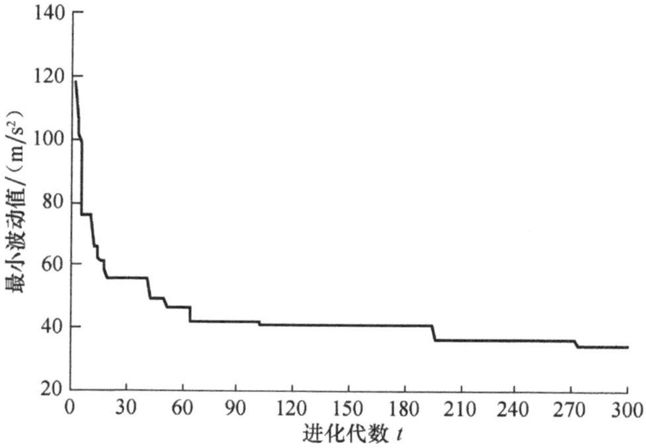

图 9.11　最小波动值变化图

可见此算法收敛性好，所搜索到的机构参数的加速度曲线波动随遗传代数增加逐渐稳步下降。

9.5 手脚联控机构的多目标优化设计

图 9.12 所示为一小型液压压力机手脚联控机构。O_1 是液压回路中的方向控制阀(手动转阀)的转动中心,手动转阀的工作转角为 90°。手柄与脚踏杆用一连杆相连,实现手脚联控。现要求按最小传动角最大、脚踏行程最小进行多目标优化设计。

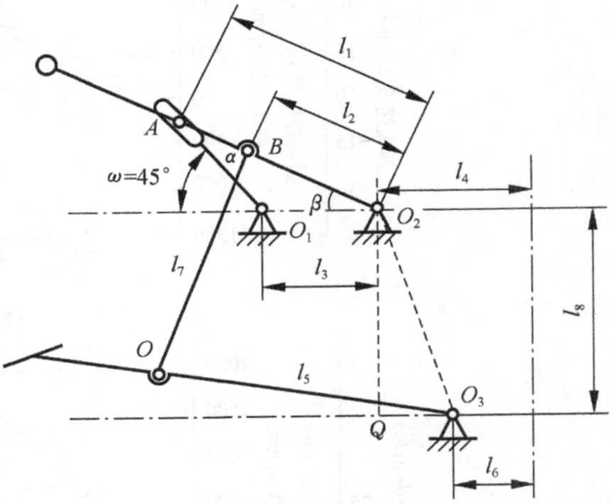

图 9.12 手脚联控机构

1. 数学模型的建立

1) 确定设计变量

如图 9.12 所示,机构需确定的参数有 8 个,考虑到机构安装和人机工程学的要求,取 $l_8=1150$,转阀按工作转角正、负 45° 对称于水平线配置,并按当操纵手柄处于水平位置时,脚踏杆也处于水平位置进行机构配置。则

$$l_7=\sqrt{(l_2+l_4-l_5-l_6)^2+1150^2}$$

故设计变量为

$$\boldsymbol{X}=[x_1\quad x_2\quad x_3\quad x_4\quad x_5\quad x_6]^{\mathrm{T}}=[l_1\quad l_2\quad l_3\quad l_4\quad l_5\quad l_6]^{\mathrm{T}}$$

2) 建立目标函数

(1) 最小传动角目标函数。因最小传动角一般出现在连架杆与机架共线的两个位置之一,所以本机构的最小传动角将出现在操纵手柄处于上极限位置或下极限位置时,以下分别建立其函数式。

①上极限位置最小传动角(γ_s)。如图 9.12 所示,

$$\angle O_2BO=\angle O_2BO_3+\angle OBO_3$$

在$\triangle O_2BO_3$中,可求得

$$\angle O_2BO_3=\arcsin\frac{O_2O_3\sin\angle O_3O_2B}{BO_3}$$

$$\angle O_3O_2B=\beta+\pi/2+\angle QO_2O_3,\quad \beta=\pi/4-\alpha,\quad \alpha=\arcsin\left(\frac{\sqrt{2}x_3}{2x_1}\right)$$

$$\angle QO_2O_3=\arctan\frac{|x_4-x_6|}{1150}$$

$$O_2O_3=\sqrt{(1150)^2+(x_4-x_6)^2}$$

$$BO_3=\sqrt{x_2^2+O_2O_3^2-2x_2O_2O_3\cos\angle O_3O_2B}$$

在$\triangle OBO_3$中，可求得

$$\angle OBO_3 = \arccos\frac{l_7^2 + BO_3^2 - x_5^2}{2l_7 \cdot BO_3}$$

因$\angle O_2BO$可能出现钝角，故取

$$\gamma_s = \min[\pi - \angle O_2BO, \angle O_2BO]$$

②下极限位置最小传动角(γ_x)。取$\angle O_3O_2B = \pi/2 \pm \angle QO_2O_3 - \beta$，即可利用上极限位置的各计算式。

③机构最小传动角(γ)和目标函数$(f_1(\boldsymbol{X}))$。由上述分析可得$\gamma = \min[\gamma_s, \gamma_x]$。因优化目标为使$\gamma$最大，若改用极小化来描述，则目标函数可转化为使压力角最小，即$f_1(\boldsymbol{X}) = \pi/2 - \gamma$。

(2) 脚踏板工作行程目标函数。按操作者脚踏时的垂直位移计算。根据原机参数，脚踏杆全长加上x_6约为 750mm，记脚踏杆处于两个极限位置时与水平线的夹角为$\angle QO_3O$，相应的垂直位移记为H_1（上极限位置）、H_2（下极限位置）。

上极限位置

$$\angle QO_3O = \pi/2 + \angle OO_2O_3 - \angle OO_3O_2 (x_4 < x_6\text{时取}+，\ x_4 > x_6\text{时取}-)$$

则

$$H_1 = (750 - x_6)\sin\angle QO_3O$$

下极限位置

$$\angle QO_3O = \angle OO_3O_2 \pm \angle QO_2O_3 - \pi/2 (\text{图略}，\ x_4 < x_6\text{时取}-，\ x_4 > x_6\text{时取}+)$$

代入下极限位置的几何参数计算$\angle QO_3O$，即可求出H_2。

根据以上分析，脚踏杆工作行程的目标函数为

$$f_2(\boldsymbol{X}) = H_1 + H_2$$

3) 确定约束条件

根据机构设计的基本要求，以及机构配置要求，可导出边界约束和性能约束共计 17 个。

2. 求解方法及结果

由于本设计问题的目标函数构成较为复杂，两个目标函数的矛盾性十分明显，且两个目标难以全面反映出机构的操纵性能，因此采用先搜寻多个分布较均匀的有效解样本，而后再建立评价体系，进行模糊综合决策的求解方法。

1) 搜寻有效解样本

当各目标函数、约束方程均为连续函数时，由第 6 章可知，多目标优化的有效点，在目标空间中构成了一个超曲面，当目标数$m = 2$时有效点为一曲线，如图 9.13(a) 所示。当目标数$m = 2$时，评价函数法中的线性加权和法评价函数

$$F(\boldsymbol{f}) = \boldsymbol{\omega} \cdot \boldsymbol{f} = \sum_{i=1}^{m} \omega_i f_i(\boldsymbol{X}) \tag{9.5.1}$$

的数学意义是，目标空间(平面)中与由权系数构成的向量$\boldsymbol{\omega}$垂直的一族直线。对式(9.5.1)极小化，即寻求直线与有效点曲线的一个切点，如图 9.13(b) 所示。

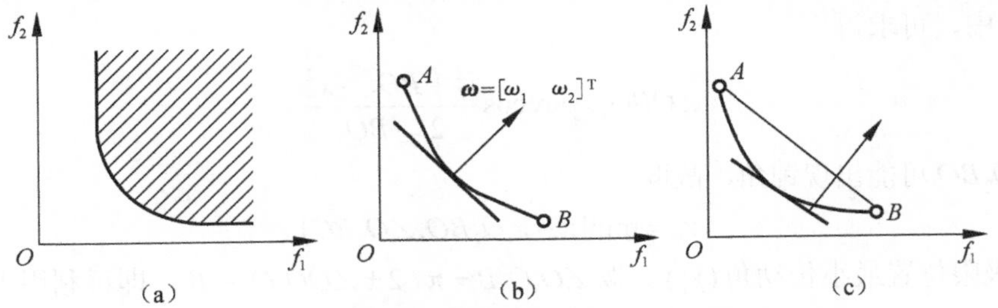

图 9.13　应用拉格朗日中值定理搜寻有效解样本原理

在图 9.13(b)的 A、B 两点上，目标函数 $f_1(\boldsymbol{X})$、$f_2(\boldsymbol{X})$ 分别达到最小值，A、B 点也就是分别对 f_1、f_2 作单目标优化时，在 f_1、f_2 各自最优点上所对应的 $f_1(\boldsymbol{X})$、$f_2(\boldsymbol{X})$ 函数值。按第 6 章约定的代号，A 点坐标为 $(f_1^*, f_2^{(1)})$，B 点坐标为 $(f_1^{(2)}, f_2^*)$。根据拉格朗日中值定理的几何意义可得，在有效点曲线的 AB 中间，至少存在一点 C，过 C 点的切线与 AB 连线相平行。结合对式(9.5.1)求极小化的几何意义可知，若取垂直于 AB 连线的单位向量为权系数，利用式(9.5.1)进行极小化，则在所求得的最优解上的 f_1、f_2 值，即为上述的 C 点，如图 9.13(c)所示。以此类推，在 A、C 和 C、B 之间又可求得另外两个新点，如此重复，便可根据需要，求出分布较为均匀的数个有代表性的有效解及其有效点。表 9.3 为在程序中自动按上述原理，变化式(9.5.1)中的权系数，获取的与 17 组有效解对应的有效点。

表 9.3　有效解样本

序号	$f_1(\boldsymbol{X})$ 的值	$f_2(\boldsymbol{X})$ 的值	序号	$f_1(\boldsymbol{X})$ 的值	$f_2(\boldsymbol{X})$ 的值
1	0.480501	94.4984	10	0.519628	100.0220
2	0.538844	52.1714	11	0.507735	120.1290
3	0.624119	40.2644	12	0.504447	75.6568
4	0.694131	34.1168	13	0.49381	110.1600
5	0.524246	66.7487	14	0.496882	81.7803
6	0.500597	83.35556	15	0.481237	150.3270
7	0.500501	87.7160	16	0.47669	164.6120
8	0.482305	174.6820	17	0.542199	49.3532
9	0.525713	56.7390			

2)决策满意有效解

(1)评价因素集。以机构的操纵性能作为决策满意有效解的依据。在使用中发现，当压力机处于满载荷时，转阀的阻力矩较大，所以建立评价因素集的子集为：$U=\{$抬脚高度低；操纵力小；操纵力均匀$\}$，其中后两个子集可进一步按手操纵和脚操纵分解。表 9.4 给出了完整的评价因素集和相应的权系数(u_j)。

表 9.4　评价因素集

抬脚高度低 $u_1=0.3125$	操纵力小 $u_2=0.4625$	操纵力均匀 $u_3=0.225$
	手柄力矩小 $u_{21}=0.25$	手操纵力均匀 $u_{31}=0.175$
	脚踏杆力矩小 $u_{22}=0.2125$	脚操纵力均匀 $u_{32}=0.05$

(2) 评价决策结果。按最大隶属度原则进行模糊综合评价，略去具体过程，得到最满意的有效解样本为表 9.3 中的 6 号方案。其有效解为

$$\boldsymbol{X}^* = [x_1^* \quad x_2^* \quad x_3^* \quad x_4^* \quad x_5^* \quad x_6^*]^{\mathrm{T}}$$
$$= [239.838 \quad 60.135 \quad 164.260 \quad 37.178 \quad 257.649 \quad 101.778]^{\mathrm{T}}$$

相应的最小传动角 $\gamma = 61.32°$，脚踏行程为 83.3556mm。

9.6　应用的扩展——两个非工程设计的应用实例

9.6.1　曲线拟合问题求解

正常齿制标准齿轮的齿形系数 Y_F 如图 9.14 所示，要求用曲线拟合的方法，将其转换成函数表达式。

1．将曲线转换成列表函数

按图 9.14 所示的曲线特征，并考虑到齿数的常用范围，在齿数 18～100，取 13 个节点，在图中查取出 Y_F 的相应数值，构成齿形系数的列表函数如表 9.5 所示。

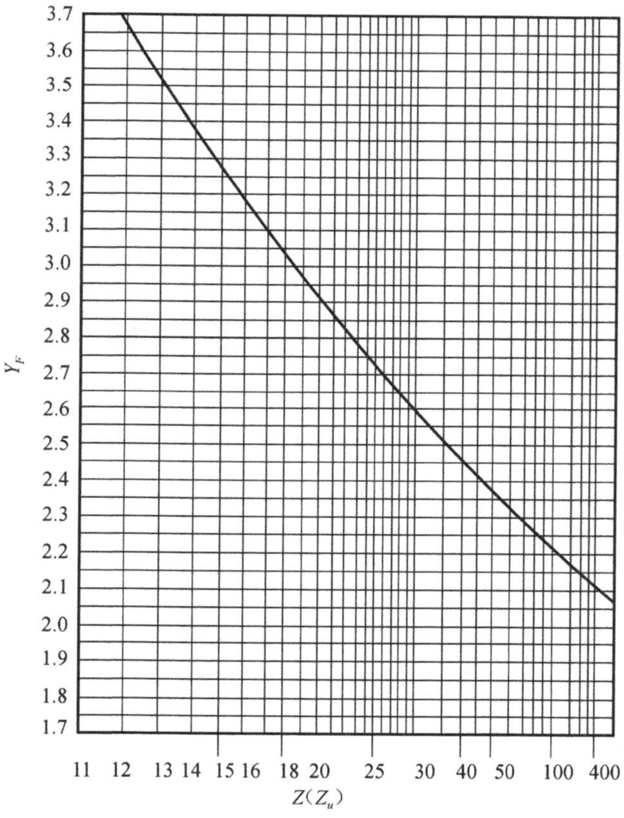

图 9.14　齿形系数 Y_F 曲线图

表 9.5　由 Y_F 曲线离散化后得到的列表函数

J	Z_j	Y_{Fj}	J	Z_j	Y_{Fj}
1	18	3.02	8	50	2.36
2	20	2.91	9	60	2.31
3	25	2.72	10	70	2.27
4	30	2.6	11	80	2.24
5	35	2.51	12	90	2.22
6	40	2.45	13	100	2.2
7	45	2.4			

2. 构造待拟合的函数方程

分析图 9.14 可以看出，Y_F 曲线与负幂次的指数曲线较为相似，可先试用负幂次的指数函数。为此构造函数方程如下：

$$\left.\begin{aligned} y_F(Z) &= \alpha + \mathrm{e}^{\alpha} \\ \alpha &= -bZ^c + d \end{aligned}\right\} \tag{9.6.1}$$

式中，a、b、c、d 为待定系数。

3. 优化方法求解待定系数

1) 建立数学模型

(1) 目标函数。曲线拟合的主要指标是拟合的精度，即拟合后的函数在节点上的函数值，与原曲线在对应节点上的数值误差越小越好。由此可得目标函数为

$$\varDelta = \sum_{j=1}^{13}[Y_{Fj} - y_F(Z_j)]^2 \tag{9.6.2}$$

(2) 确定设计变量。显然，待定系数 a、b、c、d 有一最优组合，使得拟合误差 $\varDelta$ 最小，所以取设计变量为

$$\boldsymbol{X} = [x_1 \quad x_2 \quad x_3 \quad x_4]^{\mathrm{T}} = [a \quad b \quad c \quad d]^{\mathrm{T}} \tag{9.6.3}$$

(3) 数学模型。结合式(9.6.1)～式(9.6.3)可得优化设计的数学模型为

$$\left.\begin{aligned} \min f(\boldsymbol{X}) &= \sum_{j=1}^{13}[Y_{Fj} - (x_1 + \mathrm{e}^{\alpha})]^2 \\ \alpha &= -x_2 Z_j^{x_3} + x_4 \\ x_4 &\in \mathbf{R}^4 \end{aligned}\right\} \tag{9.6.4}$$

2) 优化方法选取与优化结果

式(9.6.4)所表达的数学模型属无约束优化问题，由于目标函数较为复杂，选用直接法中的 Powell 法求解。

选取初始点 $\boldsymbol{X}_0 = [1 \;\; 1 \;\; 1 \;\; 1]^{\mathrm{T}}$，优化结果为

$$\boldsymbol{X}^*=\begin{bmatrix}2.1137\\4.09141\\0.172181\\6.62759\end{bmatrix}=\begin{bmatrix}a\\b\\c\\d\end{bmatrix} \tag{9.6.5}$$

$$\varDelta=f(\boldsymbol{X}^*)=8.52429\times10^{-5}$$

将 $\boldsymbol{X}^*$ 代入式(9.6.1)可得

$$\left.\begin{aligned}&y_F(Z)=2.1137+\mathrm{e}^{\alpha}\\&\alpha=-4.09141Z^{0.172181}+6.62759\end{aligned}\right\} \tag{9.6.6}$$

表 9.6 给出了在各节点上，拟合的函数即式(9.6.6)的函数值，与表 9.5 所给的列表函数的数值的误差对比(表中数据的有效位，由计算机自动处理得到)。

表 9.6 拟合的函数与列表函数的误差对比

j	Y_{Fj}	$y_F(Z_j)$	Y_{Fj}–$y_F(Z_j)$
1	3.02	3.01646	3.53671×10^{-3}
2	2.91	2.91182	-1.81979×10^{-3}
3	2.72	2.72393	-3.92739×10^{-3}
4	2.6	2.59995	4.92644×10^{-5}
5	2.51	2.51274	-2.74202×10^{-3}
6	2.45	2.44851	1.49255×10^{-3}
7	2.4	2.39952	4.81059×10^{-4}
8	2.36	2.36112	-1.12366×10^{-3}
9	2.31	2.30526	4.73905×10^{-3}
10	2.27	2.26701	2.98532×10^{-3}
11	2.24	2.2395	4.95027×10^{-4}
12	2.22	2.21897	1.0349×10^{-3}
13	2.2	2.20317	-3.17316×10^{-3}

9.6.2 奖金分配问题求解

1. 奖金分配问题

某系欲发放年终奖金，现需设计分配方案。已知：发放金额为 150000 元，本系教授完成的总工作量为 600 标准时，副教授完成的总工作量为 4500 标准时，讲师完成的总工作量为 4000 标准时，助教完成的总工作量为 3000 标准时，每位教授的年工作量定额为 258.5 标准时，副教授的年工作量定额为 236.9 标准时，讲师的年工作量定额为 215.4 标准时，助教的年工作量定额为 193.9 标准时，全系超额完成工作量的教师的超工作量总和为 2000 标准时。奖金分配按每位教师完成的工作量(标准时数)计算，同时分配方案应满足以下要求。

(1) 每一标准时的奖金额，应按职称分档，即教授完成一个标准时得到的奖金应高于副教授，由此类推。

(2) 超额完成的工作量部分，每标准时的奖金额应高于正常完成的奖金额，但不再按职称分档，同时不高于讲师每标准时奖金额的 1.5 倍。

(3) 职称低的教师，若完成的工作量与职称高的教师的工作量定额相同，其奖金数应与职称高的教师完成工作量定额时的奖金数相同。例如，某一副教授完成了 258.5 标准时，其中 236.9 标准时是他的基本工作量定额，而 21.6 标准时，则属于超额的工作量，此时该副教授所得的奖金，应与教授完成其基本定额(258.5 标准时)时的奖金相同。由此类推，助教完成 258.5 标准时的奖金，应与教授完成其基本定额(258.5 标准时)时的奖金相同；助教完成 236.9 标准时的奖金，应与副教授完成其基本定额(236.9 标准时)时的奖金相同；助教完成 215.4 标准时的奖金，应与讲师完成其基本定额(215.4 标准时)时的奖金相同。

2. 问题的解

1) 问题分析

根据已知条件与要求可知，所谓奖金分配方案，就是在满足上述三个条件的前提下，确定不同职称以及超工作量的每标准时的奖金基数(下面简称为基数)。

2) 确定优化设计的设计变量

因待确定的就是各职称以及超工作量的基数，所以设计变量为

$$\boldsymbol{X}^{*}=\begin{bmatrix}x_1\\x_2\\x_3\\x_4\\x_5\end{bmatrix}=\begin{bmatrix}\text{教授的基数}\\\text{副教授的基数}\\\text{讲师的基数}\\\text{助教的基数}\\\text{超工作量的基数}\end{bmatrix} \tag{9.6.7}$$

3) 建立目标函数

分析上述的 3 个要求可知，应将要求(3)作为目标，其他两个要求作为约束条件。由此可得目标函数应由如下要素构成。

(1) 教授与副教授、教授与讲师、教授与助教都完成教授工作量定额时，奖金应相同；

(2) 副教授与讲师、副教授与助教都完成副教授工作量定额时，奖金应相同；

(3) 讲师与助教都完成讲师工作量定额时，奖金应相同。

鉴于该问题的精度要求不高，为简化算法，只取上述的“教授与助教”、“副教授与助教”、“教授与讲师” 3 个项目组成目标函数。

记 zjsde 为教授工作量定额；fjsde 为副教授工作量定额；jsde 为讲师工作量定额；zjde 为助教工作量定额。下面给出 3 个项目的数学表达式。

项目 1　教授与助教都完成教授工作量定额时，奖金应相同，记两者的差值为 $\varDelta_1$，则

$$\varDelta_1=\text{zjsde}\cdot x_1-(\text{zjde}\cdot x_4+x_5\cdot(\text{zjsde}-\text{zjde})) \tag{9.6.8}$$

项目 2　副教授与助教都完成副教授工作量定额时，奖金应相同，记两者的差值为 $\varDelta_2$，则

$$\varDelta_2 = \text{fjsde} \cdot x_2 - (\text{zjde} \cdot x_4 + x_5 \cdot (\text{fjsde} - \text{zjde})) \tag{9.6.9}$$

项目 3　教授与讲师都完成教授工作量定额时，奖金应相同，记两者的差值为 $\varDelta_3$，则

$$\varDelta_3 = \text{zjsde} \cdot x_1 - (\text{jsde} \cdot x_3 + x_5 \cdot (\text{zjsde} - \text{jsde})) \tag{9.6.10}$$

目标函数为三项差值的总和最小，所以目标函数为

$$f(\boldsymbol{X}) = \varDelta_1^2 + \varDelta_2^2 + \varDelta_3^2 \tag{9.6.11}$$

4) 确定约束条件，建立约束函数

记 zjszl 为教授总工作量；fjszl 为副教授总工作量；jszl 为讲师总工作量；zjzl 为助教总工作量；cgzze 超工作量总额；zje 为总金额。按上述要求式(9.6.7)、式(9.6.8)可导出下列约束条件与约束函数。

(1) 基数应大于 0，可得

$$g_1(\boldsymbol{X}) = -x_1 \leqslant 0 \tag{9.6.12}$$

$$g_2(\boldsymbol{X}) = -x_2 \leqslant 0 \tag{9.6.13}$$

$$g_3(\boldsymbol{X}) = -x_3 \leqslant 0 \tag{9.6.14}$$

$$g_4(\boldsymbol{X}) = -x_4 \leqslant 0 \tag{9.6.15}$$

$$g_5(\boldsymbol{X}) = x_5 - 1.5x_3 \leqslant 0 \tag{9.6.16}$$

(2) 基数应按职称分档，可得

$$g_6(\boldsymbol{X}) = x_2 - x_1 \leqslant 0 \tag{9.6.17}$$

$$g_7(\boldsymbol{X}) = x_3 - x_2 \leqslant 0 \tag{9.6.18}$$

$$g_8(\boldsymbol{X}) = x_4 - x_3 \leqslant 0 \tag{9.6.19}$$

(3) 奖金发放总额应等于总金额

$$h_1(\boldsymbol{X}) = (\text{zje} - \text{zjszl} \cdot x_1 - \text{fjszl} \cdot x_2 - \text{jszl} \cdot x_3 - \text{zjzl} \cdot x_4 - \text{cgzze} \cdot x_5)^2 = 0 \tag{9.6.20}$$

5) 求解结果

由式(9.6.7)～式(9.6.20)构成了一个具有 5 个设计变量、8 个不等式约束、一个等式约束的优化设计问题。采用内点罚函数法调用 Powell 求优求得最优解为

$$\boldsymbol{X}^* = \begin{bmatrix} x_1^* \\ x_2^* \\ x_3^* \\ x_4^* \\ x_5^* \end{bmatrix} = \begin{bmatrix} 10.687 \\ 10.385 \\ 10.0331 \\ 9.59823 \\ 13.955 \end{bmatrix} = \begin{bmatrix} \text{教授的基数} \\ \text{副教授的基数} \\ \text{讲师的基数} \\ \text{助教的基数} \\ \text{超工作量的基数} \end{bmatrix}$$

9.7　习　　题

9.1　试按两齿轮分度圆柱体积之和最小，设计一直齿圆柱齿轮传动。已知其齿数比 $u=4$，小轮轴扭矩 $T_1 = 100\text{N} \cdot \text{m}$，单向传动、润滑密封良好，轴承相对齿轮非对称布置。两齿轮材料：小齿 40Cr，调质、齿面硬度 220～250HB，$[\sigma_H]_1 = 680\text{MPa}$，$[\sigma_F]_1 = 288\text{MPa}$；大齿轮 45

钢、调质，齿面硬度220～250HB，$[\sigma_H]_2=550\text{MPa}$，$[\sigma_F]_2=204\text{MPa}$ 。

9.2 试按外廓尺寸最小设计一对斜齿圆柱齿轮传动，齿数比 $u=3.2$，小齿轮转速 $n_1=960\text{r/min}$ ，传递功率 $P=5\text{kW}$ ，两齿轮材料为碳钢，许用应力 $[\sigma_H]_1=550\text{MPa}$，$[\sigma_H]_2=450\text{MPa}$，$[\sigma_F]_1=420\text{MPa}$，$[\sigma_F]_2=380\text{MPa}$ ，8 级精度。齿轮相对轴承为非对称布置且刚度较弱。

9.3 试设计轴线正交的一对直齿圆锥齿轮，使其用料最少。已知小齿轮轴扭矩 $T_1=19.62\text{N}\cdot\text{m}$ ，转速 $n_1=740\text{r/min}$ ，齿数比 $u=2$，8 级精度，两轮材料均为 45 号钢调质，$[\sigma_H]=391\text{MPa}$，$[\sigma_F]_1=257\text{MPa}$，$[\sigma_F]_2=147\text{MPa}$ ，工作略有冲击。

9.4 已知一双级斜齿圆柱齿轮传动输入功率 $P=8\text{kW}$，转速 $n_1=960\text{r/min}$ ，总传动比 $i=39.64$。两对齿轮均用碳素钢制造，$\text{HB}_1=\text{HB}_3=270$，$\text{HB}_2=\text{HB}_4=240$ ，连续运转，工作平稳、设计变量上、下界值为

	$m_{n1,2}$	$m_{n3,4}$	Z_1	Z_3	β/rad	I_1	ψ_d
上界	8	10	85	90	0.27	8	2
下界	2	2	17	17	0.14	2	0.6

试按最小体积设计该传动。

9.5 如题 9.5 图所示为一手柄——脚踏杆联动控制六杆机构，手柄的上、下极限位置对称于图示所处的水平位置，与水平位置夹角各为 45° 尺寸 $a\geqslant30\text{mm}$，脚踏板行程不大于 220mm，脚踏板处于上、下极限位置时，与踏杆回转中心的垂直距离分别不大于 130mm。

(1) 试按脚踏杆主动时，最小传动角可获得最大值，设计此机构各参数。

(2) 试以脚踏行程最小、最小传动角 $\gamma_{\min}\geqslant45°$，设计此机构各参数。

(3) 按最小传动角最大且脚踏行程最小，设计此机构。

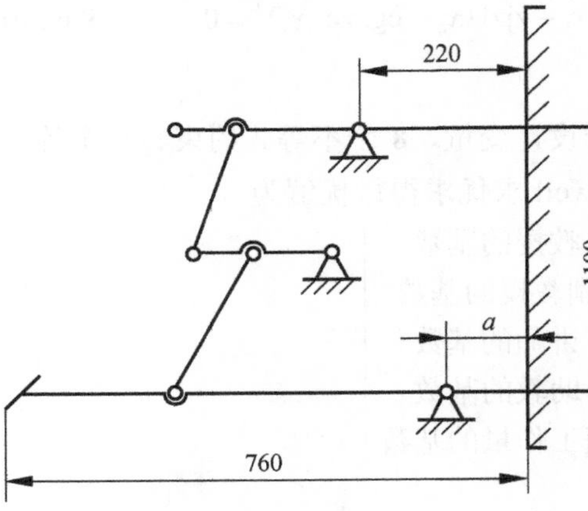

题 9.5 图

9.6 一内燃机用气门弹簧、工作载荷 $F=680\text{N}$，工作行程 $\lambda=16.59\text{mm}$，工作频率 $f_T=25\text{Hz}$ ，要求寿命 $N>10^6$ 循环次数。簧丝采用 50CrVA 钢丝，经喷丸处理，其许用应力为$[\tau]=405\text{MPa}$。结构要求：簧丝直径 $2.5\leqslant d\leqslant 9.5\text{mm}$，弹簧外径 $30\text{mm}\leqslant D\leqslant60\text{mm}$，工作圈数 $n\geqslant3$，支承圈数 $n_2=1.8$，旋绕比 $C\geqslant6$，弹簧压并高度 $\lambda_b=1.1\lambda=18.25\text{mm}$，$[b]=5.3$ 。

(1) 试按结构重量最轻，优化设计弹簧丝直径 d，中径 D_2，工作圈数 n；

(2) 试按弹簧自由高度最小，确定 d、D_2、n；

(3) 试按弹簧具有最大自振频率，确定 d、D_2、n；

(4) 试对上述的三个目标进行多目标优化设计，权系数取 $\omega_1=\omega_2=\omega_3$ 。

参 考 文 献

陈立周. 2005. 机械优化设计方法. 3 版. 北京: 冶金工业出版社

陈立周, 张英会, 吴清一, 等. 1982. 机械优化设计. 上海: 上海科学技术出版社

陈伦军. 2005. 机械优化设计遗传算法. 北京: 机械工业出版社

陈秀宁. 1991. 机械优化设计. 杭州: 浙江大学出版社

邓乃扬, 诸梅芳. 1987. 最优化方法. 沈阳: 辽宁教育出版社

何献忠, 李萍. 1995. 优化技术及其应用. 2 版. 北京: 北京理工大学出版社

胡毓达. 1990. 实用多目标最优化. 上海: 上海科学技术出版社

黄少昌, 等. 1988. 计算机辅助机械设计技术基础. 北京: 清华大学出版社

李元科. 2006. 工程最优化设计. 北京: 清华大学出版社

刘唯信. 1995. 机械最优化设计. 2 版. 北京: 清华大学出版社

马良, 朱刚, 宁爱兵. 2008. 蚁群优化算法. 北京: 科学出版社

万耀青, 等. 1995. 机械优化设计建模与优化方法评价. 北京: 北京理工大学出版社

汪灵枝, 周优军. 2005. 一种有效的全局优化算法——模拟退火算法. 柳州师专学报, 20(2): 120-123

汪萍, 侯慕英. 1986. 机械优化设计. 武汉: 武汉地质学院出版社

王文博. 1990. 机构和机械零部件优化设计. 北京: 机械工业出版社

魏权龄, 王日爽, 徐兵, 等. 1991. 数学规划引论. 北京: 北京航空航天大学出版社

吴兆汉, 万耀青, 汪萍, 等. 1986. 机械优化设计. 北京: 机械工业出版社

谢里阳. 2011. 现代机械设计方法. 2 版. 北京: 机械工业出版社

张济川. 1990. 机械最优化设计及应用实例. 北京: 新时代出版社

张翔. 1994. 多目标优化设计的评价函数. 福建农业大学学报, (2): 465-470

张翔, 陈建能. 2000. 内点罚函数法调用 Powell 法求优时的一个注. 福建农业大学学报, (3): 389-392

张翔, 陈学永. 1994. 液压压力机手脚联控机构的多目标优化设计. 福建农业大学学报, (1): 96-101

张翔, 周宝焜, 徐世耀, 等. 1992. 多目标最优化带权评价函数的改进. 福建农学院学报, (2): 209-214

赵学笃. 1986. 农机优化设计. 北京: 机械工业出版社

CHAPMAN S J. 2011. MATLAB 编程(影印版). 4 版. 北京: 科学出版社

附录　混合罚函数优化程序与 MATLAB 使用示例

附录 1　混合罚函数调用 Powell 法求优参考程序

1．程序结构

混合罚函数调用 Powell 法求优的程序结构，由以下几个程序模块组成。

(1) 自定义全局变量和函数过程 ff，计算目标函数的数值。

(2) 事件过程激发主程序，完成变量的初始化，调用罚函数法子程序，输出优化结果。

(3) 子程序 SUMT1POWELL，混合罚函数调用 Powell 法求优主控程序。

(4) 子程序 POWMIN1，应用于混合罚函数法的 Powell 法程序模块。

(5) 子程序 FX，计算混合罚函数的数值的程序模块。

(6) 子程序 BOUND1，应用于混合罚函数法的“进退法”程序模块。

(7) 子程序 GX_NOT，判定给定点是否满足不等式约束条件。

(8) 子程序 SEARCH2，应用于混合罚函数法的“黄金分割法”程序模块。

(9) 子程序 s_t_g，计算约束函数的数值。

2．调试算例

上述的子程序 s_t_g，自定义函数 ff 和主程序的源程序，按以下算例编写:

$$\begin{aligned} \min \quad & f(\boldsymbol{X}) = x_1^2 + x_2^2 + x_3^2 - 1 \\ \text{s.t.} \quad & g_1(\boldsymbol{X}) = 2x_1^2 + x_2^2 - 4x_3 \leqslant 0 \\ & h_2(\boldsymbol{X}) = 3x_1^2 - 4x_2 + x_3^2 - 2 = 0 \end{aligned}$$

初始数据如下:

(1) 初始点 $x_{01}=1$，$x_{02}=1$，$x_{03}=1$ 。

(2) 收敛精度 $\varepsilon_1 = 1\text{e}-7$，$\varepsilon_2 = 1\text{e}-6$ 。

(3) 初始步长 $t_0 = 0.1$ 。

(4) 初始罚因子 $r_0 = 5$ 。

(5) 递减系数 $C = 0.1$。

参考解

$$\boldsymbol{X}^* = [x_1^* \quad x_2^* \quad x_3^*]^{\mathrm{T}} = [-2.47226\text{e}-4 \quad -4.99033\text{e}-1 \quad 6.22787\text{e}-2]^{\mathrm{T}}$$

$$f(\boldsymbol{X}^*) = -0.747087$$

3. 主程序

(1) 自定义全局变量和函数过程 ff。

```
Option Base 1
Public a As Double
Public b As Double
Public f As Double
Public kk As Integer
Dim kf As Integer
Public Function ff(x()As Double)As Double
ff=x(1)^2+x(2)^2+x(3)^2-1
End Function
```

(2) 主程序。

```
Public Sub Command1_Click()
Dim s(3)As Double
Dim x0(3)As Double
Dim n As Integer
Dim t As Double
Dim epslf As Double, epslx As Double
Dim x(3)As Double, fmin As Double
Dim gx(2)As Double
Dim t0 As Double
Dim a As Double
Dim b As Double
Dim c As Double
Dim gq As Integer
Dim hp As Integer
Dim mpq As Integer
Dim r0 As Double
Dim r As Double
Dim f As Double
kf=0
epslf=0.000001
epslx=0.0000001
c=0.1
gq=1
hp=1
mqp=gq+hp          约束方程总数=不等式约束数+等式约束数
x0(1)=1
x0(2)=1
x0(3)=1
For i=1 To 3
    x(i)=x0(i)
Next i
```

```
t0=0.1
r0=5
kf=0
kk=0            记录罚函数构造次数(罚因子 r 的递减次数)的变量 kk 初始化
n=3
Call sumt1powll(x0,x,fmin, n,epslx,epslf,t0,kf,gq,hp,r0,c)
f=ff(x)
Print
Print Spc(4); "ff="; f
Print Spc(4); "kk="; kk, "kf="; kf
Print Spc(4); "fmin="; fmin
For i=1 To 3
Print Spc(4); "x("; i; ")="; x(i)
Next i
Call s_t_g(gx(), x())
Print
For i=1 To mqp
Print Spc(4); "gx("; i; ")="; gx(i)
Next i
End Sub
```

(3) 子程序 SUMT1POWELL。

本程序与图 5.14 的 N-S 流程图相对应。

```
Public Sub sumt1powll(x0()As Double, x()As Double, fmin As Double, n As
   Integer, epslx As Double, epslf As Double, t0 As Double, kf As Integer,
   gq As Integer, hp As Integer, r0 As Double, c As Double)
Dim dx As Double
Dim df As Double
Dim gx(2)As Double
Dim r As Double
Dim f0 As Double
Dim ef As Double
mqp=gq+hp
   For i=1 To n
   x(i)=x0(i)
   Next i
   Call fx(x0, kf, fmin, gq, hp, r0)
   r=r0/c
Do
   kk=kk+1
   Print "kk="; kk
   r=c*r
   For i=1 To n
      x0(i)=x(i)
   Next i
   f0=fmin
```

```
        Print "f0="; f0
        Call powmin1(x0, x, fmin, n, epslx, epslf, t0, kf, gq, hp, r)
        dx=0
        For i=1 To n
           dx=dx+(x0(i)-x(i))^2
        Next i
        dx=Sqr(dx)
        ef=Abs(fmin)
        If ef<epslf Then
           ef=1
        df=Abs((f0-fmin)/ef)
        End If
    Loop Until dx <=epslx*10 And df <=epslf*10
                                           比一维优化的精度降低一级
    End Sub
```

(4) 子程序 POWMIN1。

本程序模块的算法，与图 4-14 的 N-S 流程图相对应，变量代号亦与 4.4.4 节一致。

```
    Public Sub powmin1(x0() As Double, x() As Double, fmin As Double, n As
       Integer, epslx As Double, epslf As Double, t0 As Double, kf As Integer,
       gq As Integer, hp As Integer, r As Double)
    Dim i As Integer, j As Integer
    Dim k As Integer, ks As Integer, x000() As Double, x00() As Double, x3()
       As Double
    Dim abest As Double, fxi() As Double, fx0 As Double
    Dim ss() As Double, s() As Double, f1 As Double, f2 As Double, f3 As Double
    Dim m As Integer
    Dim dm As Double, d As Double
    Dim dx As Double, dx1 As Double, df As Double
    Dim a As Double, b As Double
    Dim f As Double
    ReDim x000(n), ss(n, n), x00(n), fxi(n), x3(n), s(n)
    k=0: ks=0
     For i=1 To n
        For j=1 To n
            ss(i, j)=0
        Next j
      Next i
        For i=1 To n
           ss(i, i)=1
        Next i
      For i=1 To n
           x000(i)=x0(i)
        Next i
      Do
        For i=1 To n
```

```
        x00(i)=x000(i)
     Next i
    k=k+1
     For i=1 To n
        For j=1 To n
           s(j)=ss(i, j)
        Next j
    Call BOUND1(x000, s, n, t0, a, b, kf, gq, hp, r)
    Call SEARCH2(x000, s, x, n, a, b, epslf, epslx, fmin, abest, kf, gq, hp, r)
        For j=1 To n
           x000(j)=x(j)
        Next j
              fxi(i)=fmin
   Next i
  For i=1 To n
   s(i)=x(i)-x00(i)
  Next i
  For i=1 To n
   x3(i)=2*x(i)-x00(i)
  Next i
  Call fx(x00, kf, f, gq, hp, r)
  f1=f
  f2=fmin
  Call fx(x3, kf, f, gq, hp, r)
  f3=f
  fx0=f1
  dm=Abs(fx0-fxi(1))
  m=1
  For i=2 To n
     d=Abs(fxi(i-1)-fxi(i))
  If d>dm Then
     dm=d
     m=i
   End If
  Next i
  If (f3<f1) And (f1+f3-2*f2)*(f1-f2-dm)^2<0.5*dm*(f1-f3)^2 Then
  Call BOUND1(x000, s, n, t0, a, b, kf, gq, hp, r)
  Call SEARCH2(x000, s, x, n, a, b, epslf, epslx, fmin, abest, kf, gq, hp, r)
         f2=fmin
         For i=m To n-1
            For j=1 To n
               ss(i, j)=ss(i+1, j)
            Next j
         Next i
      For j=1 To n
        ss(n, j)=s(j)
```

```
      Next j
   ks=ks+1
   Else
     If f3<fmin Then
            For i=1 To n
                 x(i)=x3(i)
            Next i
         f2=f3
         fmin=f3
     End If
   End If
      For i=1 To n
        x000(i)=x(i)
      Next i
   dx=0
   For i=2 To n
    dx1=Abs(x00(i)-x(i))
    If dx1>dx Then
       dx=dx1
    End If
   Next i
   ef=f2
   If ef <epslf Then ef=1
   df=Abs((f1-f2) / ef)
   Loop Until (dx<=epslx Or df <=epslf*10)  ε2比一维优化的精度降低一级
   Print Spc(4); "fmin ="; fmin, "k="; k
   Print Spc(4); "kf="; kf, "ks="; ks
   For i=1 To n
   Print Spc(4); "x("; i; ")="; x(i)
   Next i
   End Sub
```

(5) 子程序 FX。

本程序模块的算法，与式(5.4.22)相对应。

```
   Public Sub fx(x() As Double, kf As Integer, f As Double, gq As Integer,
       hp As Integer, r As Double)
   Dim gx() As Double
   n=2
   ReDim gx(n) As Double
    kf=kf+1
   mqp=gq+hp
   Call s_t_g(gx, x)
    sg=0#
    sh=0#
    sf=ff(x)
    For i=1 To gq                        对不等式约束进行处理
```

```
    sg=sg+1# /gx(i)
Next i
For i=gq+1 To mqp                    对不等式约束进行处理
    sh=sh+gx(i)*gx(i)
Next i
f=sf-r*sg+sh/Sqr(r)                  计算混合罚函数数值
End Sub
```

(6) 子程序 BOUND1。

本程序模块的算法与图 3.6 的 N-S 流程图相对应,但增加了取点需满足不等式约束条件的限制。即每向前或向后取点时，加入该点是否满足不等式约束条件的判定，若不满足，将步长缩短(T=0.7*T)后，再取点再判定，直至所取的点满足不等式约束条件。

```
Public Sub BOUND1(x0() As Double, s() As Double, n As Integer, t0 As Double,
   a As Double, b As Double, kf As Integer, gq As Integer, hp As Integer,
   r As Double)
Dim a1 As Double, a2 As Double, t As Double
Dim f1 As Double, f2 As Double
Dim i As Integer
Dim x() As Double
Dim bestf As Double
Dim mqp As Double
Dim g_not As Double
ReDim x(n)
t=t0
a1=0
a2=t
For i=1 To n
    x(i)=x0(i)+a2*s(i)
Next i
Maq=gq+hp
Call fx(x, kf, f, gq, hp, r)
f1=f
Do
  For i=1 To n
  x(i)=x0(i)+a2*s(i)
Next i
  Call GX_NOT(x, mqp, g_not, gq)      判断 x 是否满足不等式约束条件
  If g_not <>0 Then
t=0.7*t                               x 不满足不等式约束条件,步长缩短
  a2=t
  End If
 Loop Until g_not=0                   终止条件为当前点满足不等式约束条件
Call fx(x, kf, f, gq, hp, r)
f2=f
If f2<f1 Then
```

```
        Do
        t=2*t
        f1=f2
        Do
            a2=a2+t
          For i=1 To n
              x(i)=x0(i)+a2*s(i)
          Next i
    Call GX_NOT(x, mqp, g_not, gq)
    If g_not <>0 Then
    a2=a2-t
    t=0.7*t
    End If
    Loop Until g_not=0
    Call fx(x, kf, f, gq, hp, r)
    f2=f
    If f2<f1 Then
      a1=a2-t
    End If
      Loop Until f2 > f1
    Else
    t=-t/2                          比 t=-t 稳定性更好，亦可取 t=-t/4
     Do
    f2=f1
    Do
       a1=a1+t
        For i=1 To n
              x(i)=x0(i)+a1*s(i)
        Next i
    Call GX_NOT(x, mqp, g_not, gq)
    If g_not <> 0 Then
    a1=a1-t
    t=0.7*t
    End If
    Loop Until g_not=0
    Call fx(x, kf, f, gq, hp, r)
    f1=f
    If f2>f1 Then
        a2=a1-t
        t=2*t
    End If
    Loop Until f2 <f1
    End If
    a=a1
    b=a2
    End Sub
```

(7) 子程序 GX_NOT。

若点 x 满足不等式约束条件，则返回标志值 g_not=0，否则返回标志值 g_not=1。

```
Public Sub GX_NOT(x() As Double, mqp As Double, g_not As Double, gq As
    Integer)
Dim gx() As Double
n=3
ReDim gx(n)
     g_not=0
Call s_t_g(gx, x)
For i=1 To gq
     If gx(i)>0 Then
        g_not=1
        Exit For
     End If
Next i
End Sub
```

(8) 子程序 SEARCH2。

本程序模块的算法与图 3.10 的 N-S 流程图相对应。由于是应用于混合罚函数法，增加了计算罚函数数值时所需的三个参数的形参变量：不等式约束数 CQ、等式约束数 hp、罚因子 R。程序中的变量名也与图 3.10 的 N-S 流程图中的变量名一致,但用一个数组 x 替代了图 3.10 的 N-S 流程图中的三个数组 x、x1、x2。

```
Public Sub SEARCH2(x0() As Double, s() As Double, x() As Double, n As Integer,
    a As Double, b As Double, epslf As Double, epslx As Double, fmin As
    Double, abest As Double, kf As Integer, gq As Integer, hp As Integer,
    r As Double)
Const Q=0.618
Dim j As Integer, i As Integer
Dim a1 As Double, a2 As Double
Dim f1 As Double, f2 As Double
j=0
Do
  j=j+1
  a1=b-Q*(b-a)
  For i=1 To n
    x(i)=x0(i)+a1*s(i)
  Next i
Call fx(x, kf, f, gq, hp, r)
  f1=f
  a2=a+Q*(b-a)
  For i=1 To n
    x(i)=x0(i)+a2*s(i)
  Next i
Call fx(x, kf, f, gq, hp, r)
```

```
 f2=f
 ef=Abs(f2)
If ef<epslf Then
   ef=1
End If
Do Until Abs((f2-f1)/f2) <=epslf
  If f1>f2 Then
    a=a1
    a1=a2
    f1=f2
    a2=a+Q*(b-a)
  For i=1 To n
    x(i)=x0(i)+a2*s(i)
Next i
Call fx(x, kf, f, gq, hp, r)
     f2=f
   Else
       b=a2
       a2=a1
       f2=f1
       a1=b-Q*(b-a)
   For i=1 To n
     x(i)=x0(i)+a1*s(i)
Next i
Call fx(x, kf, f, gq, hp, r)
    f1=f
   End If
   j=j+1
   If j>50 Then
    Print Spc(4); "SEARCH:J>50"
    Exit Do
   End If
   Loop
   If Abs((a2-a1)/a1)> epslx Then
   a=a1:b=a2
   End If
Loop Until Abs((a2-a1)/a1)<=epslx
    If f1<f2 Then
        abest=a1
        fmin=f1
    Else
      abest=a2
      fmin=f2
     End If
     For i=1 To n
       x(i)=x0(i)+abest*s(i)
```

```
    Next i
End Sub
```

(9) 子程序 s_t_g。

```
Public Sub s_t_g(gx()As Double, x()As Double)
gx(1)=2*x(1)^2+x(2)^2-4*x(3)
gx(2)=3*x(1)^2-4*x(2)+x(3)^2-2
End Sub
```

附录 2　MATLAB 优化工具使用示例

1．用 linprog 函数求解线性优化问题

【附例 2.1】　某工厂生产甲、乙两种产品，生产每种产品所需的原材料、劳动力、用电量和产值，以及每天能够提供的原材料、劳动力、用电量如附表 2.1 所示，请问如何安排两种产品的产量，以使得产值最大。

附表 2.1　生产条件状况

产品	原材料/kg	劳动力/h	用电量/(kW・h)	产值/元
甲	7	4	4	70
乙	3	11	5	110
供应量	400	300	250	

解　这是一道典型的线性规划问题，构建数学模型。

设生成甲、乙产品产量分别为 x_1，x_2，可得设计变量 $\boldsymbol{X}=[x_1 \quad x_2]^{\mathrm{T}}$ 的优化数学模型为

$$
\begin{aligned}
\min \quad & f(\boldsymbol{X})=-70x_1-110x_2 \\
\text{s.t.} \quad & g_1(\boldsymbol{X})=7x_1+3x_2 \leqslant 400 \\
& g_2(\boldsymbol{X})=4x_1+11x_2 \leqslant 300 \\
& g_3(\boldsymbol{X})=4x_1+5x_2 \leqslant 250 \\
& g_4(\boldsymbol{X})=x_1 \geqslant 0 \\
& g_5(\boldsymbol{X})=x_2 \geqslant 0
\end{aligned}
$$

利用 MATLAB 提供的 linprog 函数求解，在命令窗口提示符>>后依次输入如下语句：

```
>> cz = [-70,-110];                    %目标函数中的系数向量
>> tj = [7,3;4,11;4,5];                %线性不等式约束中的系数矩阵
>> gyl = [400,300,250];                %线性不等式约束中的常数向量
>> [x,f] = linprog(cz,tj,gyl)          %函数调用
```

运行后输出

```
x =
  52.0833
  8.3333
```

```
f =
  -4.5625e + 003
```

注意，MATLAB 变量是区分大小写的。未特别注明变量为默认省略。可知，解得 $\boldsymbol{X} = [52.0833 \quad 8.3333]^{\mathrm{T}}$，$f = 4562.5$。因产量需为整数值，圆整后得到最优解为 $\boldsymbol{X}^* = [52 \quad 8]^{\mathrm{T}}$，$f^* = 4520$。在 MATLAB 运行环境中的命令窗口结果如附图 2.1 所示。

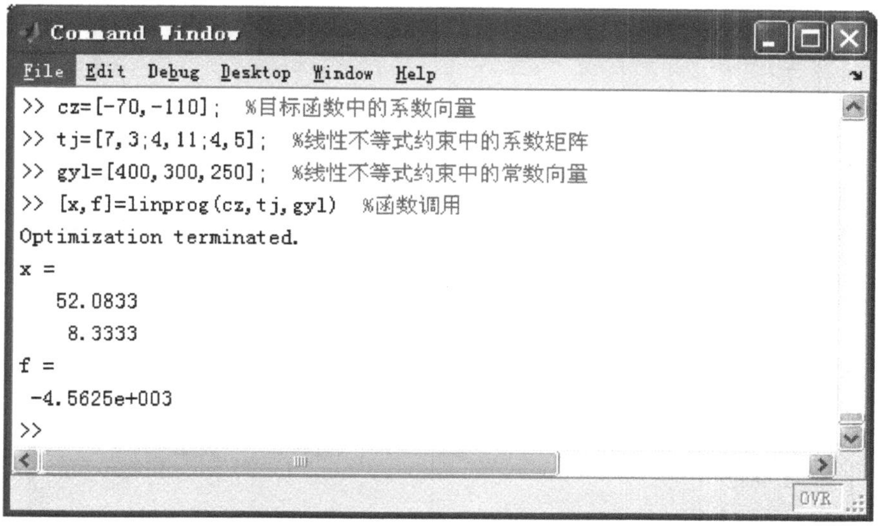

附图 2.1　命令窗口运行过程

2．用 fminsearch 函数求解无约束非线性优化问题

【附例 2.2】　求解无约束最优化问题 $f(\boldsymbol{X}) = 3x_1^2 + 4x_2^2 - 2x_1x_2 - 5x_1 - x_2 + 2$。

解　本题采用函数调用的模式代替直接在命令窗口输入命令的方法。此时需要新建自定义的.m 文件，如 example2.m 文件。

```
Function f=example2(x)
f=3*x(1)^2+4*x(2)^2-2*x(1)*x(2)-5*x(1)-x(2)+2;        %定义目标函数
```

在命令窗口输入变量的初始值并调用 fminsearch 求解：

```
>> x0=[1,1];                                     %初始值
>> [x,f]=fminsearch(@example2,x0)                %函数调用
```

运行后得到的计算结果为

```
x=
  0.9546   0.3636
f=
  -0.5682
```

则该问题的最优解是 $\boldsymbol{X}^* = [0.9546 \quad 0.3636]^{\mathrm{T}}$，$f^* = -0.5682$。自定义函数与调用过程如附图 2.2(a)、(b)所示。

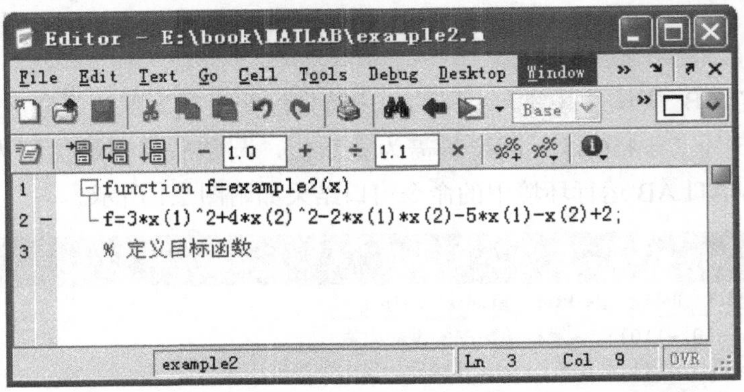

(a) 函数定义

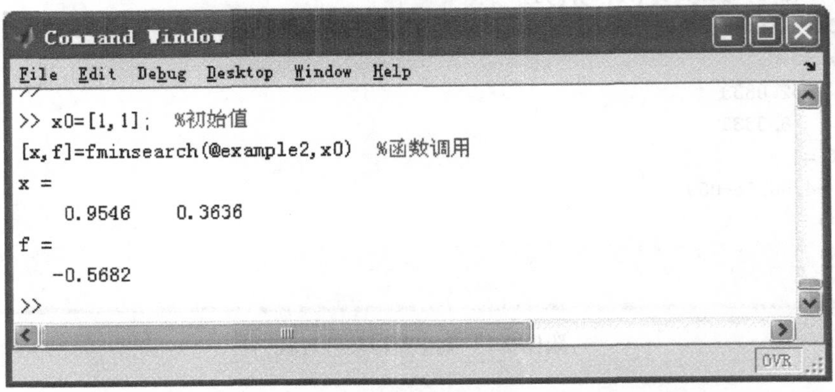

(b) 函数调用

附图 2.2　函数定义与调用(一)

3. 用 fmincon 求解多变量约束的非线性优化问题

【附例 2.3】　求解线性约束优化问题

$$\min \quad f(\boldsymbol{X}) = -x_1 x_2 x_3$$
$$\text{s.t.} \quad 0 \leqslant x_1 + 2x_2 + 2x_3 \leqslant 72$$

初始向量取

$$\boldsymbol{X} = [10 \quad 10 \quad 10]^{\mathrm{T}}$$

解　线性约束条件可以表示为

$$\boldsymbol{AX} \leqslant \boldsymbol{b}$$

其中

$$\boldsymbol{A} = \begin{bmatrix} -1 & -2 & -2 \\ 1 & 2 & 3 \end{bmatrix}, \quad \boldsymbol{b} = \begin{bmatrix} 0 \\ 72 \end{bmatrix}$$

建立目标函数的 m 文件如下:

```
function f=example3(x)
f=-x(1)*x(2)*x(3);                          %定义目标函数
```

在命令窗口输入已知数据并调用函数：

```
>> x0=[10;10;10];                          %初始值
>> A=[-1 -2 -2;1 2 2];                     %线性不等式约束中的系数矩阵
>> b=[0;72];                               %线性不等式约束中的常数向量
>> [x,f]=fmincon(@example3,x0,A,b)         %函数调用
```

运行后输出的结果为

```
x=
   24.0000   12.0000   12.0000
f=
   -3.4560e+003
```

则该问题的最优解是 $\boldsymbol{X}^*=[24.0000\quad 12.0000\quad 12.0000]^{\mathrm{T}}$，$f^*=-3.4560\mathrm{e}+003$。自定义函数与调用过程如附图 2.3(a)、(b)所示。

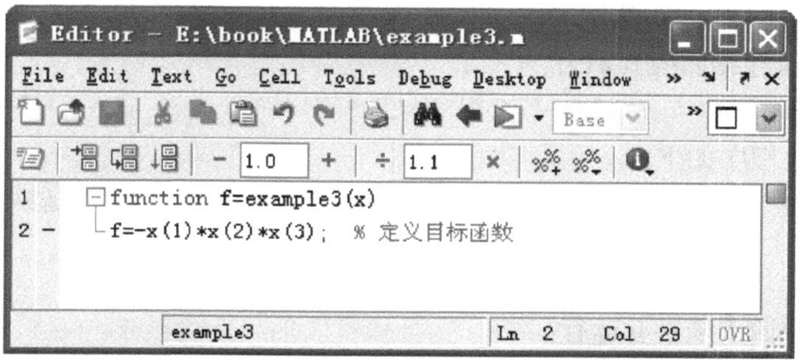

（a）函数定义

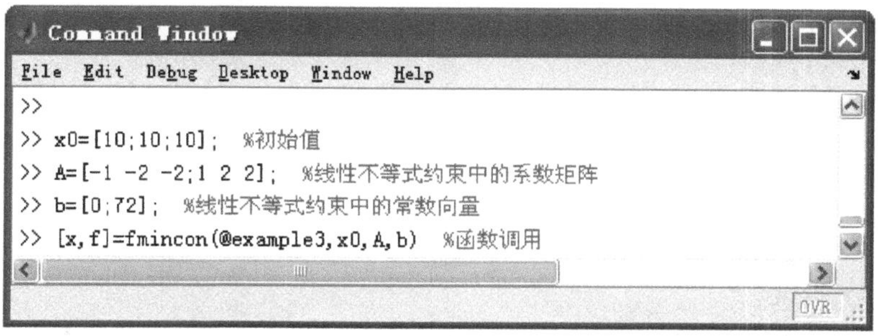

（b）函数调用

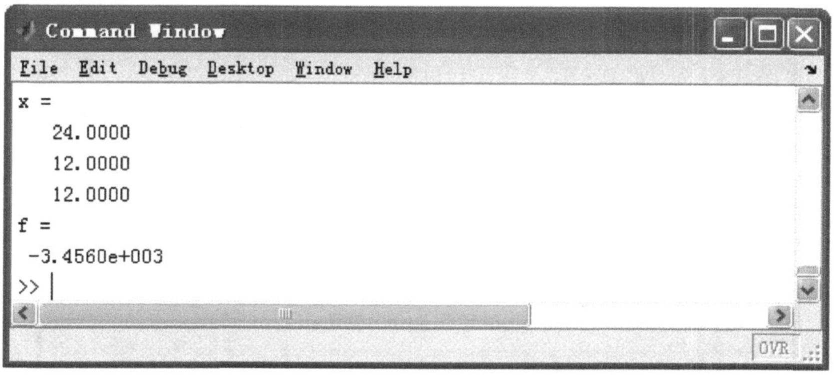

（c）运行结果

附图 2.3　函数定义与调用(二)

【附例 2.4】　求解非线性优化问题

$$\begin{aligned}\min \quad & f(\boldsymbol{X}) = 2x_1^2 + x_2^2 - 2x_1x_2 - x_1 - 2x_2 \\ \text{s.t.} \quad & x_1x_2 + x_1^2 - 10 \leqslant 0 \\ & x_1 + x_2 - 30 \leqslant 0\end{aligned}$$

解　非线性不等式约束为

$$c_1 = g_1(\boldsymbol{X}) = x_1x_2 + x_1^2 - 10$$

线性不等式约束可以表示为

$$\boldsymbol{AX} \leqslant b$$

其中

$$\boldsymbol{A} = [1 \quad 1], \quad b = 30$$

定义目标函数 example4.m 如下：

```
function f=example4(x)
f=2*x(1)^2+x(2)^2-2*x(1)*x(2)-x(1)-2*x(2);          %定义目标函数
```

定义约束函数程序如下：

```
function [c,ceq]=strc1(x)                          %定义约束函数
c(1)=x(1)*x(2)+x(1)^2-10;
ceq=[];
```

在命令窗口中调用函数并运行：

```
>> A=[1 1];                                        %线性不等式约束中的系数矩阵
>> b=30;                                           %线性不等式约束中的常数向量
>> x0=[1 1];                                       %初始值
>> [x f] = fmincon('example4',x0,A,b,[],[],[],[],'strc1',[])  %函数调用
```

结果为

```
x=
    1.3477    2.2651
f=
    -3.2200
```

则该问题的最优解是 $\boldsymbol{X}^*=[1.3477 \quad 2.2651]^{\mathrm{T}}$，$f^*=-3.2200$。自定义函数与调用过程如附图 2.4(a)、(b)、(c)、(d)所示。

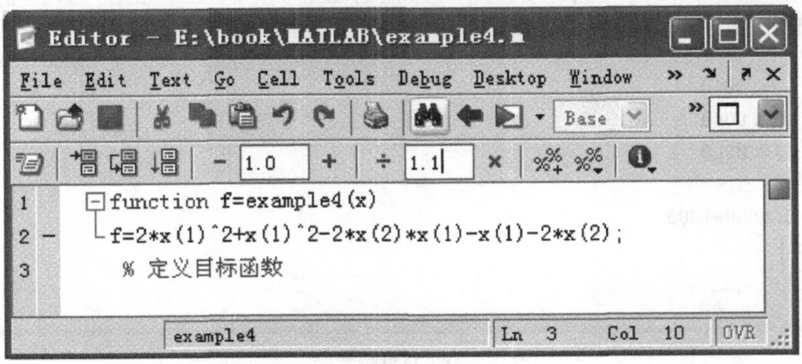

（a）目标函数定义

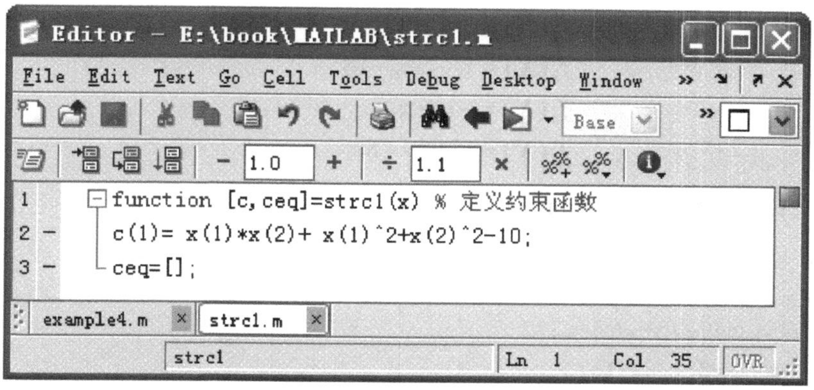

（b）非线性约束函数定义

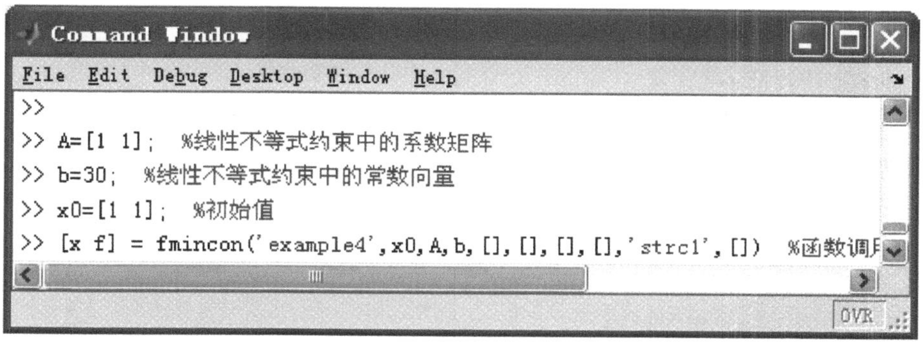

（c）函数调用

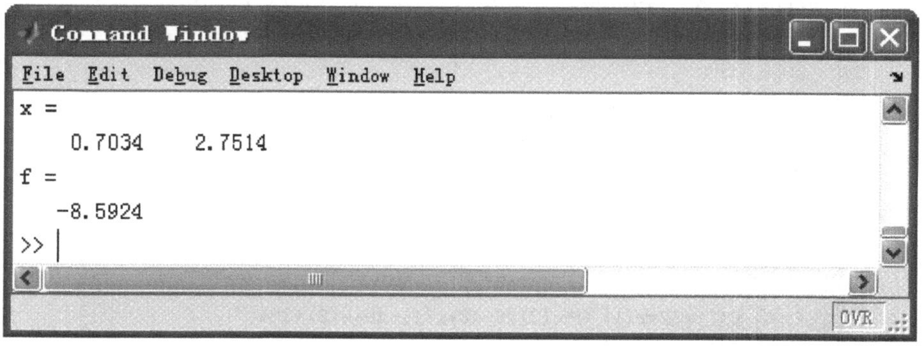

（d）运行结果

附图 2.4　函数定义与调用(三)

4. 用 fminimax 和 fgoalattain 求解多目标优化问题

【附例 2.5】　求解多目标优化问题

$$\min \quad f_1(\boldsymbol{X}) = 2x_1^2 + x_2^2 - 48x_1 - 40x_2 + 304$$

$$f_2(\boldsymbol{X}) = -x_1^2 - x_2^2$$

$$f_3(\boldsymbol{X}) = x_1 + 3x_2 - 18$$

$$f_4(\boldsymbol{X}) = -x_1 - x_2$$

$$f_5(\boldsymbol{X}) = x_1 + x_2 - 8$$

解　定义目标函数 example5.m 如下：

```
function f=example5(x)                          %定义目标函数
f(1)=2*x(1)^2+x(2)^2-48*x(1)-40*x(2)+304;
f(2)=-x(1)^2-3*x(2)^2;
f(3)=x(1)+3*x(2)-18;
f(4)=-x(1)-x(2);
f(5)=x(1)+x(2)-8;
```

命令窗口中调用求解：

```
>>x0=[0.1; 0.1];                                %初始值
>>[x,f] =fminimax(@example5,x0)                 %函数调用
```

结果为

```
x=
    4.0000
    4.0000
f=
    0.0000  -64.0000  -2.0000  -8.0000  -0.0000
```

则该问题的最优解是 $\boldsymbol{X}^* = [4.0000 \quad 4.0000]^{\mathrm{T}}$，$f_1^* = 0.0000$，$f_2^* = 64.0000$，$f_3^* = -2.0000$，$f_4^* = -8.0000$，$f_5^* = -0.0000$。自定义函数与调用过程如附图 2.5(a)、(b)所示。

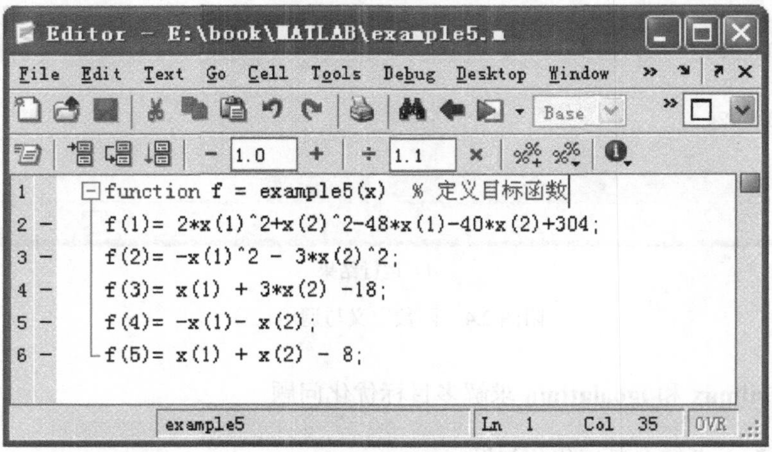

(a) 目标函数定义

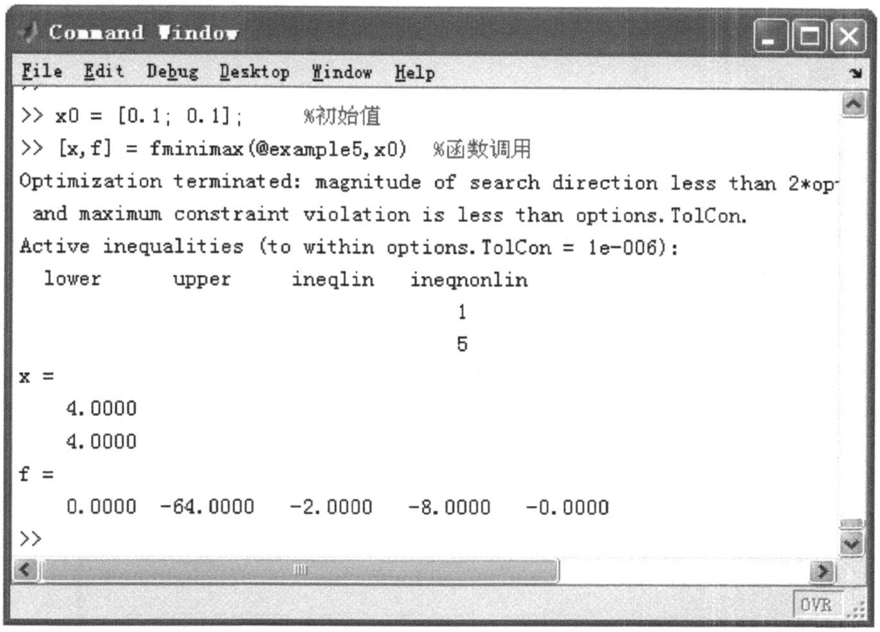

(b) 函数调用与运行结果

附图 2.5　函数定义与调用(四)

【附例 2.6】　求解多目标优化问题

$$
\begin{aligned}
\min\quad & f_1(\boldsymbol{X}) = (x_1-1)^2+(x_2-2)^2+(x_3-3)^2 \\
& f_2(\boldsymbol{X}) = x_1^2+2x_2^2+3x_3^2 \\
\text{s.t.}\quad & x_1+x_2+x_3=6 \\
& x_1,x_2,x_3 \geqslant 0
\end{aligned}
$$

解　定义目标函数 example6.m 如下：

```
function f=example6(x)         %定义目标函数
f(1)=(x(1)-1)^2+(x(2)-2)^2+(x(3)-3)^2
f(2)=x(1)^2+x(2)^2+x(3)^2
```

命令窗口中调用求解

```
>> x0=[1;1;1];               %初始值
>> goal=[1 1];               %目标函数希望达到的值
>> weight=[1 1];             %目标权重
>> Aeq=[1 1 1];              %线性等式约束中的系数矩阵
>> beq=6;                    %线性等式约束中的常数向量
>> [x fval]=fgoalattain(@example6,x0,goal,weight,[],[],Aeq,beq)
                             %函数调用
```

结果为

```
x=
    2.0000
    2.0000
    2.0000
fval=
    2.0000  12.0000
```

则该问题的最优解是 $X^*=[2.0000\quad 2.0000\quad 2.0000]^{\mathrm{T}}$，$f_1^*=2.0000$，$f_2^*=12.0000$。自定义函数与调用过程如附图 2.6(a)、(b)所示。

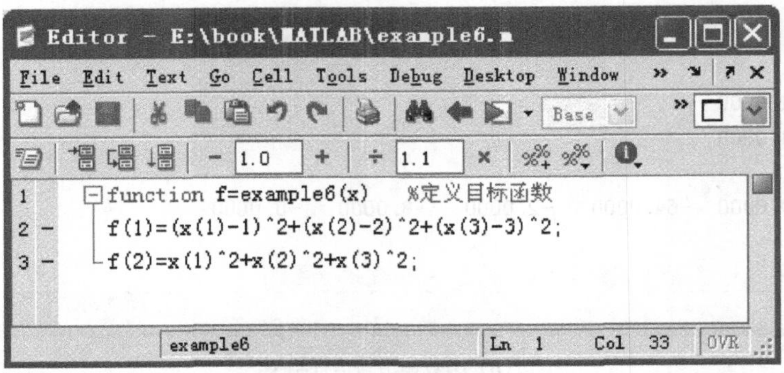

(a) 目标函数定义

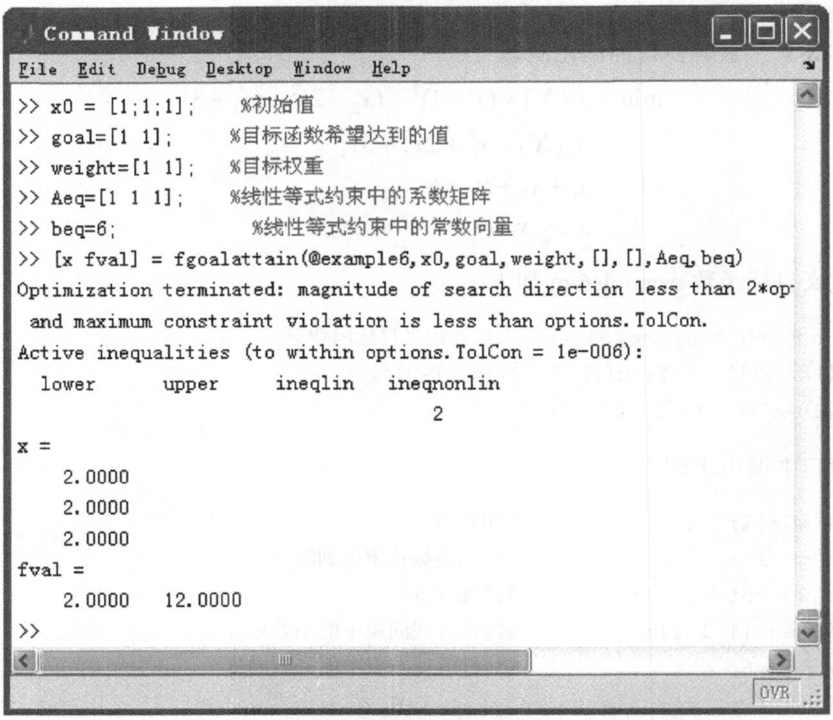

(b) 函数调用与运行结果

附图 2.6　函数定义与调用(五)